趣味昆虫

但建国 陈菊培 编著

中国农业出版社

前言

昆虫是地球上种类最多的动物类群。4亿年以来，斗转星移，沧桑巨变，有多少生物难逃灭绝的命运，但是，在地球所经历的种种浩劫中，昆虫却能大难不死，经久不衰。人们不禁要问，是何种神奇的力量使昆虫保持着持久的繁荣昌盛，继续“主宰”着我们这个星球？让我们一起走进昆虫的世界，去领略它们的风采和奇特的本领。

小小昆虫体型完美，构造特异，“五脏”俱全，它们身披各式衣裳，乔装打扮，用各式各样的“嘴”吃遍万物。多数昆虫居无定所，风餐露宿，但是有些种类能以巢为家，享受着家庭般的温暖生活，无论长久还是短暂，其乐融融。昆虫足行天下，畅游水域，灵巧的翅膀让它们搏击长空，拓展疆域，展示其惊异的飞行技能。昆虫繁殖力强，生殖方式多种多样，繁殖过程离奇有趣、花样百出。昆虫能攻善守，骗术高明，身怀逃逸绝技和多样的化学武器，御敌避害，各显神通。昆虫拥有高效的多元化通讯手段，使种内成员间的联系，以及与其他物种之间的交流顺畅无阻。昆虫适应能力超强，能因势善变，以相应的生态对策全方位地应对各种环境因子的变化。昆虫充当了人类文化载体的角色，给人美的享受和好奇心的满足，同时也是人类财富和创造力的源泉。小小的蚕儿还成为文化使者，架起了东西方文化相互交融的桥梁。有的昆虫因美丽和奇特惨遭人类的毒手，过度捕杀以及栖境的恶化和萎缩，使它们走向了崩溃的边缘，这些珍稀濒危昆虫期盼人类的手下留情和悉心呵护。另一些昆虫则因疯狂的增长和极强的破坏力，成为人类的可怕竞争对手。曾几何时，人类满怀“人定胜天”的豪情，企图用自己创造出来的化学武器——杀虫剂，来扫除一切害人虫，人虫之战旷日持久，声势浩大。令人遗憾的是，最终的赢家几乎全是这些经历了几亿年洗礼的神奇小精灵。然而，昆虫与人类的关系远非“或敌或友”那样简单。无数的昆虫恪守其职，默默无闻地辛勤劳作，维系着整个地球生态系统的健康运行。为了全人类的可持续发展，人们必须学会如何与昆虫打交道，树立“天人合一”的理念，走“人虫和谐共处”之路才是上策。

自 2006 年 9 月，作者在海南大学开设了“趣味昆虫”这门全校公共选修课。本书以该课程讲义为蓝本，融知识性和趣味性于一体，采用新颖的编排形式，将昆虫的奇妙世界展现在读者面前。因时间仓促，书中恐有错漏之处，恳请读者批评指正。

本书的出版得到了两方面的经费支持：一是海南大学博士启动资金；二是海南大学环境与植物保护学院 2008 年度重点学科建设费。在此一并致谢！

编著者

2008 年 4 月

于海口市海甸岛

目 录

[第一章]

昆虫的特征

何为昆虫?“昆”为“众多”之意,“虫”乃小型动物。所谓昆虫(insects)是指隶属于节肢动物门昆虫纲的所有动物,即身体分为头、胸、腹的六足节肢动物。它们在外部形态和内部结构上有许多的相似之处。昆虫具有历史悠久、种类繁多、数量大和分布广的特点,是地球上最兴旺发达的动物类群。

一、昆虫的外部特征

凡是昆虫,都具有以下形态特征(图 1-1):身体的环节分别集合组成头、胸、腹 3 个体段。头部是感觉和取食中心,具有

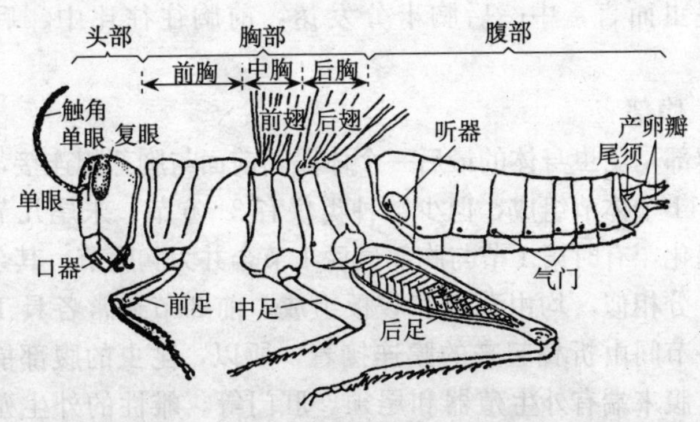

图 1-1 昆虫的特征图(蝗虫体躯侧面观)

口器（嘴）和 1 对触角，通常还有复眼及单眼。胸部是运动中心，具 3 对足，一般还有 2 对翅。腹部是生殖与代谢中心，其中包含着生殖器和大部分内脏。昆虫在生长发育过程中要经过一系列内部及外部形态上的变化，才能转变为成虫，这种体态上的改变称为变态。

1. 头部

头部是昆虫身体最前面的一个体段，由几个体节愈合而成，外壁坚硬。头的上前方有 1 对触角，下方是口器（嘴），两侧通常有 1 对大的复眼，头顶常有 1～3 个小的单眼。这些器官的形态因昆虫种类不同而有所变化。例如，触角有线状、念珠状、锯齿状、梳状、羽状、棒状、锤状、鳃叶状、膝状、环毛状、刚毛状和具芒状等类型。

2. 胸部

胸部是昆虫身体上紧接在头部后面的体段，借着能伸缩的膜与头部相连，由前胸、中胸和后胸 3 个体节组成。各节均由 1 块背板、1 块腹板和 2 块侧板组成。每一胸节在腹侧有 1 对足，分别称为前足、中足和后足，在中胸和后胸背板的外侧缘各着生有 1 对翅。为适应足和翅的运动，胸节需承受强大的牵引力，所以，胸节骨板的骨化程度高，而且节间相接紧密。对有翅昆虫而言，中、后胸十分发达，前胸往往比中、后胸小得多。

3. 腹部

腹部是昆虫身体的最后一个体段，前面与胸部相连接，一般由 9～11 个体节组成，但少数种类仅有 3～6 节，末尾几节常合并或退化，有时第 1 节与胸部最后 1 节合并为胸腹节，其余各节构造十分相似，均由背板和腹板组成。前 8 节通常各具 1 对气门。各节间由折叠起来的膜连接着，所以，昆虫的腹部能自由伸缩。腹末端有外生殖器和尾须、肛门等。雌性的外生殖器统称为产卵器，雄性的外生殖器统称为交配器。雄性外生殖器的构造特征是鉴定近缘种类的重要依据。尾须通常是1对须状的突起，为第11腹节的附肢。尾须上常有许多感觉毛，是感觉器官。有的昆虫在尾须间还有1条中尾丝，由第11腹节背板延伸而成。

4. 昆虫的变态

根据各虫态体节数的变化、虫态的分化和翅的发生过程等特征，可将昆虫的变态分为五种主要类型：①增节变态：为原尾虫特有，是昆虫中最原始的一类变态，其特点是，从幼虫期到成虫期，腹部的体节数逐渐增加。初孵化时腹部只有9节，以后逐渐增至12节。第12节是尾节，所增加的3节均由第8腹节增生而来。②表变态：初孵幼体已基本具备成虫的特征。在胚后发育过程中，仅是个体增大，性器官成熟，触角和尾须节数增多，鳞片及刚毛增长等，同时成虫仍继续蜕皮。这类变态见于跳虫类、铗尾虫和衣鱼类昆虫。③原变态：为蜉蝣类昆虫特有，是有翅昆虫中最原始的变态类型，其主要特点是，从幼体转变为真正的成虫要经过一个亚成虫期。亚成虫期很短暂，亚成虫外形与成虫相似，性已发育成熟，翅也展开，并能飞翔，但体色浅，足较短，多呈静止状态。④不全变态：个体发育经历卵、幼体和成虫3个阶段，翅在幼体的体外发育，成虫特征随着幼体的生长发育而逐渐显现，其幼体通常称为若虫，如椿象、蝗虫、螳螂等许多昆虫（图1-2A）。⑤全变态：个体发育经历卵、幼体、蛹和成虫4个阶段，翅在幼体的体内发育，这类昆虫的幼体称为幼虫，如甲虫、蚂蚁、蝴蝶等许多昆虫（图1-2B）。

5. 昆虫与近亲的区别

日常生活用语“虫子”并不全指昆虫，因为人们常常把跟昆虫有近亲关系的小动物也称为“虫子”。所以，有些不属于昆虫的小动物往往被误认为昆虫。事实上，这些小动物在形态特征上同昆虫有明显的区别（表1-1）。

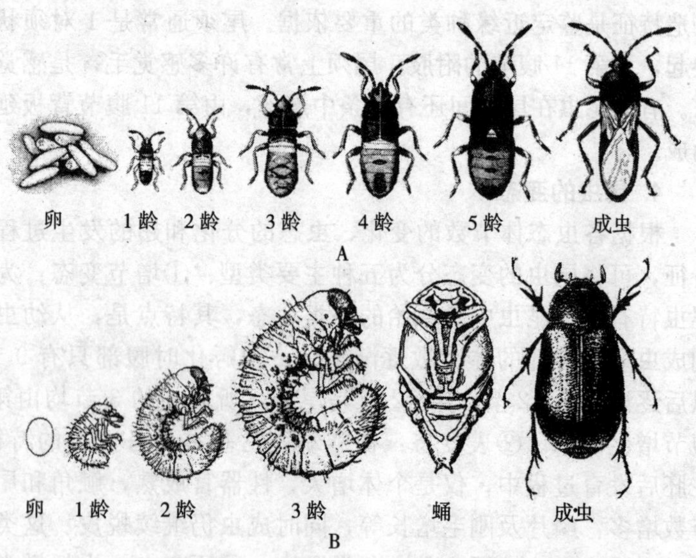

图 1-2 昆虫变态的两种主要类型

A. 不全变态 B. 全变态

表 1-1 昆虫与其近亲的形态特征对比

类别	形态特征	代表性种类
昆虫纲	头部、胸部和腹部。触角 1 对。3 对足。有翅或无翅	蝗虫、蝴蝶等
甲壳纲	头胸部和腹部。触角 2 对。5 对足。无翅	虾、蟹等
蛛形纲	头胸部和腹部。1 对螯肢，1 对足须，4 对足。无翅	蜘蛛、蝎子等
多足纲	头部和胸腹部。触角 1 对。每体节有 1～2 对附肢。无翅	马陆、蜈蚣等

二、昆虫的内部特征

昆虫躯体内有各种各样的器官和组织，它们构成了肌肉、消化、排泄、循环、呼吸、神经和生殖等系统（图 1-3）。各系统除了执行自己的特殊功能外，还相互配合完成昆虫个体的生命活动和种族繁衍。正所谓，昆虫虽小，“五脏”俱全。

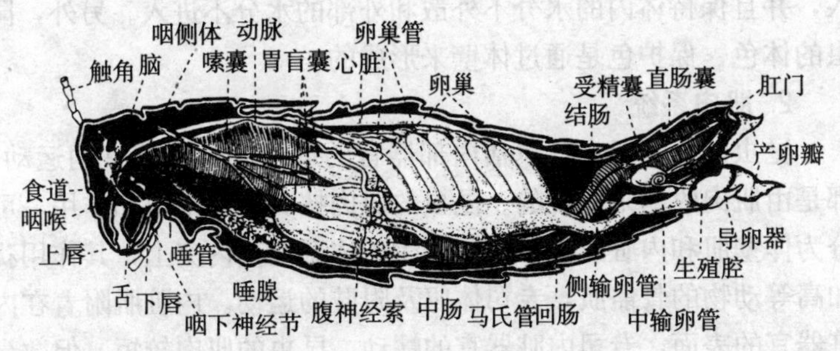

图 1-3 昆虫的内部器官（仿 Matheson）

1. 体壁

昆虫体躯的外面为含有几丁质的躯壳，称之为体壁。昆虫的体壁大部分骨化为骨板，这些骨板形成外骨骼，维持着昆虫的体形。体节之间存在着未骨化的、柔软的节间膜，从而增加昆虫体躯的活动性。骨板有一些皱褶，并内陷形成内脊或内突，这些内脊和内突构成了昆虫的内骨骼。运动的肌肉着生在内骨骼上，所以，昆虫是典型的"骨包肉"。

昆虫体壁的构造比较复杂，可分为 3 个主要层次，由外向内依次为表皮层、皮细胞层和底膜。表皮层是皮细胞层分泌的非细胞性物质。体壁的许多特性，如坚硬性、弹性、不透水性等，都是表皮层表现出的特性。表皮层可进一步分为外层的上表皮（由外向里依次为护蜡层、蜡层和角质精层），含有骨蛋白、色深且坚硬的外表皮，以及含有几丁质和蛋白质复合体的内表皮。皮细胞层是一个连续的单细胞层，有较活泼的分泌机能，其分泌活动随蜕皮的进程而起着周期性的变化。皮细胞特化还可形成昆虫体表的外长物（如刚毛、鳞片、刺、距），以及各种感觉器官和陷入体内的各种腺体。底膜是紧贴在皮细胞层下的一层薄膜，由血细胞分泌形成，主要成分为中性黏多糖，它起着隔离皮细胞层与血腔的作用。

体壁是昆虫的保护器官，免受外来微生物和其他物质的侵入，并且保持体内的水分不外散和外部的水分不进入。另外，昆虫的体色、保护色是通过体壁来形成的。

2. 肌肉系统

昆虫的一切运动，包括内部器官的运动和外部器官的运动，都是由肌肉收缩来实现的。昆虫的肌肉按其着生部位和作用，可分为体壁肌和内脏肌。体壁肌着生于体壁及其内突上，其作用犹如高等动物的骨骼肌，专司体躯及附肢的运动。内脏肌附着在内脏器官的表面，专司内脏器官的蠕动。昆虫的肌肉较短，但数量比较多，如蝗虫有 900 条肌肉，蛾类和蝶类幼虫的肌肉多达 4 000余条，而人只有 792 条。

昆虫通过肌肉系统来维持其基本形态，通过肌肉的收缩来实现昆虫的一切活动和行为。昆虫的飞行肌可以极快的速度收缩，且能持续较长时间，其翅振频率可高达每秒1 000次。昆虫能表现出很大的力量，例如，蜜蜂可携带与其体重相等的花粉，跳蚤可跃起超出体长 40 倍的高度。

3. 消化系统

昆虫的消化系统包括一条自口到肛门、贯穿于体腔中央的消化道，以及与消化有关的唾液腺。昆虫的消化道分可为前肠、中肠和后肠 3 个部分。在前、中肠之间有贲门瓣，用以调节食物进入中肠的量。在中、后肠之间有幽门瓣，控制食物残渣排入后肠。前肠具有摄食、磨碎和暂时贮藏食物的功能。中肠又叫“胃”，是分泌各种消化酶、消化食物及吸收营养物质的主要部位。后肠除了排除食物残渣和代谢废物外，还有吸回水分和无机盐类、调节血液渗透压和离子平衡的功能。由于取食方式的差异和食物种类的不同，各种昆虫的消化道常发生不同程度的变异。

4. 排泄系统

昆虫的排泄系统包括各种排泄器官和组织，如体壁、气管系统、消化道、马氏管、脂肪体及围心细胞等。马氏管是最主要的排泄器官，为细长的管状物，着生于中、后肠交界处，其基端开口于中肠和后肠的交界处，末端封闭，游离于血腔内的血淋巴中。除蚜虫等少数昆虫没有马氏管外，绝大多数昆虫都具有数目不等的马氏管。例如，介壳虫仅有 2 条，有的蝗虫多达 200 条。一般马氏管的数目与其长度成反比，即马氏管数目多的，一般都比较短，而数目少的则比较长。

昆虫排泄系统的主要功能是排除体内的代谢废物（如二氧化碳、水、含氮化合物以及无机盐类的结晶体等），以调节体内水分和无机盐的平衡，维持血液一定的渗透压和化学成分，保证各内脏器官和组织进行正常的生理活动。

5. 循环系统

昆虫的循环系统主要包括一条背血管及辅搏器。背血管是昆虫的主要搏动器官，可分为前端的动脉和后部的心脏两部分。昆虫的血液兼有哺乳动物的血液及其淋巴液的特点，因此又称“血淋巴”。但是，昆虫的血液不含血红素，无携氧功能。昆虫的循环系统是开放式的，没有哺乳动物那样与体腔完全分离的网管系统。昆虫的血腔就是整个体腔，所有的内脏器官都浸浴在血液中。这种开放式循环方式的主要特点是血压低、血量大，并随着取食和生理状态的不同，其血液的组成变化很大。

循环系统的主要功能是运输养料、激素和代谢废物，维持正常生理所需的血压、渗透压、pH 和离子平衡，参与中间代谢，清除解离的组织碎片，修补伤口，对侵染物产生免疫反应，以及飞行时调节体温等。

6. 呼吸系统

昆虫缺少高等动物的肺器官，其呼吸系统是由气门和气管系统组成。气管系统包括一系列的气管、支气管和伸入到组织和细胞中的微气管，以及由气管特化而来的气囊。气管在组织学上虽然构造简单，但在虫体内的分布却非常发达，是一种高效率呼吸机构。它可将氧直接输送到呼吸组织中，从而弥补了昆虫血液不能携带氧的缺陷。

昆虫的呼吸过程和一般动物相同，包括两个不可分割的环节：一是外呼吸，指昆虫通过呼吸器官与外界环境之间进行气体交换，即吸入氧气和排出二氧化碳，是一个物理过程，主要依靠扩散作用；二是内呼吸，指利用吸入的氧气，氧化分解体内的能源物质，产生高能化合物——ATP（三磷酸腺苷），是一个化学过程。对飞行肌和一些耗氧量大的组织，仅靠被动的扩散无法满足其供氧需求，昆虫还得依赖于主动的通风作用。通风方式有两种：其一是气管本身的伸缩性，收缩时气管容量可减少30%；其二是气囊的收缩和膨胀，血液或身体弯曲所产生的压力使气囊收缩，身体伸直或压力减少时，气囊则膨胀。

7. 神经系统

昆虫的神经系统除脑以外，主要是由一系列神经节组成的腹神经索。该系统由中枢神经系统、交感神经系统和外周神经系统三部分组成。中枢神经系统是昆虫神经脉冲和内分泌的控制中心；交感神经系统主要控制消化道、气门和背血管；外周神经系统是由感觉神经元和运动神经元的神经纤维组成的神经网络，主要分布在软体幼虫的体表。

昆虫的神经系统联系着体壁表面和体内各式各样的感受器和反应器，由感受器接受刺激，引起电位改变，产生冲动，再由神经细胞产生激应，将冲动传导到肌肉、腺体等反应器，引起肌肉的收缩和腺体的分泌活动。

8. 生殖系统

昆虫的生殖系统是繁殖后代、延续种族的器官。该系统包括外生殖器和内生殖器两个部分。外生殖器用以完成雌、雄虫的交配和受精作用。内生殖器主要包括生殖腺和附腺（如卵巢、睾丸、输卵管及输精管等），以及各种管道（如中输卵管、阴道及射精管等），其作用是产生成熟的精子和卵细胞。当雌、雄虫交配时，雄虫排出的精子贮存在雌虫的受精囊中，成熟的卵子在排出阴道时受精，变成受精卵。

三、昆虫的种类特征

1. 昆虫的种类数

昆虫是地球上种类最丰富的动物类群。全世界的昆虫可能有1 000万种，但是，目前已被认知的昆虫种类仅100多万种，占已知动物种类的2/3～3/4。现在世界上每年大约发表1 000个昆虫新种。我国幅员辽阔，自然条件复杂，是全球昆虫种类最多的国家之一。一般来说，我国的昆虫种类占全世界的1/10。迄今为止，我国已定名的昆虫只有5万多种。可见，我国还有非常多的昆虫新种等待人们去发现和命名。

2. 昆虫的命名

按照《国际动物命名法规》规定，昆虫的科学名称采用林奈的双名法命名，即一种昆虫的学名由属名和种名2个拉丁化的文字组成，在种名之后通常还附上定名人的姓，如家蚕的学名为 *Bombyx mori* Linnaeus。

昆虫学名的书写格式有如下要求：①顺序：属名＋种名＋定名人的姓。②大小写：属名和定名人的姓第1个字母均为大写，种名第1个字母小写。③正斜体：属名和种名为斜体，定名人的姓为正体。④定名人的姓有时可略写，例如，林奈 Linnaeus 可略写为“L.”。⑤当某一种的属名被修订或种名被更改时，原定名人的姓氏要加圆括号，以便查对，如三化螟 *Scirpophaga incertulas*（Walker）由原来的 *Schoenobius* 属移到了 *Scirpophaga* 属。⑥若是亚种，则采用三名法，即将亚种名直接放在种名之后，其书写格式同种名。例如，东亚飞蝗的学名为 *Locusta migratoria manilensis*（Meyen）。

科学上采用最早发表的学名，这叫做“优先权”。一种昆虫只能有一个学名。凡后人将该种昆虫定为别的学名的，应作为“异名”而不被采用。同样一个学名，只能用于一种昆虫，如果用作另一种昆虫（或动物）的名称，就成为“同名”，也不被科学界所承认。

3. 昆虫的分类

面对如此庞大的昆虫家族，人们该如何去区分和认识它们呢？科学家们按照它们的起源、亲缘关系、进化历程，从它们的身体结构、体形体态、翅的有无、生活习性等方面进行分析对比，找出相同与不同之处，科学地建立了昆虫的家族谱系。昆虫纲被划分为2个亚纲，即较低等的无翅亚纲和相对高等的有翅亚纲。在亚纲下又分出了总共34个目，而我国已有33个目，尚缺重舌目。原尾目、弹尾目、双尾目和缨尾目为无翅亚纲，其余各目归为有翅亚纲。按照变态类型，可将所有昆虫分成5大类，即增节变态类、表变态类、原变态类、不全变态类和全变态类(表1-2)。

表1-2 昆虫各目的主要形态特征

变态类型	昆虫的目	主要形态特征	常用名称
增节变态类	1. 原尾目 Protura	口器内藏；无眼和触角	原尾虫，蚖
表变态类	2. 弹尾目 Collembola	腹部6节，有弹跳器	跳虫
	3. 双尾目 Diplura	口器内藏；腹部11节，尾须2根	铗尾虫
	4. 缨尾目 Thysanura	腹部11节，尾须3根	衣鱼
原变态类	5. 蜉蝣目 Ephemeroptera	口器退化；翅脉网状，后翅小；尾须长	蜉蝣
不全变态类	6. 蜻蜓目 Odonata	口器咀嚼式，触角刚毛状；翅狭，翅脉网状；腹部细长	蜻蜓，豆娘
	7. 襀翅目 Plecoptera	口器咀嚼式，触角丝状；前翅长，后翅臀区发达	石蝇
	8. 纺足目 Embioptera	口器咀嚼式，触角丝状或念珠状；雌虫无翅；前足第1跗节膨大，能吐丝结网	足丝蚁

（续）

变态类型	昆虫的目	主要形态特征	常用名称
不全变态类	9. 螳螂目 Mantodea	口器咀嚼式；前胸长，前足捕捉式，前翅为覆翅	螳螂
	10. 蜚蠊目 Blattaria	体扁；口器咀嚼式；前胸盖住头，前翅为覆翅	蜚蠊，蟑螂
	11. 等翅目 Isoptera	口器咀嚼式，触角念珠状；前后翅相似	白蚁
	12. 直翅目 Orthoptera	口器咀嚼式；前翅覆翅，后翅膜质	蝗虫，螽斯，蟋蟀，蝼蛄
	13. 竹节虫目 Phasmatodea	体呈棒状或阔叶状；口器咀嚼式	竹节虫
	14. 革翅目 Dermaptera	口器咀嚼式；前翅革质、短小；尾须铗状	蠼螋
	15. 蛩蠊目 Grylloblattodea	体细长；触角丝状，复眼退化，口器咀嚼式；无翅，3对足步行式	蛩蠊
	16. 缺翅目 Zoraptera	触角念珠状；无翅或有翅，跗节2节；尾须1节	缺翅虫
	17. 啮虫目 Psocoptera	口器咀嚼式，触角丝状；无尾须	书虱，啮虫
	18. 食毛目 Mallophaga	头大，口器咀嚼式；无翅，前足攀缘式	鸟虱，羽虱
	19. 虱目 Anoplura	头小，口器刺吸式；无翅，前足攀缘式	虱，兽虱
	20. 缨翅目 Thysanoptera	口器锉吸式；翅狭长，有长缘毛	蓟马
	21. 同翅目 Homoptera	口器刺吸式，从头后方伸出；前翅质均匀	蝉，蚜虫，蚧
	22. 半翅目 Hemiptera	口器刺吸式，从前方方伸出；前翅为半鞘翅	蝽

（续）

变态类型	昆虫的目	主要形态特征	常用名称
全变态类	23. 鞘翅目 Coleoptera	体坚硬；口器咀嚼式；前翅为鞘翅	甲虫
	24. 捻翅目 Strepsiptera	雄虫前翅为平衡棒，后翅膜质；雌虫无翅，无足，呈蛆状	捻翅虫
	25. 广翅目 Megaloptera	口器咀嚼式；前胸方形，翅膜质，后翅臀区大	广蛉，泥蛉
	26. 蛇蛉目 Raphidioptera	口器咀嚼式；前胸呈颈状，2 对膜质翅相似	蛇蛉
	27. 脉翅目 Neuroptera	口器咀嚼式；翅膜质，脉纹网状，后翅臀区小	草蛉，蚜狮
	28. 长翅目 Mecoptera	头延长，口器咀嚼式；前后翅相似，脉纹接近标准脉相	蝎蛉
	29. 蚤目 Siphonaptera	体侧扁；口器刺吸式；无翅，后足为跳跃足	跳蚤，蚤
	30. 双翅目 Diptera	口器刺吸式或舐吸式；前翅膜质，后翅退化成平衡棒	蝇，蚊，蚋，蠓，虻
	31. 毛翅目 Trichoptera	口器咀嚼式，极退化；翅膜质，被细毛，脉纹接近标准脉相	石蛾
	32. 鳞翅目 Lepidoptera	口器虹吸式；翅膜质，被鳞片	蝶，蛾
	33. 膜翅目 Hymenoptera	口器咀嚼式或嚼吸式；翅膜质；产卵器发达，有的成螯针	蜂，蚁

昆虫纲中，第一大目为鞘翅目，即甲虫类，同时也是动物界中最大的目，已知种类有 35 万种以上，其中象甲科为最大的科，包括 6 万多种，是哺乳动物的 10 倍。鳞翅目为第二大目，所有

的蝴蝶和蛾类都属此目，约有 20 万种。膜翅目和双翅目并列为第三大目，均有 15 万种左右。

昆虫谱系的层层建立与分类法同其他生物一样，如同走台阶一般，在目以下又逐级往下分出科、属和种，有的还有亚种。在两级之间也有“亚”一级的，如亚纲、亚目等等。通过查看昆虫的家族谱系，各种昆虫之间的亲缘关系、分类地位便一清二楚了。例如，东亚飞蝗的家谱位置是：

界(Kingdom)：动物界 Animalia

门(Phylum)：节肢动门 Arthropoda

纲(Class)：昆虫纲 Insecta

亚纲(Subclass)：有翅亚纲 Pterygota

目(Order)：直翅目 Orthoptera

亚目(Suborder)：蝗亚目 Locustodea

总科(Superfamily)：蝗总科 Locustoidea

科(Family)：蝗科 Locustidae

亚科(Subfamily)：蝗亚科 Locustinae

属(Genus)：飞蝗属 Locusta

种(Species)：飞蝗 migratoria

亚种(Subspecies)：东亚飞蝗 manilensis

昆虫之最

最长的昆虫：尖刺足刺竹节虫 *Phobaeticus serratipes* (Gray)雌虫在前、后足伸长时的体长可达 555 毫米，而身体长度约为 270 毫米。该虫分布于新加坡和马来西亚西部。

最短的昆虫：缨小蜂科的一种卵蜂 *Dicopomorpha echmepterygis* Mockford 雄虫无眼、无翅，其体长仅 0.139 毫米。

翅展最宽的鳞翅目昆虫：分布于中、南美洲的强喙夜蛾 *Thysania agrippina* Cramer 翅展宽度可达 280 毫米。

最重的昆虫：新西兰有一种濒危硕螽 *Deinacrida heteracantha* White，怀卵雌虫的干重达 71 克。

体积最大的昆虫：南美洲的亚克提恩大兜虫 *Megasoma actaeon* Linnaeus，长 90 毫米、宽 50 毫米、厚 40 毫米。

四、昆虫的时间特征

1. 昆虫的历史

昆虫最早起源于水生节肢动物多足纲的综合类初期幼虫，为寡节的六足形式。后经漫长的演化，由于各个地质时期特定环境的影响，由水生至陆生，使它们的新陈代谢类型、相应功能和身体构造都发生了巨大的变化，并形成了各种变态类型，从低级演变、进化至高级阶段，逐渐分化成为现在我们所看到的各种各样的昆虫类群。

最古老的昆虫化石距今约 4 亿年，而我们人类的出现仅有 300 多万年，可见，昆虫是一个非常古老的动物家族。1919 年苏格兰东北地区的阿伯丁郡一处温泉中，人们从古老的红色砂岩层里发现了该化石，其存在的地质层为“莱尼埃”燧石层。因此，这头化石昆虫被命名为“莱尼虫”，其学名为 *Rhyniognatha hirsti* Tillyard，约有 4.08 亿～4.38 亿年的历史。1928 年澳大利亚昆虫学家 Robin John Tillyard 曾报导该化石昆虫是一种跳虫。直到 2002 年，两位美国昆虫学家在显微镜下对该化石仔细观察才有惊奇的发现。“莱尼虫”的上颚特征表明该虫属于有翅昆虫。由于该化石来自温泉，所以未见其翅膀。他们的研究结果刊登在 2004 年 2 月的《自然》杂志上。这样，在英国伦敦自然历史博物馆的盒子里安睡了 80 年的“莱尼虫”被发现是目前已知的、最古老的昆虫化石。

昆虫之最

地球上现存最古老的昆虫：蟑螂已生存了3.5亿年，全世界有4 000种。

2. 昆虫的生活周期与寿命

昆虫的一生有长有短，少则数日，多则数年，视种类而异。昆虫的新个体（卵或幼体）从离开母体到性成熟、产生后代为止的全部发育过程叫生活周期，或称为一个世代。寿命是指昆虫的新个体从离开母体到死亡所经历的时间。有的昆虫的生活周期与寿命基本相同，如蜉蝣。有些昆虫，尤其是鞘翅目昆虫，成虫羽化后需要补充营养，才能产卵，其产卵历期较长，产卵后又经历较长的时间才死亡，其生活周期就明显比寿命短。

昆虫的生活周期和寿命还受性别、个体类型，以及温度等环境因子的影响。一般昆虫的寿命在一年左右。同种昆虫中，雌虫的寿命一般长于雄虫。大多数昆虫的雄虫在交配后不久便死去。有些种类的雌虫产卵后，还有护卵和护幼习性。社会性昆虫中，不同类型个体的寿命有差异。例如，蜜蜂的蜂后能活5～8年，而春、夏季出生的工蜂仅有45天左右的寿命，秋季出生的工蜂可活半年左右。在适宜的温度范围内，温度增高促使昆虫的发育加快，寿命相对地缩短；反之，温度降低时，昆虫发育减慢，其寿命相对延长。

3. 昆虫的世代数

昆虫一年发生世代数的多少是由其遗传性所决定的。有一年只有1代的，如地老虎、天幕毛虫等；也有一年数个世代的，如梨小食心虫、三化螟等；还有一年数10代的，如蚜虫；而有的数年才完成1代，如金龟子、天牛等；有的甚至需十几年才完成1代，如一种美洲十七年蝉要经历17年之久。

环境因素对昆虫发生代数也会产生影响。同种昆虫在不同地区的世代数有所不同。例如，亚洲玉米螟在我国广东和广西一年发生 5～6 代，而在黑龙江仅有 1 代，这种差异主要归功于温度的影响。

昆虫之最

成虫寿命最长的昆虫：黑毛蚁 *Lasius niger* Linnaeus 的蚁后能活 28 年 274 天。

饲养条件下世代历期最长的昆虫：特例：一种蛀木的吉丁甲 *Buprestis aurulenta* Linnaeus，有 1 头幼虫存活了 51 年，才羽化变为成虫。

自然条件下世代历期最长的昆虫：17 年蝉（*Magicicada* 属）每 17 年才发生一代。

世代历期最短的昆虫：一种缢管蚜 *Rhopalosiphum prunifoliae*（Fitch）在 25℃条件下，完成一代只需 4.7 天。

繁殖期最短的昆虫：一种蜉蝣 *Dolania americana* Edmunds & Traver 雌虫羽化后，5 分钟之内完成交配和产卵。

4. 昆虫的活动节律

经过长期的演化，昆虫的生命活动和行为表现出明显的昼夜节律和季节节律变化。

绝大多数昆虫的活动，如交配、取食和飞翔等都与白天和黑夜密切相关，其活动期、休止期常随昼夜的交替而呈现一定节奏的变化规律，这种现象称为昼夜节律。有些昆虫习惯于夜伏昼出，如蝴蝶、蜻蜓，称为日出性昆虫；有的则恰好相反，喜欢昼伏夜出，如夜蛾类，称夜出性昆虫；有的昆虫在白天黑夜均可活动，如大蚕蛾和蚂蚁等；有些昆虫是在黎明或黄昏时活动，如蚊子，称弱光性昆虫。

由于自然界中昼夜长短是随季节变化的，所以许多昆虫的活动节律也有季节性。一年发生多代的昆虫，各世代对昼夜变化的反应也会不同，明显地表现在迁移、交配、生殖等方面。人们把昆虫生命活动的时间节律现象，称为昆虫钟。昆虫钟是一个复杂的生理过程，它控制着昆虫的生理机制的节律，并与光周期节律的信号密切关联，使昆虫的活动和行为表现出时间上的节律反应。

五、昆虫的空间特征

1. 昆虫在何处生活

从天涯到海角，从高山到深渊，从赤道到两极，从海洋、湖泊、河流到沙漠，从草地到森林，从野外到室内，从天空到土壤、山洞，到处都有昆虫的身影。昆虫的分布上限为海拔6 800米。即使在非常罕见的恶劣条件下，昆虫都能生存，甚至在冰雪上、火山边、温泉、石油中也有昆虫栖息。在冰岛，有一种小粪水蝇 *Scatella thermarum* Collin 的成虫和幼虫能在水温高达48℃的温泉中生活。石油蝇 *Helaeomyia petrolei*（Coquillett）的幼虫又叫石油蛆，几乎终生生活在石油中，靠取食石油中的细菌和残留的有机物为生。在零下 50℃的南极，科学考察队发现了 50 多种昆虫。在火山爆发、地震、海啸、洪水或因人类活动所引起的灾难过后，最先重新定居下来的总是昆虫。

2. 昆虫的地理分布

地球上的每一种昆虫都占据有适合其生存、繁衍后代的空间和领地，即都有一定的地理分布范围。自然状态下昆虫的地理分布范围是环境与生物群落相互作用演化过程的历史产物。某种昆虫分布区的大小取决于该虫的生活能力和迁移能力，以及环境因素的变化。某种昆虫对栖居地的要求越严格，其分布区就越狭窄；要求幅度越广，分布区就越广。影响昆虫地理分布的环境因素包括昆虫的起源和地质变动、地形地貌、气候、土壤及人类活动。

最耐低氧的昆虫：无气门型水生昆虫中，有一种羽摇蚊 *Chironomus plumosus* (Linnaeus) 幼虫生活于富营养化湖泊的深水底泥中，所处环境的氧气浓度极低。

最耐盐的昆虫：实验室测试发现，水蝇科的一种昆虫 *Ephydrella marshalli* Bock 幼虫能忍受的渗透压高达每升5 848毫渗量，是海水的渗透压（为每升1 197毫渗量）的 4.8 倍。

生活在最深水层的昆虫：位于俄罗斯西伯利亚的贝加尔湖的最深水位为1 620米，摇蚊科的一种昆虫 *Sergentia koschowi* 幼虫能生活在该湖1 360米的水层中。

3. 昆虫的空间分布型

由于自身的生物学特性和环境因素的影响，昆虫在空间的散布状况也表现出一定的规律性。昆虫的个体在一定时间和空间内的分布形式就称为昆虫的空间分布型。昆虫的空间分布型因种而异，同种昆虫在不同发育阶段的分布型也会有所不同，甚至种群密度、栖息地条件对分布型亦有影响。昆虫的空间分布型有 3 大类型，即均匀分布、随机分布和聚集分布。

均匀分布的特点是样本个体分布一般是稀疏的，但是均匀的，其理论分布是正二项分布。这种分布形式在昆虫中比较罕见。

随机分布是昆虫种群空间分布较为常见的分布形式。样本分布一般也是稀疏的和比较均匀的，在单位中个体出现和不出现的概率也是相等的，如三化螟卵块在稻田内的分布就属随机分布型。随机分布中比较典型的理论分布是普瓦松分布。

聚集分布是昆虫种群最为常见的分布形式。在现有的报道中，大多数昆虫种群呈该类分布，如稻纵卷叶螟幼虫、稻飞虱类、东亚飞蝗、三化螟幼虫等。属于聚集分布的理论分布常用的有负二项分布和奈曼分布。在负二项分布中，个体是密集的，分布是极不均匀的；个体在单位中形成疏密相间、大小不同的集团，呈嵌纹状。对于奈曼分布，个体是密集的，分布是不均匀的，个体在单位中出现和不出现的概率是不相等的；个体在单位栖息地形成很多大小略相等的核心，核心与核心之间的分布则是随机的。

六、昆虫的数量特征

1. 昆虫的数量

昆虫不仅种类多，而且个体数量极其庞大。据估算，地球上的昆虫总数有1 000亿亿头，而现今人口数为 63 亿，昆虫的虫口数约为人口总数的 16 亿倍。可见，昆虫是地球上最占优势的生物，我们人类生活在一个充满昆虫的世界中。所有昆虫中，个体总数最多的昆虫类群应属蚂蚁和白蚁。在全球陆地上所有动物的生物量（即干重）中，蚂蚁和白蚁各占 10%，而在亚马逊热带雨林，蚂蚁和白蚁所占的比例更高，大约占动物生物量的 1/3，每公顷土地大约有 800 万头蚂蚁和 100 万头白蚁。

同一种昆虫的个体数量也很多，有的个体数量大得惊人。一棵树可拥有 10 万头蚜虫。在森林里，每平方米可有 10 万头弹尾目昆虫。蝗虫大发生时，个体数可达 7 亿～12 亿之多，总重量约1 250～3 000吨，群飞覆盖面积可达500～1 200公顷，真可谓遮天盖日。一个蚂蚁群的成员可多达 50 万头。迄今所发现的最大蚁群是日本的一群石狩红蚁 *Formica yessensis* Forel，一共有 3 亿多头工蚁和 108 万头蚁后，它们生活在 4.5 万个互相连通的蚁巢中。

2. 昆虫数量的波动

昆虫的发生数量是波动的，随季节和年份的不同而变化。

昆虫数量的季节波动在一定空间内常有相对的稳定性，因而形成了昆虫种群的季节消长类型。有的昆虫（如大豆蚜）一年内的种群数量只出现一次高峰，称为单峰型季节消长；有的昆虫（如菜粉蝶）则在春、秋季各出现一次高峰，称为双峰形或马鞍形季节消长；另一些昆虫呈现多峰形季节消长，其种群数量随季节递增，出现多次峰期，如我国北方棉花上的棉铃虫 *Helicoverpa armigera*（Hübner）。

有的昆虫的发生数量在不同年份的变化具有规律性，称之为周期性。但是，有周期性数量变动的种类比较少，大多数种类的年变化表现为不规律的波动。例如，东亚飞蝗在我国的大发生就没有周期性，干旱是该虫大发生的主要原因。

七、昆虫繁荣昌盛的原因

昆虫种类繁多、数量大和分布广，成为地球上最兴旺发达的动物类群。昆虫的繁荣昌盛主要归因于以下六个因素。

1. 有翅能飞翔

昆虫是无脊椎动物中唯一有翅的动物，也是最早在陆地上飞行的动物。飞行使昆虫在觅食、求偶、避敌和扩大分布范围等方面均比其他陆生动物技高一筹。迁移可让昆虫到达新的栖息地，迁移后的隔离是昆虫快速演化出现新种的途径之一，因此，飞翔对昆虫种类多样性的形成贡献极大。

2. 食源广

昆虫在与寄主植物长期进化过程中，昆虫的口器发生分化，形成了多种类型，特别是从吃固体食物演变为吃液体食物，大大扩大了食物范围，并且改善了同寄主的关系。在一般情况下，寄主不会因失去部分汁液而死亡。食性杂和食源广的特性对昆虫的生存极为有利（见本书第三章）。

3. 繁殖力惊人

昆虫除了两性生殖外，还有孤雌生殖、多胚生殖等其他生殖方式，以适应各种环境来繁殖后代。昆虫体小、发育快，即在单位时间内可完成较多的世代。昆虫拥有极强的生殖能力，所以，昆虫的繁殖速度很快（见本书第六章）。

4. 全变态与发育阶段性

已知昆虫种类中，绝大多数昆虫属于全变态类，即幼虫和成虫在形态、食性和行为等方面明显分化，这种分化借助一个静止的蛹期来实现。这样，扩大了同种昆虫的食料来源，使昆虫的营养需求得到满足。

5. 体躯较小

与其他节肢动物和高等动物相比，昆虫的体型一般都较小。娇小的身躯给昆虫带来三个好处：其一是只需要很少量的食物就能完成生长发育；其二是便于隐蔽，保湿或避敌效果好；其三是有利于迁移扩散，有翅昆虫可借助气流和风力向远处迁移。即使是无翅的种类，也可借助鸟、兽和人类的携带，扩大其分布范围。

6. 多变的自卫能力与较强的适应能力

在长期适应环境的过程中，昆虫拥有各种各样的防御手段，如色彩防御、物理防御、化学防御等，以驱敌避害。昆虫对极端环境具有较强的适应能力，如一些昆虫耐饥饿、耐严寒、抗高温或干旱的能力很强，为其生存和发展创造了极为有利的条件（见本书第七章和第九章）。

[第二章]

昆虫的“衣”

如果从衣服的遮身护体功能来看，昆虫也身披有类似于衣服一样的东西，在此称之为昆虫的“衣”。有些昆虫的“衣”由虫体的构造物或排泄物制成的，有些“衣”的材料是来自昆虫周边的环境，另一些则是二者兼而有之。在本书中，我们介绍了昆虫的13种“衣”，其中，“弃衣”为任何一种昆虫所拥有；其余的“衣”是某些昆虫特有的。自然界中，许多昆虫的身体上常常有称之为“巢”、“袋”、“鞘”等大型附属物，这里，我们把昆虫行走时仍罩在虫体上的那些大型附属物，形象地归类为“衣”，以此区别于完全固着在某处、不随虫体移动的那些附属物。

一、昆虫的“弃衣”

昆虫的体壁是虫体内部器官和外界环境之间的保护性屏障。从外表来看，昆虫身体表面是由一块块以膜状物相连的骨板组成，仿佛穿了一件盔甲。这些骨板构成了昆虫的外骨骼。在外骨骼还未完全硬化之前，昆虫身体可以增大。外骨骼一经硬化后，昆虫的生长受到限制。昆虫自卵中孵出后，随着生长，幼虫要重新形成新表皮，将旧表皮脱掉，这个过程称为蜕皮，而脱下的旧表皮叫“蜕”（图2-1）。幼虫的生长与蜕皮周期性的交替进行，每一次蜕皮后，都伴随着一次快速的个体增长，然后速度减缓，再蜕皮。所脱下的“蜕”看似一件“弃衣”，昆虫的一生中会脱掉多件或许多件“弃衣”。

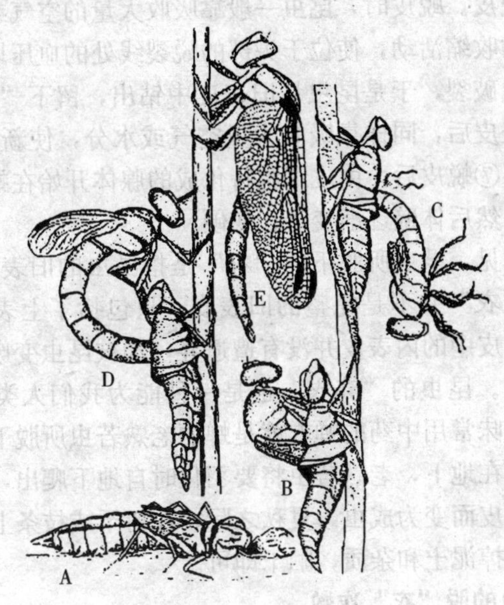

图 2-1　蜻蜓的蜕皮
A. 末龄稚虫　B～D. 蜕皮过程　E. 成虫

1. 昆虫怎样脱“衣”？“弃衣”为何物

昆虫的蜕皮是一个连续的、复杂的生理过程，包括皮细胞层与内表皮的分离、旧表皮的消化和新表皮的沉积等环节，由多种激素（如蜕皮激素、保幼激素和鞣化激素）调控。昆虫的蜕皮过程包括以下步骤：①在旧表皮与皮细胞层之间形成空隙，由皮细胞分泌脱皮膜。②皮细胞再分泌脱皮液的某些组分，并在脱皮膜下形成表皮质层。③在表皮质层下，由皮细胞特化成的绛色细胞合成脂蛋白和皮细胞合成的几丁质，形成原表皮。④由皮细胞伸出的原生质丝构成孔道，延伸到旧表皮中的内表皮中，脱皮液中的各种酶被激活并消化内表皮，旧内表皮中 90%以上的物质被重新吸收利用，用于新表皮的建造。⑤分泌多元酚、氢醌，构成多元酚层，并向下进行鞣化。⑥蜕皮前数小时，分泌蜡层，随后昆虫开始脱皮。蜕皮时，昆虫一般靠吸收大量的空气或水分，并借助肌肉的收缩活动，使位于头部的蜕裂线处的血压增大，最终导致蜕裂线破裂，于是昆虫从旧表皮中钻出，留下“蜕”。当昆虫脱离旧表皮后，同样靠吸收大量空气或水分，使新表皮扩展，虫体长大。⑦蜕皮后，由皮细胞特化成的腺体开始在蜡层上面分泌护蜡层，然后体壁逐渐变暗、变硬。

由此可见，昆虫所脱下的“衣”是指昆虫的旧表皮，但是，它遗弃的“衣”并不是完整的旧表皮，只包括了上表皮和外表皮，而旧表皮中的内表皮并没有遭遗弃，却被昆虫变废为宝，重新回收利用。昆虫的“弃衣”也是一种能为我们人类服务的资源。作为一味常用中药的蝉衣就是蝉的老熟若虫所脱下的皮。蝉的若虫生活在地下，老熟若虫将要羽化时自地下爬出，爬上树干脱最后一次皮而变为成虫。夏秋之际，在树干或枝条上很容易采到蝉蜕，去掉泥土和杂质，晒干即可。

2. 昆虫的脱“衣”次数

在正常情况下，昆虫生长一个阶段后便脱一次皮，其生长、发育程度可用蜕皮的次数来表示。从卵孵化到幼虫第一次蜕皮之前的阶段叫第一龄幼虫，经第二次蜕皮后的幼虫叫第二龄，以此类推，这就是虫龄的概念。在相邻的两次蜕皮之间所经历的时间，称为龄期。例如，某虫第一次蜕皮到第二次蜕皮经过 3 天，那么该虫 2 龄幼虫的龄期为 3 天。幼虫蜕皮后仍为幼虫的蜕皮叫生长蜕皮。幼虫蜕最后一次皮后变为蛹，或老熟若虫蜕皮变为成虫，这种蜕皮叫变态蜕皮。

昆虫一生中的蜕皮次数随种类而异。多数有翅亚纲昆虫一生的蜕皮次数大都在 3～12 次，如直翅目和鳞翅目幼虫通常为 4～5 次，金龟甲为 3 次。双尾目的双尾虫和蛱尾虫仅一次。多者如蜉蝣、石蝇等则蜕 20～30 次皮，衣鱼可达 50～60 次之多。高等昆虫中仅幼虫蜕皮。唯有弹尾目昆虫和缨尾目的某些种类，成虫期仍可继续蜕皮。

同一种昆虫的蜕皮次数是相对稳定的。但是，蜕皮次数会随昆虫性别的不同，以及温度、食料等环境因素的变化而出现增加或减少。一般而言，雌虫比雄虫多蜕皮1～2次，如衣鱼、蝗虫、介壳虫等昆虫。在一定的温度范围内，随着温度的升高，蜕皮次数趋于减少，例如，大菜粉蝶在14～15℃条件下蜕5次皮，而22～27℃时蜕皮次数减少为3次。饥饿时，昆虫往往增加蜕皮次数，以抵抗不良环境，如皮蠹在饥饿条件下的蜕皮次数由4次增至40次，但是，过多的蜕皮会导致虫体越脱越小。

一生蜕皮次数最多的昆虫：斑衣鱼 *Thermobia domestica* (Pack) 一生蜕皮60次。

幼虫期蜕皮次数最多的昆虫：扁蜉蝣 *Srencron interpunctatum canadense* (Walker) 在幼虫期蜕皮45次。

二、蝴蝶的“彩衣”

蝴蝶的体色取决于身体上的鳞片和毛。蝴蝶的美丽色彩和图案则主要归功于覆盖于蝶翅上的粉状物。看上去，蝴蝶仿佛穿了一件美丽的“彩衣”，可是，这件“彩衣”极为脆弱，用手指轻碰一下，翅上的粉状物随即脱落。事实上，粉状物为扁平囊状物，称之为鳞片，其基部有一小柄镶嵌在翅膜的凹窝内。每块鳞片是由一个称为鳞细胞的表皮细胞延伸而成。鳞片形状变化多端，呈毛状或叶状，有长有短，有细有宽，有的尖端还带有锯齿。鳞片一般有150～200微米长、30～100微米宽。鳞片在翅面上的排列十分有规律，以特定间隔从翅基部到翅端部方向呈覆瓦状排列，每平方毫米分布有200～600块鳞片。鳞片可分为覆鳞和基鳞两种类型。覆鳞的基部有肩状凸起，而基鳞的基部无肩状凸起，呈钝圆形。覆鳞一般比基鳞长，并且完全覆盖住基鳞。覆鳞和基鳞在翅面上通常交替排列。每块鳞片都有其颜色。正是五颜六色的鳞片及其排列方式使蝴蝶有了五彩缤纷的颜色和美丽的图案。

1. 鳞片的色彩从何而来

鳞片色彩的显现可分为三类，即色素色、结构色和混合色。

色素色又称化学色，是因色素存在而产生。色素存在于鳞片的表皮中，它们能吸收某种光波，而反射其他光波，从而呈现特定的色彩。鳞片的色素主要有四类：黑色素、眼色素、蝶呤色素和黄酮化合物。黑色素是最常见的色素，主要形成黑色、褐色、黄褐色、红褐色等。眼色素是由色氨酸形成的红褐色素。蝶蛉色素由尿酸形成，产生白色、黄色、金色。黄酮化合物主要是从植物中获取，使鳞片呈现黄色、红色等。粉蝶科的蝴蝶可分为白粉蝶和黄粉蝶两大类。白粉蝶的鳞片中所含色素仅能吸收紫外光，所以呈现白色；而黄粉蝶鳞片内的色素不仅能吸收紫外光，还可吸收蓝光和绿光，故鳞片呈黄色。

结构色又称物理色，是由光线照射在鳞片上发生反射、折射、衍射、散射、干涉等物理作用而产生的。耀眼的金属虹彩和几乎全部的蓝色、绿色都是结构色。结构色的呈现取决于鳞片表面的微观结构、光源类型、光线入射角度和观察角度。蝴蝶的鳞片有着复杂而多样的微观结构。从单个鳞片的横切面来看，鳞片分为上下两层，上层可见许多纵脊（ridge）、横肋（crossrib）、纵脊上的横向薄片（lamella）和微肋（microrib），有的为布满微肋的结构，还有的为散布微孔的平坦区，另一些则是鳞片内有光学晶体（crystalline lattice）或者体薄片（body-lamellae）。形状和大小不同的、微观结构相异的鳞片形成许多种结构色。例如，分布于印度尼西亚和马来西亚的小天使凤蝶 *Papilio palinurus* Fabricius，其雄性蝴蝶前后翅的正面均有一条色彩柔和的绿色横带，其绿色是纯粹的结构色。每块绿色鳞片的表面有几百个直径为 5 微米的凹坑。当光线照射到小坑时，小坑底部的反射光呈黄色；而照射到小坑斜坡上的光线同样也被反射，这种反射光线接着又反射到另一个斜坡而再次被反射，经两次反射的反射光为蓝色。两种光并列射出后就成为我们肉眼所看见的绿色。

混合色又叫化学物理色，是在具有色素基础的鳞片上又产生物理色，二者综合产生美丽变幻的色彩，如紫色和紫外光。蝴蝶的颜色多属于这一类。生活在亚马逊河流域的闪蝶被认为是最美丽的蝴蝶。雌性闪蝶为褐色，没有雄性闪蝶那样艳丽的色彩。雄性闪蝶的翅正面有艳丽的蓝色，而翅反面呈褐色，无光泽，但有眼斑。明亮的蓝色主要归功于翅上的基鳞（图 2 - 2）。基鳞表层分布有许多平行纵脊，每平方毫米有1 800条纵脊。每纵脊为多层等厚、等间距、左右交错分布的塔状平行薄片层组成的多层结构。相邻纵脊的高矮不一，错落有致。纵脊之间相距 200 纳米，刚好是蓝光波长（400～480 纳米）一半。所以，基鳞的平行纵脊的结构和分布使之成为衍射光栅（diffraction grating）和多层干涉构造，能有效地反射蓝光。基鳞内的色素通过对光波的吸收能提高蓝色的对比度。覆盖在基鳞之上的覆鳞不含色素，能对基鳞反射出来的蓝光进一步衍射，使视角更宽。对于翅反面的褐色鳞片而言，纵脊之间的距离为 160 纳米，跟可见光的波长一半不成整倍数，不能产生干涉光，所以，这些鳞片的褐色属色素色。另一个有名的例子是非洲凤蝶 *Papilio nireus* Linnaeus，它的翅膀底色为黑色，上面点缀着明亮的蓝绿色横条纹，其蓝绿色鳞片有特殊的结构。鳞片横切面由表向里分成 3 层，即顶层、中层和底层。顶层厚度约为 2 微米，由直径为 240 纳米的充满空气的圆筒组成，圆筒的分布呈蜂窝状排列，筒壁内含有荧光色素，该色素能吸收波长420纳米左右的光波，而散发出波长为505纳米的蓝绿光。蓝绿光正是蝴蝶复眼极为敏感的光波，所以，有利于吸引雌性个体。中层为1.5微米厚的空气囊，由表皮物质形成的柱子支撑。底层厚约为270纳米，可进一步分成三小层：两层表皮物质中夹有一层空气，每小层的厚度均为90纳米左右。顶层相当于二维“光子晶体”，其中的微孔既可以防止荧光光线在鳞片内部被截留，同时也能防止光线向侧面发散出去。底层相当于发光二极管中的微小的“镜子”，从顶层圆筒射入的蓝绿光可被完全反射回来。所以，鳞片发出的蓝绿光有两个来源：一是来自顶层荧光色素；另一部分则来自底层的反射。此例的特别之处在于，荧光色素、色彩形成的纳米结构和色彩控制的纳米结构三者的有机结合，使之成为天然的“发光二极管”，其发光机制与人

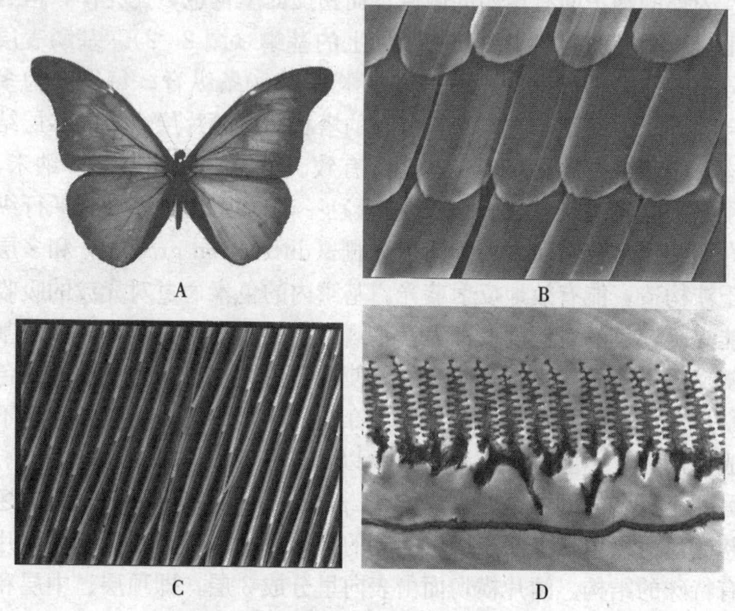

图2-2 雄性闪蝶及其翅正面的基鳞

A. 雄性闪蝶 B. 鳞片 C. 鳞片表面的纵脊 D. 鳞片的横切面

类10年前所发明的高效发光二极管有着惊人的相似。

2. “彩衣”的功能

“彩衣”主要有三种功能：其一，能调节体温，气温升高时蝴蝶的鳞片会自动张开，改变太阳光照射的角度来散热。气温下降时鳞片会紧贴在身体表面，让阳光直射在鳞片上，吸收更多的太阳能。其二，有助于同伴之间的交流和求偶。例如，雄性闪蝶翅正面的明亮蓝色是一种远距离信号，在相距400米远处仍然可见。有几种黄粉蝶的雄性个体的鳞片能强烈反射紫外光。如尖钩粉蝶 *Gonepteryx rhamni*（Linnaeus）的覆鳞和基鳞都是黄色的，但是，只有覆鳞才能反射紫外光，紫外光有利于雄性黄粉蝶寻找到配偶。其三，“彩衣”具有防御功能，“彩衣”上的色彩和图案可起到伪装、威吓和警戒的作用，从而免遭天敌的捕食。例如，雄性闪蝶飞行时，蓝色若隐若现，不易被天敌发现；休息时，翅直立，翅反面的褐色和眼斑有利于伪装。

三、衣鱼的“灰衫”

缨尾目昆虫中，绝大多数种类全身覆盖有鳞片，故称为衣鱼。通常鳞片呈银灰色或白色，使虫体带有一种金属光泽，衣鱼好像穿了一件发亮的“灰衫”。鳞片的表面有许多平行的纵脊（图2-3）。但是，有些种类的鳞片为褐色，丛生分布，使虫体呈现斑驳色彩。

衣鱼是一类古老昆虫，在地球上已生存了3亿年左右。全世界约有600种衣鱼，其中我国已知约20种。常见的种类有西洋衣鱼 *Lepisma saccharina* Linnaeus、敏栉衣鱼 *Ctenolepisma villosa*（Fabricius）等。衣鱼为原始无翅昆虫，多数腹节有成对的刺突和泡囊，尾须3根。衣鱼活动灵巧、怕光，生活在谷物、衣物、墙纸，特别是闲置很久或是无人翻动的书籍资料中。衣鱼从幼虫变成虫需要至少4个月的时间。衣鱼蜕皮3～4次后，

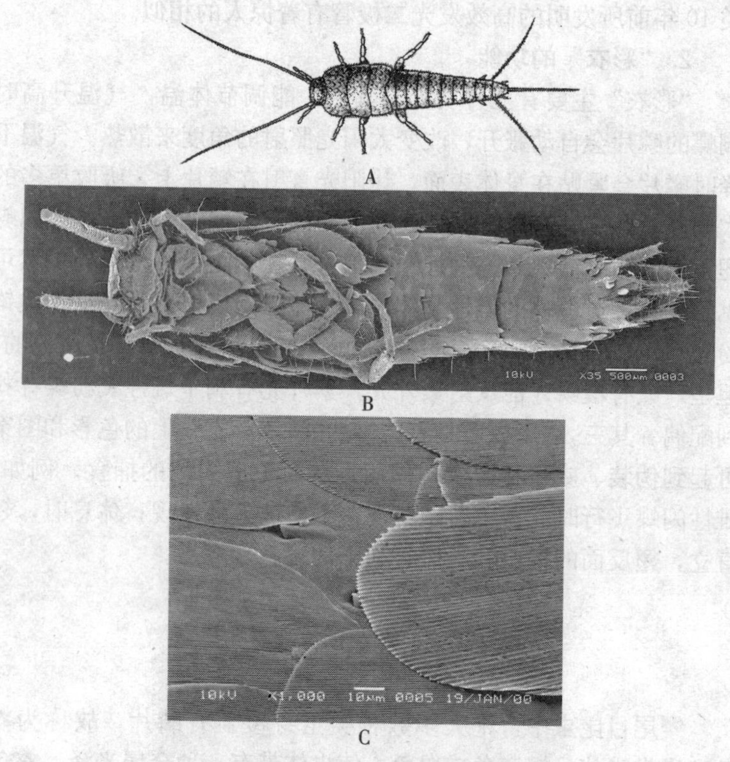

图2-3 衣鱼及其鳞片

A. 正面观 B. 腹面观 C. 鳞片表面的纵脊

身体上才有鳞片覆盖。进入成虫期后，衣鱼继续蜕皮，成虫寿命为2～8年。衣鱼体表的鳞片极易脱落，常见大量鳞片遗留在衣物纤维上。鳞片是衣鱼的一种逃生武器，可使其免遭天敌捕食。

四、甲虫的“白长袍”

在东南亚有一种指尖大小的白色甲虫，属于白金龟属 *Cy*

phochilus，其色泽比牙釉质和白纸更白、更明亮。白色在动物中不常见，因为物体必须能散射所有波长的可见光才会看上去是白色的。该白金龟覆盖有长形、扁平的超薄鳞片，这些鳞片具有独特的三维结构，从而使虫体呈现亮丽的白色，仿佛身披了一件洁白的“长袍”。

昆虫的明亮色彩通常归功于色素的大量沉积或排列整齐的构造。但是，白金龟的鲜亮白色十分独特，不同于蝴蝶身上那种零散的白色。英国埃克赛特大学（University of Exeter）的研究人员利用显微镜技术、激光分析和光谱技术揭开了白金龟的白色之谜。这种昆虫的亮白色有着与众不同的形成机制。该甲虫虫体上的鳞片只有 5 微米厚，比人的毛发还细 10 倍。鳞片内有大量的直径为 250 纳米的蛋白细丝，这些细丝的分布毫无规律可言，完全是无序的、随机的。蛋白细丝与周围空气的折射率不一样，能有效地反射太阳光，且光的反射在任何方向都很强烈，于是，我们无论从哪个方向都可以看到被甲虫表面反射的太阳光，这样，鳞片就散射了几乎全部的所有可见光波。但是，这种效果的出现取决于蛋白细丝的疏密程度。蛋白细丝排得太密或太疏的话，散射白光的效果均变差。令人惊异的是，白金龟鳞片内蛋白细丝的疏密度恰到好处，使该虫成为少见的白色昆虫，其散射白光的超强能力是一般的天然和人造材料所无法比拟的。小小的鳞片就使白金龟的体色跟 1 千米厚的云彩或 1 米厚的牛奶一样亮白，而鳞片的厚度仅为具同样色泽的白色合成材料的 1/100。这一发现刊登在《科学》2007 年第 1 期上，其重要意义在于，纳米材料的随机和无序排列能导致白光的散射，为人类研究新型仿生白色材料提出了一条途径。

身披“白长袍”能给白金龟带来好处，由于该虫生活在长满白色真菌的环境中，亮白的体色是一种保护色，使白金龟不易被天敌发现，从而免遭灭顶之灾。

五、蓑蛾的“蓑衣”

蓑蛾又称避债蛾，属鳞翅目蓑蛾科 Psychidae，主要危害蜡梅、梅花、蔷薇、月季、牡丹等园林植物。蓑蛾的一生要经过卵、幼虫、蛹和成虫 4 个时期。幼虫孵化后吐丝下垂，借风飘散，遇到寄主后即吐丝作囊，然后再黏附断枝、残叶、沙子、泥土或地衣等，把自已严密地裹在里面，这就是护囊。由于护囊很像是农民用来遮挡风雨的“蓑衣”，所以，人们为它们取名叫蓑蛾（图 2-4）。

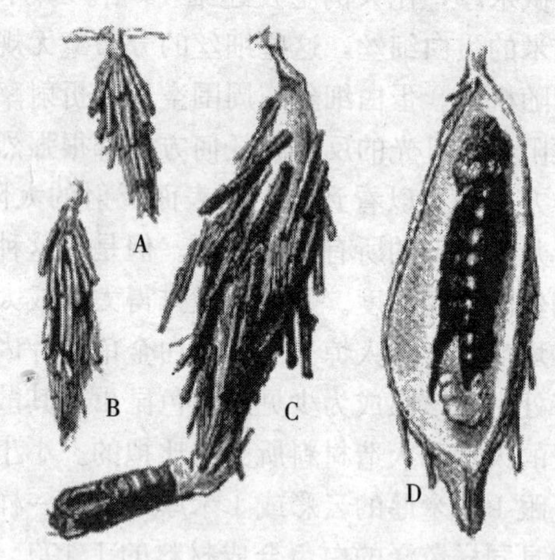

图 2-4 蓑蛾的护囊（仿 Howard）

A.～C. 护囊的体积逐渐增大 C. 雄虫的护囊 D. 雌虫的护囊

护囊通常悬挂在某处，其内的幼虫头朝上方。护囊的顶端和尾端各有 1 个开口。取食或行走时，幼虫从顶端囊口伸出头部和胸部，咬食叶片或负囊移动。尾端囊口为排泄孔，比顶端囊口要小一些，排泄孔同时也是后来的成虫或新孵化幼虫的唯一出口。

休息时，幼虫吐丝将顶端囊口的边缘固定在枝条或叶片上，躲在护囊里面。随着幼虫的不断长大，其“蓑衣”要逐渐加宽、加长。例如，螺纹蓑蛾 *Eumeta crameri* Westwood 幼虫期为 2～3 个月，改制“蓑衣”时，幼虫先将所需的枝条咬断，并将它们黏在一起，然后顺着护囊外旧枝条的方向将护囊壁咬开，把已备好的新枝条塞进去，最后，幼虫吐丝，将切口牢牢封死，这样，“蓑衣”的改造就完成了。在整个幼虫期，该虫要对“蓑衣”进行 3 次改造。

不同种类的蓑蛾，其护囊的形状、大小及构造有所不同。例如，大蓑蛾的护囊长 40～60 毫米，纺锤形，丝质疏松，囊外附缀有较大的碎叶片，有的还附有零散的枝梗。茶蓑蛾的护囊长 25～30 毫米，纺锤形，囊质紧密，幼虫进入 4 龄后囊外缀结有纵行平行排列的细小短梗。

幼虫在羽化前一直在护囊内生活。幼虫老熟后，吐丝封住顶端囊口，并将护囊固定悬挂在植物上，倒转身体，头朝下方，在护囊里化蛹。雄蓑蛾有翅，羽化后从护囊的排泄孔爬出，离开“蓑衣”，四处飞行。雌蓑蛾无眼、无翅、无足、无触角，口器不发达，羽化后仍留居在护囊内。雄蛾从雌蛾护囊的排泄孔与雌蛾来完成交配。受精卵产在护囊内或留在雌蛾腹中。每一雌蛾产卵 100～200 粒，最多可达3 000粒。卵在护囊内孵化。可见，雌蓑蛾终身生活在自己编织的“蓑衣”里，而雄蓑蛾只是进入成虫阶段才不穿“蓑衣”。

六、衣蛾的“夹克衫”

在天气潮湿的季节，兔毛和羊毛衫、地毯及壁毯、椅垫、沙发套上可见身附袋囊的幼虫正在爬行，这些幼虫就好像穿了一件“夹克衫”，它们是袋衣蛾的幼虫。袋衣蛾隶属鳞翅目谷蛾科 Tineidae。该科约3 000种，广布世界各地，许多种类是仓库和家庭的害虫，其中有部分种类的幼虫能吐丝做成袋囊，负囊而行。我国有两种袋衣蛾，即 *Tinea translucens* Meyrick 和 *Tinea pellionella* Linnaeus。

袋衣蛾的袋囊是由幼虫吐的丝和食物内的纤维编织而成。袋囊没有背面和腹面之分，其两端都有开口。袋囊外面布满毛屑，而袋囊的内壁由柔软的白丝织成。幼虫可在袋囊内转身，能从两端取食而不改变袋的位置。幼虫一孵化，就开始编织“夹克衫”。幼虫穿上“夹克衫”后，不再脱掉，直至成虫羽化。随着虫体的长大，幼虫要多次将“夹克衫”改大。幼虫改织“夹克衫”的方式十分有趣。隐藏在袋囊内的幼虫沿袋囊的一侧，从袋口将袋囊咬破，直到中部，把新织好的三角布条塞进去；然后幼虫对袋囊的另一侧如法炮制；接着，幼虫在袋囊内掉转身体，再将袋囊另一半的两侧分别咬破，并塞进布条。连续多次地从袋囊的两端添加布条，袋囊就加长、加大了。觅食时，幼虫伸出头部和胸部，3对胸足也露出袋囊外，而腹部的腹足则牢牢钩住袋囊的内壁，这样一来，幼虫就能携囊行走。一旦遇到危险，幼虫马上缩进袋囊内，可免遭天敌的攻击。幼虫老熟后，先把袋固定起来，将袋的一端封住，然后，在袋内化蛹。成虫长约10毫米，当光线微弱时，成虫在室内飞翔，将卵产于毛织物中。

国外还有一种家居袋衣蛾，其学名是 *Phereoeca allutella* (Rebel)，跟我国的袋衣蛾很相似。家居袋衣蛾幼虫的食性更杂一些，常常以屋内的有机碎屑为食，如死的昆虫、蜘蛛网丝、真菌和其他有机物等。袋囊的结构和编织方式也有不同之处。家居袋衣蛾的袋囊更扁一些，袋口扎得更紧一些，袋囊常混杂有小的沙子或脏物。家居袋衣蛾幼虫改织袋囊时，先将狭条状的新材料添加到袋囊的两端，然后，沿袋囊的一侧，从一端的袋口咬破袋囊，咬一段，塞一次幼虫所吐的丝以及颗粒材料，一直到袋囊另一端的袋口为止。对袋囊的另一侧，也采用相同的方法完成新材料的添加。

七、石蚕的“石衣”

在河湖或池塘的水底，常有一些用沙子或植物的碎枝条、碎叶子做成的小套子。这些套子随着季节的变化而变换颜色。秋冬是深暗色，春夏是鲜绿色。剪开小套子，即可发现一头虫子藏在其中。这种虫子名叫石蚕，俗称石头虫。石蚕是毛翅目昆虫的幼虫，其成虫称为石蛾。石蚕身体外的小套子，称为石鞘。全世界已知约 1.2 万多种，我国记录 800 多种。其中，完须亚目 Integripalpia 昆虫的幼虫能携带石鞘，在水底爬行和觅食，幼虫看似穿了一件“石衣”。

这些幼虫在水中生活，具有 3 对发达的胸足，1 对臀足上具强臀钩。头部有吐丝器，跟蛾类和蝴蝶的幼虫很相似，上颚发达，主要以岩石上的藻类、水底植物和堆积在叶片上的有机碎屑为食。幼虫以上颚为“剪刀”，吐丝为“线”，量身裁剪，用小石头、沙粒、叶片、枝条、松针，以及蜗牛壳等材料编织“石衣”。幼虫一孵化，就开始营造石鞘。首先，幼虫快速营造一个不太结实的临时性石鞘，将几块材料粘在虫体腹部的周围，制成一个稀疏的筒状物，然后在筒状物的前方持续不断地黏附新的材料。临时性石鞘建成后，幼虫慢慢地对临时性石鞘进行加固和装修，直到永久性石鞘建成。幼虫给石鞘添置材料的过程通常包括 6 个步骤：寻找、搬运、裁剪、安装、吐丝黏着和加固。一个永久性石鞘需要 3～50 多件材料，视种类而异。一旦永久性石鞘可以罩住整个虫体时，石鞘内的幼虫掉转头，将位于石鞘的末端（即临时性石鞘）咬断，然后再掉回头。至此，整个石鞘的建造便大功告成。幼虫身披“石衣”，头部、胸部和胸足伸出石鞘，在水底寻找食物。受惊时，幼虫立即缩进石鞘内。随着幼虫的生长发育，幼虫还得在石鞘的前端黏附新的材料，将“石衣”改大，以适应虫体体积的增大。

“石衣”的材质、形状与结构随石蚕种类而异（见图 2-5）。营造石鞘时，石蚕就地取材，所以，石鞘的材质取决于水生环境中材料的类型及其数量。石鞘的形状从管状到卷曲的蜗牛状巢，形态各异。此外，石鞘的结构也是多种多样，如沙粒型、木质型、贝壳型、沙粒加卵石型、沙粒加针叶与枝条型，有的石鞘虽为沙粒型，但是石鞘的尾端用丝封口。有的石鞘是用卵石堆砌而成，做工粗糙。有的石蚕在低龄阶段用植物材料营造石鞘，但是进入高龄期后，换成了石头型石鞘。所以，“石衣”成为石蛾的一个主要鉴别特征。

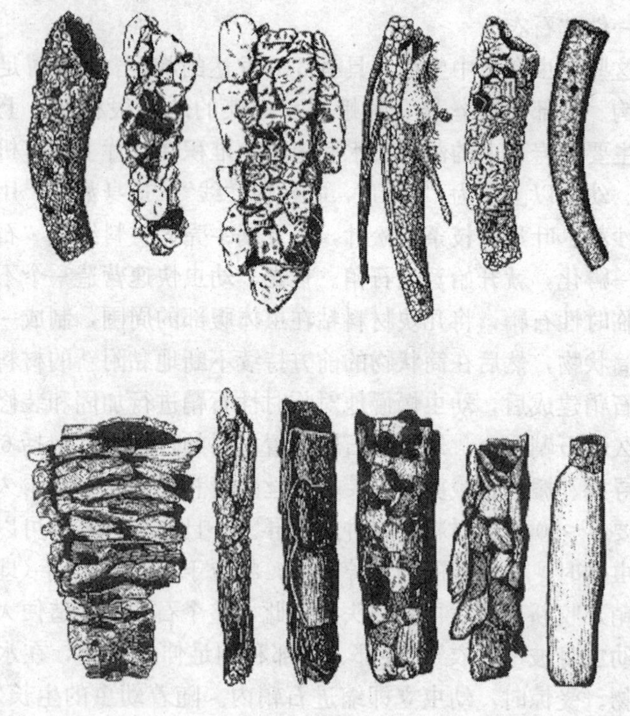

图2-5 石蚕的石鞘类型

幼虫老熟后，将石鞘口封住，藏在石鞘内化蛹，此时，石鞘成为茧。成虫羽化后，爬出石鞘，离开水面。石蚕通常生活在泉眼、湖泊和溪流中，偏爱较冷而无污染的水域，是显示水流污染程度的指示昆虫。石蛾又是许多鱼类的主要食物来源，在流水生态系统中的食物链中占据重要位置。

“石衣”主要有两个功能：一是在水中起固着身体的作用，以防被流水冲走；二是起伪装作用，石蚕不易被天敌发现。

八、沫蝉的“泡泡衣”

在野外草丛中，人们时常看见植物的叶片或茎秆上有一摊摊像唾沫似的泡沫。乍一看，以为是有的人不讲文明，到处乱吐口水。可是，用小草棍把那泡沫拨开，我们就会看到里面有一头小虫在蠕动。原来，这些泡沫是昆虫的杰作。泡沫里的小虫是沫蝉的若虫，又称吹泡虫，泡沫就是这些若虫的“泡泡衣”。沫蝉属同翅目沫蝉科 Cercopidae 昆虫，全世界已知2 380余种，中国已知 100 多种。

泡沫从何而来？沫蝉若虫腹部第 7 节和第 8 节表皮腺所分泌的黏性物质和肛门排出的液体相拌后，再与腹部末端吸入的空气混合，借助腹部蠕动产生的压力，产生小圆泡。表皮腺分泌物的作用在于提高泡沫的表面黏度，使泡沫更持久。腹部末端抬高或放平时，分泌口分别打开或关闭。沫蝉若虫在茎秆上歇息和取食时，其头朝向下方。小圆泡形成后，若虫将足伸到体背上，用足把小圆泡移到头部。腹部末端反复抬高和放平，所分泌的小圆泡叠加在一起，直至整个虫体被泡沫罩住，全过程需要 10～20 分钟。有的种类每分钟可产生 80 个小圆泡。一件“泡泡衣”可维持 1 周之久。若虫一般隐藏在自身分泌的一团泡沫中。一团泡沫中有 1 头或多头若虫。最后一次蜕皮后，沫蝉即离开泡沫，四处活动。成虫不形成泡沫。沫蝉成虫体长一般仅为 4～7 毫米，背面隆起，矮胖的体型类似青蛙。成虫善跳，故名“蛙蝉”。沫蝉的若虫和成虫均从植物的木质部吸汁，与取食植物韧皮部的那些吸汁昆虫有所不同。由于木质部的功能是将根部的水分输送到茎和叶片，木质部汁液所含的养分缺乏，所以，沫蝉不得不大量取食，才能获取足够的营养。豆科植物上的沫蝉数量比较大，就是因为其木质部的氨基酸含量远大于其他植物。若虫大量吸汁后，更多的排泄物从肛门排出。可见，沫蝉若虫能为“泡泡衣”的生产提供足够的原材料。

“泡泡衣”的功能：①沫蝉若虫的体壁较薄，没有蜡质层。“泡泡衣”具有调控温湿度的作用，可防止若虫的水分大量散失。沫蝉成虫体壁的骨化程度很高，所以不需要泡沫护身。②泡沫能驱避捕食者，还可将小型昆虫牢牢地粘住。

九、蛾蜡蝉的“羽绒衣”

在杧果、荔枝、龙眼、九里香等果树和园林景观植物的树干及枝叶上，常发现有棉絮状白色蜡质物，走近一瞧，有的蜡质物还在移动，原来，白色绵絮状物下藏有小小的虫子，它们是蛾蜡蝉的若虫，这些若虫仿佛穿上了一件件厚厚的“羽绒衣”。蛾蜡蝉属同翅目蛾蜡蝉科 Flatidae 昆虫，是蝉的近亲，如白蛾蜡蝉 *Lawana imitata* Melichar 是我国常见种之一。蛾蜡蝉成虫和若虫都善于跳跃。成虫翅膀宽广，休息时前翅呈平贴状。若虫体长 8 毫米左右，白色稍扁平，身披白色棉絮状蜡粉，腹末截断状，有成束粗长蜡丝。有的乍看像一支小毛笔，有的则像孔雀开屏，还有的似一只小绵羊。随若虫的移动，蜡丝脱落，挂在树叶背面或树梢上。

蛾蜡蝉若虫身上的蜡质或蜡丝能遮掩它们的身体，是一种良好的伪装，能减少天敌侵袭或吞食，直到成虫阶段，这些蜡质物或蜡丝才会消失。

十、粉蚧的“防水衣”

粉蚧科 Pseudococcidae 昆虫是蚧壳虫的一大类群。虫体表面被白色或乳黄色蜡质覆盖物，酷似披了一件“防水衣”，故称粉蚧。粉蚧科全世界已知约1 400余种，其中很多种类是热带和亚热带经济作物的重要害虫，在温带也常危害温室栽培植物。中国已知 107 种。

雌虫卵圆形，体态似若虫，无翅，体壁较软，分节明显，身体表面有蜡粉。腹部末端有 1 对长蜡丝。跟其他蚧壳虫不同，粉蚧雌虫有发达的足，能自由生活。雄虫有 1 对膜质前翅和 1 对平衡棒，腹部倒数第 2 节有 2 个管状腺，由此分泌出两条白色细长并较坚韧的蜡丝。若虫有 3 龄，黄色至粉红色。取食后，即分泌白色蜡粉，覆盖整个虫体。雌虫的一生有 5 个阶段：卵、1～3 龄若虫和成虫；雄虫的一生有 7 个阶段：卵、1～3 龄若虫、预蛹、蛹和成虫，其中 3 龄若虫、预蛹和蛹均在由 2 龄若虫织的丝茧内度过。在粉蚧发生的植株上，常常看见大量的蜡质物覆盖在虫体上。蜡质物可有效防止虫体过热和失水，同时也成为阻隔杀虫剂的物理屏障。

十一、负子蝽的“亲子衣”

在池塘、河渠、水库等水域中，可发现有的水生昆虫的背面驮着一个个像小馒头似的球体，且很有规律地紧密排列着。这是什么昆虫呢？原来是一头雄性负子蝽正背负着雌性负子蝽所产下的卵块（图 2 - 6），看似披了一件“亲子衣”。负子蝽属半翅目负蝽科 Belostomatidae 昆虫，其中，负蝽亚科 Belostomatinae 种类的雌虫将卵产在雄虫背上，故名负子蝽。本科全世界已知 143 种，广泛分布，我国有 7 种。负子蝽的前足为捕捉足，中、后足为游泳足，腹部末端的呼吸管短而扁。它们多生活在静水中，常附着在水草上静候猎物，捕食凶猛，能捕食水生生物（如小鱼、小虾、小蝌蚪等）。

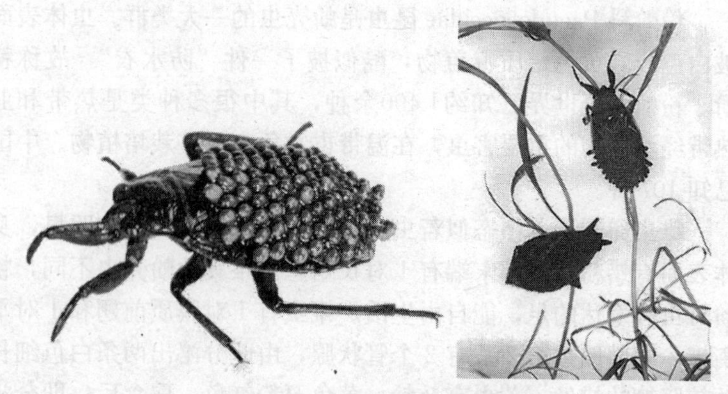

图2-6　背驮卵块的雄性负子蝽

负子蝽雌虫与雄虫交配，由此获得雄虫的信任，然后将卵产在雄虫体背上，每次产下1～4粒卵。接着，又开始新的一轮交配和产卵，直至100多粒卵全部产于雄虫体背上。所以，一对负子蝽“父母”在完成产卵任务期间，一共需要交配30多次。雌虫所产下的卵均牢固地黏在雄虫体背上，排列非常整齐。最后，雄虫就驮着卵在水中生活，承担起照顾卵的责任。已驮满卵的雄虫不再跟雌虫交配，一直到所有的卵孵化为止。雄性负子蝽可算是动物界中“好爸爸”的典范。

负子蝽雄虫驮卵是一种父方投资，对后代的健康成长具有重要的意义。一旦碰到危险，雄虫会赶紧躲到水里，使卵免遭捕食。雄虫定期浮出水面，用腹部末端翅下的气泡来携带氧气，同时也让卵能够从空气中获得氧气，进行正常呼吸。此外，雄虫还用足给体背上的卵浇水，这样一来，卵能同时获得充分的供氧和理想的湿度环境，其孵化率大大提高。如果卵长期被水淹，卵就会因缺氧或真菌感染不能孵化。如果卵长期暴露在空气中，过度失水会导致孵化率降低。

十二、蚜狮的“迷彩衣”

蚜狮是指草蛉的幼虫。一头草蛉幼虫在整个幼虫期所消灭的蚜虫多达七八百头以上，故名蚜狮。草蛉属脉翅目草蛉科 Chrysopidae 昆虫，全世界约1 400余种，我国 120 余种。草蛉属全变态昆虫，幼虫和成虫均为捕食性，主要捕食蚜虫、螨类、蚧壳虫，以及鳞翅目和鞘翅目昆虫的卵和幼虫。

蚜狮体呈纺锤状，胸足发达，行动敏捷，食量大，性凶猛，有自相残杀的习性。捕食时，蚜狮用口器钳住猎物并刺入体内注入消化液，然后吸取猎物体液为食，猎物最后只剩下了一张空壳。由于蚜狮的直肠与消化道不相通，故它们在整个幼虫期只取食不排粪。有趣的是，有的种类如亚非草蛉 *Chrysopa boninensis* Okamoto 等，取食完毕后，蚜狮还用发达的上下颚将猎物的残骸抛到体背上，有时连枝叶碎片也被驮在背上。尸体或植物残骸靠蚜狮背面的短而硬的毛所固定下来。这样，蚜狮好像被一件“迷彩衣”罩住，从背面很难看清蚜狮的身体，从侧面才能见到它全身的庐山真面目。蚜狮身着“迷彩衣”，不停地行走、觅食。不同种类的蚜狮所编织的“迷彩衣”在结构和材质方面有一定的差异。

蚜狮的“迷彩衣”主要起伪装作用，一方面，捕食猎物时，蚜狮不易被猎物发现；另一方面，“迷彩衣”可迷惑蚜狮的天敌，从而使蚜狮免遭攻击。

十三、龟甲的“罩衫”

龟甲隶属鞘翅目龟甲科 Cassididae，成虫色艳，有强光泽，体背隆起，形似小龟，故名龟甲。全世界记载6 000余种，主要分布于热带、亚热带地区。我国已知160多种。

龟甲成虫和幼虫均取食植物叶片。龟甲幼虫有一个奇特的习性，那就是用自己的粪便和蜕织成了一件精美的“罩衫”，称为粪罩。幼虫身披“罩衫”，行走觅食。“罩衫”的织成得益于幼虫的特殊装备。幼虫腹部的末端有1对叉状物，称为尾叉。幼虫的粪便堆积在尾叉上。幼虫蜕皮后，其蜕仍挂在尾叉上。由于腹部末端朝背前方弯曲，这些堆积的粪便和蜕就覆盖在虫体的背面。幼虫一孵化，就开始营造粪罩。幼虫脱完皮后，旧的粪罩也不扔掉，仍然堆积在虫体身上。随着幼虫的生长，粪罩愈来愈大、愈来愈密。最后，化蛹也在粪罩下进行。

粪罩的形状、大小随种类而异。粪罩一般为软膏状，有些种类的粪罩较硬，如龟甲 *Hemisphaerota cyanea*（Say）幼虫所排出的粪便呈卷曲的绳缆状，堆积在虫体身上，形成特有的结缕型粪罩。有的粪罩能将虫体全部覆盖，有的则呈狭带状。

粪罩是一种防御武器，能有效地对付部分捕食性天敌的攻击。粪罩看似一堆鸟粪或没有价值的东西，可起到伪装的作用。不仅如此，幼虫通过扭动腹部末端，使尾叉转动，调整粪罩的方向，使粪罩朝向蚂蚁等捕食性天敌。粪罩中所含的某些化学物质可能对天敌有驱避作用，或者阻止天敌的取食。

[第三章]

昆虫的“食”

食物对昆虫的生活和分布起着决定性的作用。昆虫的食性是指昆虫取食的习性。昆虫多样性的产生跟昆虫食性的多样性有密切关系。长期的进化使昆虫拥有多样化的口器，便于昆虫摄食不同类型的食物，加上消化道的变异和共生生物的参与，使昆虫对食物的消化与利用更富有效率。所以，昆虫的食源非常广。昆虫食量的大小跟昆虫的种类和发育阶段、食物中的营养物和次生化合物有关。社会性昆虫的取食活动中还有一些奇特的行为，诸如喂食、贮粮等，体现了群体内部的分工协作和对食物数量变化的适应能力。

一、昆虫食性的多样性

不同种类的昆虫对自己的食料有明显的选择性和适应性。即使是多种昆虫选择了同一种食物，由于生活史的相互错位、取食部位不同、所取食的食物的发育阶段不同、索取的营养不同、嗜好不同，彼此之间争夺食物的现象很少发生，它们各取所需，相安无事。

1. 昆虫食性的类型

（1）按食物性质划分　根据昆虫所取食的食物性质，昆虫食性可分为植食性、肉食性、腐食性和杂食性。

植食性是指以植物的活体为食的食性。取食方法和取食部位随植食性昆虫的种类而异。有的昆虫取食植物组织，有的取食汁液。有的吃叶，有的蛀茎，有的咬根，有的吃花朵和种子。有些昆虫可在植物的多个部位上取食。因此，在同一种植物上可以有几种到几十种，甚至几百种昆虫。

肉食性是指以动物的活体为食的食性，包括捕食性和寄生性（图 3-1）。两类天敌昆虫的主要区别体现在五个方面：其一，捕食性天敌昆虫身体一般比猎物大，而寄生性天敌昆虫比寄主小。其二，捕食性天敌昆虫通常需捕食许多头猎物才能完成个体发育，而寄生性天敌昆虫只需寄生于1头寄主内，即可完成个体发育。其三，捕食性天敌昆虫可使猎物立即致死，而寄生性天敌昆虫需经过一段时间才能使寄主致死。其四，捕食性天敌昆虫在捕食时可自由活动，而寄生性天敌昆虫在寄生时不离开寄主的身体。最后，捕食性天敌昆虫成虫和幼虫的食物（猎物）一般是相同的，如螳螂；而寄生性天敌昆虫成虫和幼虫的食物一般不相同，成虫取食花蜜、蜜露等食物，如膜翅目的寄生蜂和双翅目的寄生蝇类。

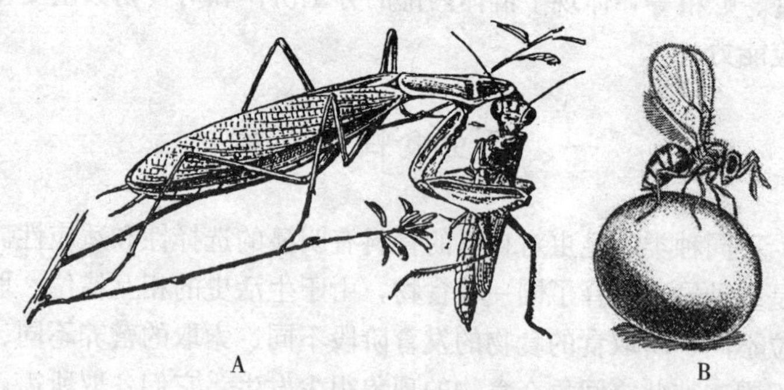

图 3-1 捕食性和寄生性天敌昆虫

A. 螳螂捕食小型昆虫 B. 赤眼蜂寄生飞蛾的卵

腐食性是指以动物的尸体、粪便或腐败植物为食料，如埋葬虫、舍蝇等。

杂食性昆虫则兼食动物、植物等，如蜚蠊。

(2) 按食物范围划分 根据昆虫食物的范围，可将食性分为单食性、寡食性和多食性。单食性昆虫只以某一种植物为食料，如豌豆象仅为害豌豆。寡食性昆虫以1个科或少数近缘科植物为食料，如菜粉蝶取食十字花科植物。多食性昆虫能以多个科的植物为食料，如棉铃虫可取食茄科、豆科、十字花科、锦葵科等30个科200种以上的植物。即使是像棉铃虫这样的多食性害虫，对食物仍有一定的选择性。在所有寄主植物中，棉铃虫最喜欢吃的是锦葵科、茄科和豆科植物。

2. 人工饲料

人工饲料指昆虫所取食的不是天然食物。人工饲料的成分是根据不同昆虫生长发育所需营养物质配合而成，包括糖类、蛋白质、脂肪、维生素、无机盐、填充剂以及防腐剂构成。如果某些成分无法人工合成或者生产成本太高，只能用含有这些成分的天然食物组分，此类人工饲料称为半人工饲料。随着昆虫生理、昆虫毒理、昆虫病理、辐射不育、化学不育、天敌释放等害虫防治新技术的研究与实施，需要供应亿万头生理标准相同的试虫，人工饲料的研究与应用得到了迅猛发展。人工饲料现已成为昆虫学研究及害虫防治新技术的基本技术之一。迄今为止，国内外已研制出了许多昆虫的人工饲料或半人工饲料，如棉铃虫、烟草天蛾、斜纹夜蛾、三化螟、马铃薯叶甲、瓢虫等。

3. 食性的可塑性

昆虫的食性虽有其稳定性，但也有一定的可塑性。在食料改变和缺乏正常食物时，昆虫的食性可被迫改变。例如，烟草天蛾1龄幼虫是多食性的，能取食多种植物，老龄幼虫以此为依据发展成为寡食性。如果以人工饲料来饲养，幼虫能保持1龄幼虫的特点，继续取食白菜和车前草等非寄主植物，原本嗜食茄科植物的寡食性丧失殆尽。

昆虫食性的可塑程度随种类而异。例如，将在正常情况下以十字花科植物为食的小菜蛾 *Plutella xylostella*（Linnaeus）初孵幼虫放在人工饲料上饲养，它们能正常取食和生长发育；但是，如果让这些幼虫吃了含有黑芥子苷（十字花科植物的含有物）的人工饲料，它们就不愿再吃原来的人工饲料了。

昆虫之最

食性最杂的昆虫： 美国白蛾 *Hyphantria cumea*（Drury）是一种世界性检疫对象，能取食 636 种植物。

食性最杂的脊椎动物吸血昆虫： 须舌蝇 *Glossina palpalis*（Rob. -Desv.）能吸所有脊椎动物的血。

食性最专一的昆虫： 无花果小蜂 *Blastophaga psenes*（Linnaeus）雌蜂有翅，但雄蜂无翅。无花果小蜂与无花果建立了共生关系。雌蜂为无花果传粉，而无花果雌花为小蜂提供食料。但是，雌蜂只能在短柱头雌花上产卵。

二、昆虫口器的多样性

由于昆虫的食物多种多样，各类昆虫食性和取食方式不同，口器的外形和构造也发生不同的变化，形成不同类型的口器。

1. 咀嚼式口器

咀嚼式口器是最基本、最原始的类型，其他类型的口器都是由这种类型演变而来的。咀嚼式口器是用来取食固体食物的，主要由上唇、1 对上颚、1 对下颚、下唇和舌五个部分组成（图 3-2A）。上颚的前端有锋利的齿，用来切断食物；它的后部有一粗糙面，用来磨碎食物。下颚协助上颚取食，可握持、撕碎和推进食物。上唇和下唇可关住、托持切碎的食物。下颚和下唇还分别有 1 对下颚须和 1 对下唇须，具有触觉、嗅觉和味觉的功能。在口器中央还有能帮助运送和吞咽食物，同时又能品尝食物是否鲜美可口的舌，具有味觉的作用。蝗虫的口器是咀嚼式口器的代表，此外，鞘翅目的成虫和幼虫、脉翅目成虫及膜翅目多数成虫的口器也均为咀嚼式。

2. **刺吸式口器**

吸食动物血液和植物汁液昆虫的口器就像一个空心的注射针头，取食时把针状的口器插到动植物的组织内吸食其中的汁液，这种口器称为刺吸式口器（图 3-2B）。刺吸式口器的构造很巧妙，上颚和下颚的一部分演变成细长的坚硬口针。下唇延长成管状分节的喙，其背面中央有一凹陷的纵沟，用来包藏口针。下唇和舌以及下颚须和下唇须退化或消失。其内部还有专门的抽吸构造——食道唧筒。蚊虫、蝉、椿象及蚜虫等昆虫的口器就是刺吸式口器。有些昆虫在取食过程中还常伴随着传播疾病，使动植物感染流行病，如蚜虫等同翅目昆虫传播植物病毒病，蚊虫传播疟疾等传染病。

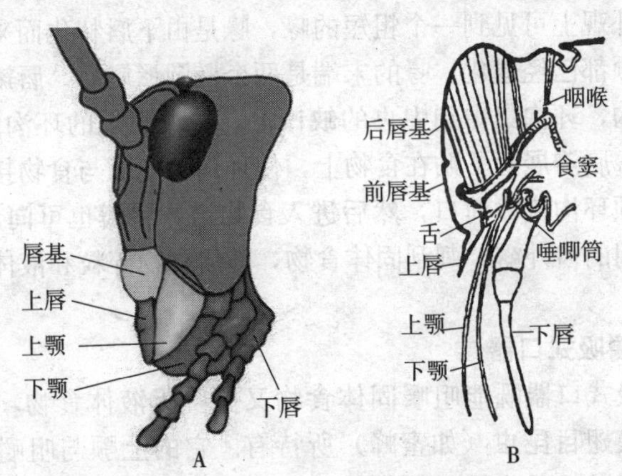

图 3-2 昆虫口器的主要类型

A. 咀嚼式口器 B. 刺吸式口器

3. **锉吸式口器**

这类口器是一种特殊的刺吸式口器。上唇和下唇合成一个短小的喙，内藏舌、左上颚口针和下颚口针，其右上颚已退化或消失。取食时，先以上颚口针锉破寄主表皮，待汁液流出后再吸入消化道内。锉吸式口器为蓟马类昆虫所特有，能吸食植物汁液或软体昆虫的体液，少数种类也能吸食人的血液。

4. 虹吸式口器

虹吸式口器是蝴蝶和蛾类特有的口器，外观上看是一条能卷曲和伸展的长喙，像一根中间空心的钟表发条，用时能伸开，不用时就盘卷起来。这条喙是由左右下颚的外颚叶构成，每个外颚叶的横切面呈弯月形，两外颚叶合在一起形成喙中间的食物道。此外，还可看到一对发达的下唇须，它把卷曲的喙夹在中间。这种构造极适于吸食花蜜、水，甚至还可以用于吸食腐烂的动植物汁液或已成熟的果实。

5. 舐吸式口器

此类口器适于舔吸食物和液体，为双翅目蝇类所特有。它的口器在外观上可见到一个粗短的喙，喙是由下唇特化而来的，上颚和下颚都已经退化。喙的末端是两个椭圆形唇瓣。唇瓣上有一系列环沟，环沟集中到中央的缺口上，缺口附近的环沟间有齿。取食时，唇瓣展开平贴在食物上，使环沟的空隙与食物接触，液体食物顺环沟流往前口，然后进入食物道。唇瓣也可向后翻转，使环沟间的齿外露，刺刮固体食物，随后食物碎粒和液体一起被吸入。

6. 嚼吸式口器

嚼吸式口器既能咀嚼固体食物又能吮吸液体食物，为一部分高等膜翅目昆虫（如蜜蜂）所特有。它的上颚与咀嚼式口器相仿，用以咀嚼花粉和筑巢等。它的下颚和下唇组成吮吸用的喙。蜜蜂的喙仅在吸食花蜜等液体时，才由下颚和下唇合并而成，不用时则分开，并折叠在头下。这时，上颚即可发挥咀嚼作用。

7. 某些幼虫的口器

鳞翅目幼虫的口器属于变异的咀嚼式口器。其上唇和上颚与一般咀嚼式口器相似，但下颚、下唇和舌愈合成为一复合体，两侧为下颚，中央为下唇和舌，顶端具有一个突出的部分为吐丝器，其末端的开口即为下唇腺转化而成的丝腺开口，可吐丝结茧。上唇前缘中央有深的缺刻，用以把持食物（图 3-3）。膜翅目叶蜂类幼虫的口器与鳞翅目幼虫基本相似，但复合体中央无突出的吐丝器。

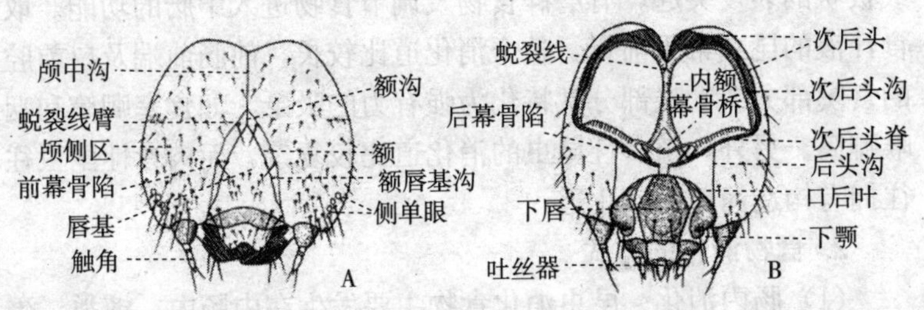

图 3-3 鳞翅目幼虫头部的结构

A. 正面观 B. 后面观

脉翅目幼虫的口器为双刺吸式口器。上颚呈镰刀状，其内缘有一纵沟。下颚的外颚叶呈细镰刀状，并嵌合于上颚的纵沟上组成一食物道，这样，合成一左一右的刺吸构造。捕食时，将由上、下颚合成的刺吸器刺入猎物体内，借唧筒抽吸作用将液体食物吸入肠内。

蝇类幼虫的口器称为刮吸式口器。蝇蛆头部十分退化，缩入前胸内。口器也十分退化，只能见到一对口钩，用来刮破食物，然后吸收汁液及固体碎屑。口钩往里是口咽骨，再往里是咽骨。由口钩、口咽骨和咽骨 3 部分组成头咽骨。人们可以根据头咽骨的发育变化，来区分蝇类幼虫的龄期。

寄生蜂的早期幼虫口器发育不全，可通过其体壁从寄主血淋巴中吸收营养，来完成发育。

三、昆虫食性与食物的消化

1. 食性与消化道

昆虫的消化道因食性的不同而变异很大。昆虫消化道的构造与食物形态有一定的关联性。取食固体食物的昆虫，它们的消化道一般比较短粗，前胃外面包有强壮的肌肉层，内面常具有齿状或板状的表皮突起，有磨碎食物及调节食物进入中肠的功能。取食汁液的昆虫常无前胃，整个消化道比较长，前肠前端及口前腔的食窦部分或咽喉部分常特化为强有力的吸泵，如食窦唧筒和咽喉唧筒。另外，植食性昆虫的消化道比较复杂，而肉食性昆虫往往拥有构造简单的消化道。

2. 食物消化的方式

（1）肠内消化　昆虫消化食物主要发生在中肠内，糖类、蛋白质和脂类分解为小分子化合物后才能被吸收利用。在某些昆虫中，肠道内的共生菌也参与部分消化作用。

昆虫一般不能吸收食物中的多糖和双糖，只有分解为单糖后才能吸收利用。淀粉和纤维素可在多种酶的作用下逐渐分解为单糖。水解淀粉主要依靠 α-淀粉酶。消化纤维素是在两种酶的作用下完成的，一种是裂解纤维素为纤维素二糖的纤维素酶；另一种是裂解纤维素二糖为葡萄糖的半纤维素酶，这些酶由昆虫直接产生或由肠内微生物提供。蛀食木材的昆虫具有多种适应性的消化方式，例如，粉蠹科昆虫没有纤维素酶，不能消化细胞壁，只能取食细胞内含物；小蠹科昆虫也没有纤维素酶，但有半纤维素酶，因此能利用半纤维素、戊糖混合物、六聚糖和多糖；窃蠹科和天牛科幼虫具有纤维素酶，能同时利用含植物纤维素的细胞壁和内含物。

进入消化道的蛋白质被分解成蛋白胨和多肽后，才能被昆虫的肠壁细胞吸收。蛋白质的消化依靠唾液与消化液中的肽链内切酶，这些酶与哺乳动物的胰蛋白酶和胰凝乳蛋白酶极为相似，通常称为类胰蛋白酶，它的结构中所含的-S-S-键较少。有些昆虫能消化惰性动物蛋白，如食毛目、皮蠹科和谷蛾科昆虫的某些幼虫就能依靠角蛋白酶消化毛发和羽毛中的角蛋白化合物。

很多昆虫消化食物内的酯和脂肪酸时，其肠道内的共生菌往往发挥了重要作用。但是，为害蜜蜂蜂巢的大蜡螟 *Galleria mellonella*（Linnaeus）与小蜡螟 *Achroia grisella*（Fabricius）比较特别，它们的幼虫能消化含有脂、脂肪酸和烃类的蜂蜡。

（2）肠外消化　昆虫在取食前先将唾液或消化液注入寄主组织内，当寄主组织溶解后，再吸回肠内的过程，称为肠外消化。肠外消化常见于具刺吸式口器和肉食性的昆虫中。

吸食植物汁液的昆虫，依靠唾液中的多种酶类，进行肠外消化。例如，植食性半翅目昆虫的唾液中含有低聚糖酶，食物中的低聚糖经初步消化后才进入中肠内。吮吸韧皮部汁液的昆虫的唾液中含有糖酶；取食叶肉和种子的则含有蛋白酶和酯酶。

有些捕食性昆虫也采用肠外消化食物。例如，龙虱幼虫以小鱼、蝌蚪等动物为食，上颚也没有嚼碎食物的功能，也没有唾液腺，在捕到猎物后将肠内的消化液经过食道和上颚内的管道注入猎物体内。如果猎物是透明的昆虫，就可看到一股黑色的液体由龙虱幼虫的上颚尖端进入虫体，很快分散到各器官之间，猎物立即死亡，其内部的组织很快被溶化成液体，再经上颚管道吸回龙虱幼虫肠内。龙虱幼虫只需 10 分钟，可将一头 12 毫米长的毛翅目幼虫内的组织溶化吸空。另一个例子是脉翅目幼虫，它们用双刺吸式口器刺入猎物体内，接着将消化液经食物道注入猎物体内，进行肠外消化，然后把猎物举起，使消化好的物质流入口腔，猎物只剩下一层躯壳。采用肠外消化方式的类群还包括蚁蛉、食蚜蝇、萤甲、步甲和虎甲等昆虫的幼虫。

四、白蚁和蚂蚁的食性与共生关系

白蚁和蚂蚁的取食活动常常跟某些共生生物有密切的关系。许多白蚁对食物的利用和消化需要肠道生物的协助，有的白蚁还在巢穴内培育真菌，让它们加工食料。一些蚂蚁能跟真菌、植物以及其他昆虫共生，从而获取所需要的食物。

1. 白蚁与肠道生物的共生

白蚁虽然取食大量的纤维素，但是光靠白蚁本身并不能完成消化纤维素的全部过程。除白蚁科以外，其他白蚁的肠内都含有数量很多的单细胞生物，其中包括了原生动物的 4 个纲（鞭毛纲、肉足纲、孢子纲、纤毛纲）以及细菌，现已定名的有 300 多种。这些微生物与白蚁是共生关系，只有依靠这些微生物的协助，才能将纤维素转变为白蚁可以吸收利用的物质。后肠中的原生动物可占白蚁体重的 60%。如果用高温将白蚁肠内的披发虫 *Trichonympha* 杀死，而不伤白蚁，白蚁再食木材后，因不能消化而饿死。对于白蚁科白蚁，其纤维素酶的来源仍不清楚，有可能是由白蚁自己产生的。

2. 白蚁与真菌的共生

所有白蚁中，只有隶属大白蚁亚科 Macrotermitinae 的白蚁才在蚁巢中建有培养真菌的菌圃。负责觅食的工蚁将采集到的木质材料传递给巢内的工蚁，再由后者加入唾液制成菌房。如大白蚁属 *Macrotermes* 的白蚁所培养的真菌为白蚁伞属 *Termitomyces* 真菌（图 3-4）。尽管菌房中还有其他真菌（如炭角菌属 *Xylaria* 等）的孢子，但是，只有白蚁伞菌才能正常生长，这可能跟白蚁伞菌能适应蚁巢内的高浓度二氧化碳和酸性环境有关。

这些白蚁培养了白蚁伞菌，但并不取食它们。那么，白蚁伞菌有何益处呢？白蚁伞菌可将纤维素和木质素降解成为白蚁所能利用的营养物质。菌房的结构具有动态性，新的木质材料逐步添

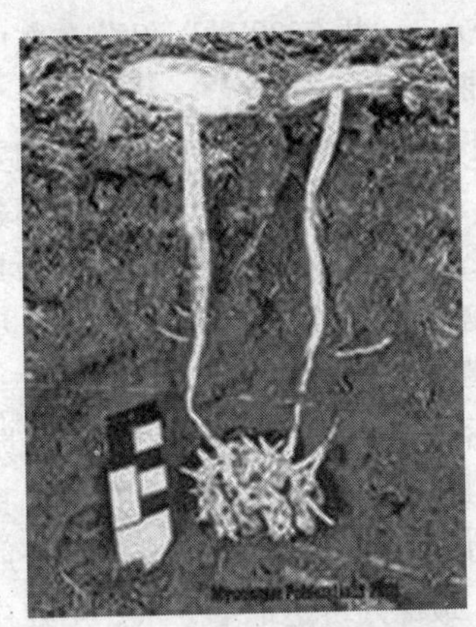

图 3-4　白蚁巢内的白蚁伞属 *Termitomyces* 真菌

加到菌房的顶部，而白蚁从菌房的底层取食。由此可见，菌圃成为白蚁的“体外消化系统”。菌圃为质轻、多孔、海绵状的疏松组织，由许多菌房组成。当巢壁湿度大时能吸附大量水分，而干燥时可放出适当的湿气。菌圃上白蚁伞菌的发酵能释放热量，所以，菌圃成为巢内温湿度的调节器，使蚁巢能维持一定的温度和湿度，适宜于卵和幼蚁的发育成长。白蚁伞菌常常长出地面，作为白蚁活巢的指示物。人们可以采收白蚁伞菌，做成可口菜肴。

同一巢群中，主巢中的菌圃比副巢大，并且主巢中的菌圃由泥骨架和泥片支撑直立。菌圃的数量、形状、大小和颜色也随白蚁种类而异。黑翅土白蚁蚁巢中的菌圃数量较多，为半球形，菌圃孔为圆筒形，其主巢和近主巢的菌圃表面颜色为紫褐色，远离主巢的菌圃色稍淡，为灰白色。黄翅大白蚁蚁巢菌圃的数量比黑翅土白蚁少，其形状呈不规则的块状，菌圃孔为长形，且菌圃上白蚁伞菌的个体比黑翅土白蚁大，但数量少。

3. 蚂蚁与真菌的共生

在美洲茂密的热带雨林中，常常看见成群结队的蚂蚁爬上一棵棵大树，用锋利的上颚将树叶切下来，使之成为半圆形，驮在体背上，然后搬运回巢，看似高举着绿色旗帜的大军胜利凯旋（图 3-5A）。这类蚂蚁称为切叶蚁。切叶蚁拥有庞大的叶片采集和运输队伍，能将 250 米以外的叶片运回巢内，它们每年消耗掉的叶片占叶片产量的 12%～17%。有时候，一夜之间，它们能把整棵树的树叶剪光。能够切叶的蚂蚁只有两个属，即切叶蚁属

Atta 和顶端切叶蚁属 *Acromyrmex*，一共有 39 种，仅分布在中美洲和北美洲干燥的热带和亚热带地区。

切叶蚁忙忙碌碌地把树叶剪下带回去做什么呢？原来它们要用树叶来种“蘑菇”。这些真菌属于伞菌科 Agaricaceae 的白环菇属 *Leucoagaricus* 和白鬼伞属 *Leucocoprinus*。切叶蚁同真菌的共生关系具有很高的特异性，它们培育的真菌几乎是纯培养体。早在婚飞时，蚁后就将娘家的菌种藏在自己口中的凹陷处，之后，经过自己开创家园，到一定规模后，开始由工蚁开辟“蘑菇”园地（图 3-5B）。一个成熟的切叶蚁属蚁群有 800 万头蚂蚁，其中，绝大多数为雌性、无生育能力的工蚁。每个蚁巢有几千个地下巢室，巢室就是切叶蚁的菌圃，最深处可达地下 6 米。主蚁丘的直径 30 米，距主蚁丘 80 米的范围内分布有大量直径为 0.3 米的辅蚁丘。

A

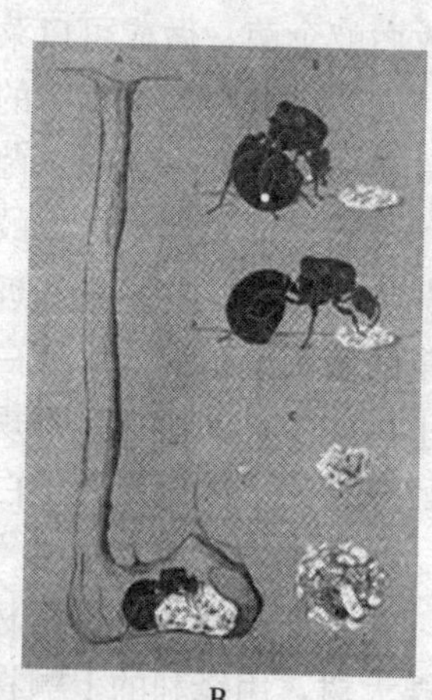

B

图 3-5 切叶蚁与真菌的共生关系

A. 工蚁觅食回巢 B. 新蚁后携带菌种

切叶蚁是高效率的典范，不同类型的蚂蚁承担不同的工作。个头最大的工蚁充当“兵蚁”，主要承担保家的任务。中等体型的工蚁（头宽大约2毫米）负责觅食，切割树叶，并将叶子碎片搬回巢内。大量体型稍小的工蚁来回跑动，穿梭于觅食队伍的中间和周围，承担护送和警戒的任务。觅食工蚁回巢后，将叶子碎片交给小工蚁（头宽不到1毫米），再由它们送到菌圃，在那里，叶子碎片将被更小的工蚁逐级切成小块，直到被咀嚼成为菌床。真菌迅速生长，长出一层白白的菌丝，不久便形成菌丝团。菌丝由巢中最小的工蚁来照料，它们用菌丝团喂养幼蚁。巢内还有一批特殊的工蚁充当“清洁工”，负责将菌圃内的废物和蚂蚁尸体搬运到远离主巢的地方堆放起来。此外，切叶蚁利用细菌所产生的抗生素对付菌圃内的杂菌，它们使用抗生素的历史比人类掌握青霉素早很多。有时小工蚁还将部分菌丝除去，以防菌丝过度繁殖，因为菌丝泛滥后，蚁巢内的氧气被大量消耗，幼蚁会窒息而死。

4. 蚂蚁与植物的共生

热带地区的蚂蚁种类十分丰富。有些蚂蚁与某些植物建立了专一的共生关系。植物为蚂蚁提供蜜腺分泌物，而蚂蚁则保护植物，使其免遭植食者的为害。

在中美洲，拟切叶蚁属 *Pseudomyrmex* 蚂蚁跟金合欢属 *Acacia* 植物互惠共生。这些植物的茎部有成对的、膨大的中空刺，拟切叶蚁则栖居于刺腔内（图3-6）。受惊扰时，它们在植物的茎、叶上快速爬行，这是一种专性的蚁植共生（syndiacony）。例如，牛角相思树 *Acacia cornigera* 小叶尖端的贝氏体（Beltian bodies）含有蛋白质、脂肪，而叶柄上的腺体能分泌蜜汁。贝氏体和蜜腺分泌物成为拟切叶蚁 *Pseudomyrmex ferruginea* (Smith) 的食料，而该蚂蚁的攻击性极强，能保护牛角相思树，使其免遭昆虫、植食性哺乳动物和附生藤本植物的侵害。蚁群中有25%的成员在树上昼夜不停地巡逻，将树上的真菌孢子、蜘蛛网和异物清除干净。牛角相思树没有化学防御武器，完全依靠这种蚂蚁的守卫。若离开了蚂蚁的保护，牛角相思树将无法正常生长。

另一个类似的例子是举腹蚁属 *Crematogaster* 的蚂蚁在血桐属 *Macaranga* 植物的树干内建巢。

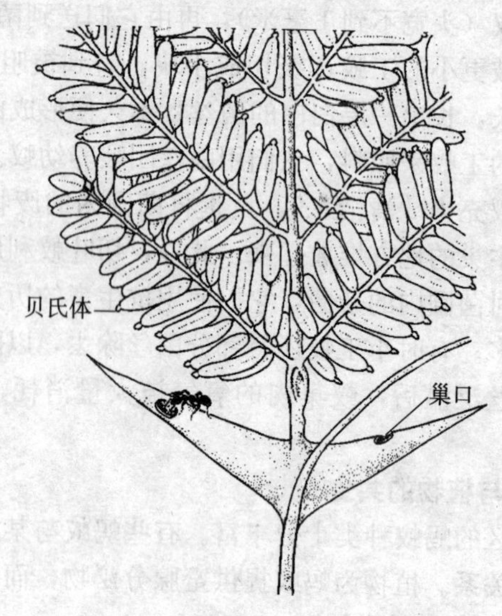

图 3-6 蚂蚁与金合欢属植物的共生

5. 蚂蚁与其他昆虫的共生

在自然界中，蚜虫多的地方一定有很多蚂蚁。这是为什么呢？蚜虫从寄主植物的韧皮部吸食汁液。由于韧皮部汁液中的水分和糖分多，而氨基酸等含氮化合物含量低，所以，蚜虫必须大量取食，才能获得足够的氮素，与此同时，过多的糖分则从后肠排出。蚜虫的排泄物中含有丰富的糖，故称“蜜露”。蚂蚁非常爱吃蜜露，常用触角拍打蚜虫的腹部，促使排泄蜜露。人们把蚂蚁的这一动作叫做“挤奶”，而把蚜虫比喻为蚂蚁的“奶牛”，反过来，蚂蚁保护蚜虫，使之免遭天敌（如瓢虫等）的捕食。这样一来，蚂蚁和蚜虫之间形成了一种共生关系。

有趣的是，有的蚂蚁不仅会“挤奶”，还会饲养和放养蚜虫，这类蚂蚁称为牧蚁或者养殖蚁。在美国，有一种名为玉米根蚜 *Anuraphis maidiradicis*（Forbes）的蚜虫为害玉米的根。在每年的秋天，牧蚁从玉米田收集玉米根蚜的卵，藏在地下蚁穴中，使它们在冬天不会被冻死。来年的春天一到，牧蚁把小小的蚜虫搬运到蓼属和禾本科杂草的根部，玉米根蚜在那儿繁殖 2～3 代。随后，牧蚁再将蚜虫转移到玉米幼苗的根部，玉米根蚜在玉米上进一步繁殖 10～20 代。在牧蚁的照料和保护下，玉米根蚜大量繁殖，而牧蚁获得了丰富的蜜露。在牧蚁与玉米根蚜的共生关系中，牧蚁起主导作用。当有翅的雌蚜羽化后，企图飞向其他的寄主植物时，牧蚁就彰显自己的权威，将雌蚜抓住，带回蚁巢内。

类似的例子有许多。除了蚜虫外，蚂蚁还能跟同翅目的其他昆虫（如介壳虫、木虱、叶蝉等）建立共生关系，因为同翅目昆虫都能分泌蜜露。灰蝶科的许多种类也与蚂蚁建立了类似的共生关系，因为它们的幼虫有一个蜜腺，位于第 7 腹节背面，能分泌含蜜露的化合物。同样的，具有放养昆虫这一习性的蚂蚁也有很多种类。例如，尖尾蚁属 *Acropyga* 的蚁后在婚飞、交配时，用上颚携带粉蚧，带到新建的蚁巢内。这种粉蚧在植物的根部为害，并分泌蜜露，为蚂蚁提供食料；而蚂蚁反过来帮助粉蚧扩散，并提供保护。

五、昆虫的食量

昆虫的食量随种类而异。有的昆虫比较贪吃，昼夜进食，所吃的食物大大超过它的体重。例如，草原上有一种螟蛾，体重仅 0.025 克。到夏季快结束时，它的子孙后代一供吃掉 9 吨重的青饲料，相当于 3 头母牛 1 年所需的饲料，而这些子孙的体重加起来有 225 公斤。有些昆虫的食量比较小，如一粒米或一粒豆可使一头米象或豆象完成从卵、幼虫、蛹到成虫的全过程所需的食物。

昆虫幼虫的食量一般随着虫龄的增大而增多。有的昆虫在幼虫期某一阶段食量突然大增，出现大量取食的现象，称为暴食性。例如，黏虫的低龄幼虫食量很小，1～2 龄食量仅为整个幼虫期食量的 0.4%～0.6%，3 龄为 1%～2%，4 龄为 2%～3%，而 5～6 龄为暴食期，食量占 90%～95%。家蚕幼虫期为 26～28 天，在此期间一头蚕累计吃掉 25 克桑叶，其中最后几天所吃的桑叶量是前 3 周取食量总和的 2 倍多。

昆虫的食量受食物的影响很大，主要体现在两个方面：其一是食物中的营养物能否满足昆虫的需求；其二是食物中是否含有刺激或抑制昆虫取食的化合物。众所周知，蔗糖可刺激很多昆虫取食。对植食性昆虫而言，寄主植物中氮的含量是最关键的而且常常是主要限制因子。大多数昆虫在寄主植物含氮量降低时，其取食量增加，如夜蛾 *Spodoptera pectinicornis*（Hampson）幼虫在取食低含氮量的水浮莲 *Pistia stratiotes* 时，其食量可以增加 3 倍。对于食性专一的昆虫，其食量往往受寄主植物中特有化合物的影响，如十字花科植物中的芥子苷对几种寡食性昆虫的取食起刺激作用。但是，植物体内的次生化合物（如生物碱等）也可能抑制某些昆虫的取食，例如，每千克马铃薯叶片内番茄碱的含量达到 2 毫克时，甲虫的取食量下降 50%。

六、昆虫奇特的取食活动

1. 白蚁的交哺行为

交哺（trophallaxis）是指白蚁群体内不同成员之间相互传递食物或其他液体的现象。交哺可分为两种类型：一种为口部交哺，是指口对口的交哺；另一种为原肛交哺，指的是口对肛门的交哺。在白蚁的交哺过程中，交哺行为的开始和终结均由被饲喂者决定。被饲喂的白蚁用触角、口器或前足来触摸饲喂者，当饲喂者从口中吐出或从肛门排出一滴液体时，被饲喂者立即将该液体吸食掉。

白蚁为何进行交哺呢？白蚁交哺有三个目的：其一是为了喂养没有取食能力的白蚁品级；其二是传递肠内的微生物；其三是对白蚁品级的调节起到一定的作用。在白蚁群体中，平常是由工蚁担任食物采集供应者。食物先由工蚁摄入、咬碎和吞入消化道内，已部分消化或完全消化的食物再从口中吐出或由肛门排出，喂给不能自行取食的幼蚁、兵蚁、蚁王及蚁后。低等白蚁在消化食物的过程中，需要有肠内的原生动物和细菌的共同参与。但是，蚁群内新成员的肠道内没有这些必需的共生物，而且刚蜕皮的个体也没有了肠道共生物。所以，这些成员必须通过原肛交哺来获得肠道共生物。体内仍拥有肠道共生物的那些工蚁从肛门排出食物，作为肛饲物来饲喂它们，由于肛饲物中含有肠道共生物，这样一来，被饲喂的白蚁就得到了所需要的肠道共生物。白蚁蚁后能分泌特殊的化学物质，在交哺的过程中，这些物质在蚁群内其他成员之间进行传递，起到通讯的作用，由此，蚁后能掌控蚁群内所有成员的行为和活动。

交哺现象在白蚁中是非常普遍的，尤其是原肛交哺。我们人类可以利用白蚁的交哺行为来对付那些有害的白蚁。将白蚁喜欢吃的食料与无驱避作用、毒性较慢的杀虫剂混合，作为毒饵，撒在白蚁的巢穴内，毒饵便在蚁群中传播，最后蚁群中的绝大多数个体被消灭掉。

2. 蚂蚁的饲喂行为

蚂蚁也采用交哺方式传递食物，但是，蚂蚁只进行口部交哺（图 3-7）。年轻的工蚁照看幼虫和蛹；中年的工蚁负责修巢、搬运食物和处理废物；只有年长的工蚁离巢觅食。觅食工蚁将采集到的液体食物贮存在体内的嗉囊中。嗉囊内的这些食物为蚁群中的其他成员所共享。当觅食工蚁返巢后，想吃东西的蚂蚁用触角敲打它的头部，于是，两头蚂蚁进行口部交哺。觅食工蚁将一滴液体从嗉囊转移到口部，然后再递送到被饲喂者的口中。口部交哺使食物在蚁群中迅速传递。

图 3-7　宽结大头蚁 *Pheidole nodus* Smith 工蚁饲喂兵蚁

蚂蚁成虫的食道非常细，且前胃的开口很小，已被嚼碎的食物颗粒无法进入成虫的胃中，所以，成虫只能以液体食物为食。包括蚁后在内的所有成年蚂蚁均靠口部交哺来获取食物。年幼的幼蚁也是依赖饲喂液体食物才能活下来。年长的幼蚁则可以消化固体食物。觅食工蚁把采集到的固体食物嚼碎后，传递给年长的幼蚁，固体食物经消化后成为液体状，然后，年长的幼蚁再吐出液体食物，饲喂巢内的成年蚂蚁。时常看见，成年蚂蚁将幼蚁从一个地方搬运到另一个地方，这就是蚂蚁世界的奇特景观，蚂蚁扛着它们的“胃”到处跑。

3. 蜜蜂的饲喂行为

蜜蜂为社会性昆虫，各成员之间分工非常明确。采集蜂蜜、花粉、蜂胶、水等工作，以及侦察蜜源和防御敌害的任务是由年龄为 21～35 天的工蜂来完成的。觅食工蜂从植物的花中采食含水量约为 80％的花蜜或分泌物，存入自己的嗉囊中，在体内转化酶的作用下进行 30 分钟的发酵。返巢后，觅食工蜂将嗉囊中的食物吐出，传递给巢内较年幼的工蜂。巢内工蜂再将食物转移到巢房中，与此同时，巢内工蜂还添加了由自己体内的咽下腺所分泌的酶，该酶能将食物内的蔗糖转化成果糖和葡萄糖。然后，工蜂向这些巢房振动翅膀，让水分蒸发。当蜂蜜装满巢房，且含水量约为17%时，再用蜂蜡密封。这样，酿造好的蜂蜜可长期保存，成为蜜蜂的备用食物，或者被人类采收。觅食工蜂采回的花粉则直接存放在相应的巢房中。

蜂群内其他成员基本上是靠工蜂的口部交哺来获得食物。自孵化起，蜂王的一生中，均靠工蜂饲喂蜂王浆。蜂王浆由幼龄工蜂头部的咽下腺分泌的，富含泛酸及其他维生素。工蜂和雄蜂在幼虫期的头3天，由工蜂饲喂蜂王浆，从第4天起，改喂花粉和蜂蜜混合而成的食料，直至老熟化蛹。雄蜂消耗饲料量很大，其幼虫期的食量为工蜂的1～2倍，雄性成蜂消耗饲料量更大，平时多在蜂巢内采食蜂蜜，繁殖季节会得到工蜂的喂饲。当秋季外界蜜源期终止时，雄蜂被驱逐出巢，最后冻饿而死。

4. 收获蚁的采食行为

收获蚁是指收集种子和叶片的蚂蚁。收获蚁属 *Messor* 和农蚁属 *Pogonomyrmex* 的所有种类均采收种子。收获蚁属的蚂蚁在我国也有分布，而农蚁属只分布于美洲。这两个属的蚂蚁均生活在干旱半干旱的荒漠环境中。由于栖息地较干燥，食物来源很少，收获蚁就在种子成熟的季节，采集种子，运回巢内，将种子储备起来，以供干旱缺粮时充饥。蚂蚁搬运种子的方式非常有意思。有些种类的收获蚁是靠集体搬运种子，大约十来头蚂蚁共同将一粒种子用力拖往正确的方向——即回巢的路上。如果只有一只蚂蚁单干的话，它往往会弄错方向。另一些种类的蚂蚁则喜欢单干，它们将种子置于两上颚之间拖回蚁巢。蚂蚁对种子的选择与种子的形态、大小及可获性等有关，多数喜欢选择和贮藏小而健全的种子。蚂蚁大量储藏种子，其储藏量是取食量的5～10倍。蚂蚁每年可搬运荒漠土壤中可食性种子的9%～26%，喜食种子的100%。针毛收获蚁 *Messor aciculatus*（F. Smith）是我国北方特别是西北荒漠草原的优势种蚂蚁，收获、贮藏和取食可食性的植物种子达 30 余种。

收获蚁的食性很杂。除了以植物的种子为食外，收获蚁还可取食蚜虫的尾部、蟋蟀的翅膀，以及与其竞争的其他种类的蚂蚁等。收获蚁采集种子的目的是为了取食种子表面上含有脂肪的细小附属物，称为油质体。正是油质体吸引收获蚁采收种子。在蚁巢内，种子的油脂体被收获蚁吃掉后，许多种子仍能发芽。当然，有的种类也会直接咬食种子。觅食工蚁将采回的种子转交给靠近地表的巢室中的工蚁，后者将种子的外壳去掉，并将外壳搬出蚁巢。然后，去壳的种子被工蚁转移到更深的巢室中，储藏备用。取食时，工蚁将种子嚼烂，并混合上唾液，制成膏状食品，用来饲喂幼蚁。幼蚁进一步将其加工成液体食物，再被成年的收获蚁食用。对于未嚼烂而发芽的种子，工蚁会将其搬到巢外的土堆上，让其生根发芽，待新植株的种子成熟后，收获蚁再去收获。

收获蚁的采食种子行为对植物有两个方面的影响：一是对某些植物种子的传播起一定的作用；二是间接地影响到植物群落的组成和空间分布的变化。经蚂蚁贮藏的种子有可能因窒息而不能正常发芽，甚至霉烂。收获蚁的觅食活动主要发生在距巢穴 2～12 米范围内，随着距离的增大，觅食活动明显降低，从而造成种子的空间分布不均匀。

5. 蜜瓶蚁的贮蜜行为

目前，全世界已知 30 多种蜜瓶蚁，分别属于 5 个不同的属，其中绝大多数种类为 *Myrmecocystus* 属的蚂蚁。蜜瓶蚁生活在美国西部、墨西哥和澳大利亚的沙漠地区，以蚜虫等昆虫分泌的蜜露、植物的花蜜和分泌的糖分为食。跟其他蚂蚁一样，其蚁群也是由蚁后、工蚁和雄蚁组成，蚁后每天可产1 500粒卵。在沙漠地带，蜜瓶蚁常常遇到找不到食物的日子，所以，它们必须想办法储备食物。

蜜瓶蚁“备粮”的方法十分奇特。蚁群中有一部分工蚁以自己的身体来储备食物，称为蜜蚁（repletes），每头蜜蚁相当于一个储蜜罐（图 3-8）。在觅食季节，觅食工蚁离巢采集蜜露等食物，并将食物储藏于体内的嗉囊中。返巢后，它们以口部交哺的方式，口吐蜜露，饲喂蜜蚁。蜜蚁的腹部易膨胀，当胃里塞满蜜露时，腹部的体积膨胀到原来的几十倍大小，以至于无法行走，只能静静地悬挂在蚁穴的顶部。自然条件下食物短缺的时候，巢内的其他工蚁用触角敲打蜜蚁，后者便回吐蜜露，给众蚂蚁提供食物。当蜜蚁把体内的蜜露全部贡献出来后，已变形的腹部无法恢复原状。有人曾发现，一个蜜瓶蚁的蚁群中有1 500头蜜蚁。正是这支由蜜蚁组成的特殊队伍让整个蚁群平平安安地度过了每年的“饥荒”日子。不仅如此，人类有时也会把蜜蚁当成食品。在澳大利亚的土著人就有挖巢吃蜜蚁的习惯，因为蜜蚁体内的蜜露主要含葡萄糖和果糖，味甜可口。

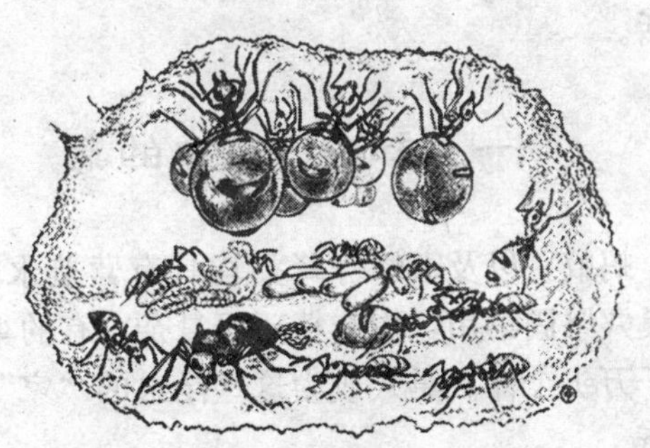

图 3-8　蜜瓶蚁巢内的蜜蚁

[第四章]

昆虫的“住”

绝大部分的昆虫都是居无定所，过着风餐露宿、日晒雨淋的生活。但是，有些昆虫能营巢为家。巢穴的大小随昆虫种类而异。有的巢穴复杂而坚固，有的则简单、朴素。昆虫的巢穴通常是永久性的，少数为临时性的巢穴。巢穴让昆虫享受着既舒适又安全的生活。

一、社会性昆虫的巢

白蚁、蚂蚁，以及蜜蜂等蜂类均具有营造永久性巢穴的习性。所建巢穴坚固耐用，构造精巧而复杂，有的巢穴非常庞大，可容纳上千万头个体。巢穴成为这些昆虫的“家”，是它们的主要活动场所。

1. 白蚁巢

白蚁喜温怕寒、喜水怕湿、喜暗怕光。除有翅成虫出巢飞翔交配外，白蚁的其他活动均在黑暗的蚁巢中进行。蚁巢是白蚁集中生活的大本营，但群体活动的范围可以扩展到巢外相当远的地方。营巢的地点、巢穴的结构和大小因种类而异。

（1）白蚁巢的类型　按建巢的地点，可将白蚁巢分为三类，即木栖巢、土栖巢和土木栖巢。

木栖巢：为比较原始的木白蚁科和原始白蚁科白蚁的巢穴。

巢穴建在房屋的建筑木材中、活树的枝干中或原始森林的地上朽木中。这类白蚁与土壤不接触，群体不大。蚁巢结构简单，常由一个明显而不规则的隧道和巢室系统组成。巢穴的隐蔽性很好，人们难以发现。巢穴既可作为卧室，又可作为贮藏室。蚁王很小，四处活动。

土栖巢：是土栖白蚁的巢穴，巢建于土壤中。土栖白蚁为害农林作物和土质水利工程，也会窜入附近的建筑物为害。它们的巢穴结构复杂。有的种类建巢于离地面1～2米的土中，称为地下巢，而突出地面的蚁丘称为地上巢。有的蚁丘突出地面几十厘米，但有的土垅巢可高达数米，被称为蚁塔。蚁丘外层有很厚的掩护物，很像人类的混凝土结构。我国最常见的黑翅土白蚁、黄翅大白蚁等均属土栖白蚁。

土木栖巢：蚁巢建在各种材料中。巢穴的形状随巢穴所处的环境而异。既可筑巢于土壤或砖墙空隙中，也可筑巢于木材或活树的树根和树干中；或者兼而有之，即一个巢群的白蚁，一部分在地下土中，一部分在木材中。筑于木材中的巢仍有蚁路与土壤相连。栖息场所和取食场所有时一致，有时不一致，但较为接近。这类白蚁的巢群复杂，巢穴结构固定，个体数量多。不论其位置如何，巢体和土壤、木材都有着直接联系。这类白蚁以台湾乳白蚁和散白蚁最具代表性。

(2) 白蚁巢的结构特征　除低等白蚁外，白蚁都会建造复杂的中、大型蚁巢。筑巢材料包括木屑、叶片、草料及土粒，此外还夹杂有白蚁排出的粪粒、分泌的唾液及白蚁尸体。蚁巢由蚁群中的工蚁建造。蚁巢结构严密，有主巢与副巢之分。主巢呈蜂窝状，中央有“王宫”，蚁后深居其内，永不出宫。主、副巢之间有主道相通。巢的四周有多条暗道和蚁路，纵横交错，通向四面八方，远的可达百米之外，这是它们的取食运输线。此外，它们还筑有伸向水源的吸水线，由为数不少的工蚁负责运水。这些运水白蚁能从地下50米或更深的地方把水带到蚁巢中来。

白蚁是天生的杰出建筑师。在环境气温变化很大的情况下（如白天气温高达50℃，夜间气温降到0℃以下），巢内的温度却能始终保持在25℃左右。巢内温度和湿度的调节依赖于蚁巢的外壳、白蚁自身的活动和菌圃的代谢作用。白蚁巢的外壳厚实而坚固，外壁可厚达半米，几乎可使巢内环境与外界条件相隔绝。巢内有很多可供气体流动的通风管道，空气可自上而下流入地下各室。蚁巢内的湿度是靠专职的运水白蚁来调节。白蚁的新陈代谢产生热量，为蚁巢提供了可靠的内热来源。在筑有菌圃的白蚁巢中，菌圃的代谢活动也能起到调节温湿度的作用。

（3）代表性白蚁的巢穴

①堆沙白蚁的巢穴。堆沙白蚁属 *Cryptotermes* 为纯粹的木栖型白蚁，其兵蚁的头呈栓状。分群后，一对脱翅成虫钻入木质部，创建群体，其取食、活动基本与土壤没有联系，不筑外露蚁路，不需要从外部获得水源。除蛀蚀室内木构件外，堆沙白蚁也常蛀食林木和果树。蚁巢无固定形式，隧道不规则，蛀食处就是居所。群体由数十头至数百头所组成，没有工蚁，工蚁的职能由若蚁完成。粪粒呈六边体，看似沙粒状。粪便从被蛀物表面的小孔推出，落地后堆成沙堆状，这就是堆沙白蚁名称的由来，也是这类白蚁危害的标志，如截头堆沙白蚁 *Cryptotermes domesticus*（Haviland）是我国常见的种类之一。

②黑翅土白蚁的巢穴。黑翅土白蚁 *Odontotermes formosanus*（Shiraki）为土栖性白蚁，其蚁巢为地下巢，地面上不露蚁巢的痕迹。经过分飞脱翅，雌雄配对，钻入地下，建立新巢，成为新蚁巢的蚁后和蚁王。初建新巢是一个小室。随着时间的推移，新巢不断发展，几个月后出现菌圃。6～8月连降暴雨后，白蚁伞菌属真菌从位于浅土层的幼龄巢和菌圃腔长出地面。蚁巢由小到大，结构由简单到复杂。成熟蚁巢为大型而复杂的巢，主巢在地下60～90厘米深处，在周围几十米范围内还有几个至几十个的副巢（菌圃）。主巢蚁路纵横交错、四通八达，主副巢间

有手指般粗的蚁路相连，越近主巢则蚁路越粗。主巢温度通常处于25～28℃。巢群内的个体数量多达100万头。每年5～6月间在蚁巢附近出现成群的分群孔，分群孔为圆锥形凸起。在天气闷热或雷雨前后的傍晚，有翅成蚁分飞出巢。

③大白蚁的巢穴。大白蚁属 *Macrotermes* 的白蚁也是土栖性白蚁。蚁巢是由蚁群中的工蚁用沙子和黏土建成的。它们把沙子一粒一粒地垒起来，并用唾液和黏土混合而成的“灰浆”加以黏合，等干了以后，这种“混凝土”就会变得极其坚硬而结实。雨季的初期是这些大白蚁筑巢最频繁的时期。有些种类，如非洲大白蚁 *Macrotermes bellicosus*（Smeathman）筑巢时，还能营造高大的蚁塔（图4-1）。这些建筑很像城堡，形状各异，如圆锥形、圆柱形、金字塔形等。如果黏土短缺，雨水充沛，蚁塔呈圆顶形，其高度只有2米左右。如果下层土的黏土丰富，雨水较少，蚁塔呈锥形，可达9米高。

蚁塔的内部结构相当复杂，通常由一个主巢和3～5个副巢组成。巢内又分成许多小室，在主巢的中部，有蚁王和蚁后居住的“王宫”，还有羽化室、育儿室、仓库等，各室之间有通道相连。最奇妙的是蘑菇房，白蚁在这里培养蘑菇，供蚁后和幼蚁食用，这些蘑菇只有在这里才能生长良好。蚁塔内还修建有一些垂直式空气调节管道：蚁塔顶有一个较粗的通气孔，然后分成许多细孔道，呈辐射状向下延伸，当抵达蚁塔的下部时，又合并成粗孔道，直通地下室。这种巧妙的通风设备大大增强了蚁塔内的空气流通，不但可以保证氧气的供应，而且还可起到降温的作用。巢内温度恒定在30℃左右，相对湿度约为90%。此外，蚁塔内还有许多弯弯曲曲的隧道，为了觅食，地下隧道可延伸至远离主巢100米的地方。

非洲大白蚁还能根据环境气候条件的变化，营造出结构有所不同的蚁塔。在炎热的灌木稀树干草原，蚁塔有复杂的内部结构，外壁有许多呈脊状突出的构造物。脊状构造物增大了蚁塔的表面积，有利于散热，而蚁塔内部则有多个通风管道。到了晚上，巢外气温过低时，用填充物将通风管道堵住一部分，减少通风的强度，这样一来，热量散失就受到控制。反之，白天巢外气温过高时，将填充物移走，通风管道发挥最大的散热作用。在潮湿的走廊林，气候凉爽且稳定，非洲大白蚁应尽量减少热量的散失，此处的蚁塔呈圆顶形，塔壁厚实，塔身外面没有突出的构造物。

A

B

图 4-1 大白蚁的蚁巢

A. 蚁塔 B. 主巢的结构

④台湾乳白蚁的巢穴。台湾乳白蚁 *Coptotermes formosanus* Shiraki 又称家白蚁，是我国危害最为严重的白蚁种类，主要危害房屋建筑、埋地电缆、仓储物资及野外树木。台湾乳白蚁有以下特点：一个巢群中的个体数量可达1 000万头；觅食具侵略性，可远离主巢 90 多米；蚁巢巨大而坚固，保湿性好；反复试探化学屏障，并能成功穿越屏障；寻找地上水源的能力强。台湾乳白

蚁作为一种外来生物入侵美国后，成为该国危害性最严重的白蚁，被誉为"超级白蚁"。

台湾乳白蚁的巢建在地上、地下和树中。蚁巢为集中型的大型巢，是由土质、木质纤维、自身类便和分泌唾液黏合而成的蜂窝状和片状结构。巢的形状多为椭圆形，有的因环境基质的限制会出现各种不同规则的形状。巢的直径一般为40～50厘米，有的超过1米。蚁巢包括一个主巢和多个副巢，主巢与副巢之间有蚁路相连。主巢内有蚁王、蚁后及"王宫"，巢内有蚁卵及若蚁。副巢无"王宫"，也没有蚁卵和若蚁。但是，主巢与副巢是可转换的。蚁路有两种：一种是表露在外，用泥作掩体，呈条状的泥路；另一种隐蔽在地下或木材中，称为隧道。通常离蚁巢越近，蚁路越密集、越粗大，兵蚁也越多。台湾乳白蚁有专用的蚁路作为吸水线。主巢的外面有几个至数十个、呈不规则排列的圆形通气孔，其孔口直径为1厘米。在蚁巢上方可见分飞孔，每年4～6月繁殖季节傍晚19：00左右，成熟蚁巢的有翅成虫从分飞孔飞出。在蚁巢的外围，还能见到褐色或棕色的排积物堆积在一起。

2. 蚂蚁巢

除某些种类的蚂蚁没有固定的巢穴外，蚂蚁通常营造永久性的蚁巢。蚁巢是蚂蚁哺育后代、抵御外部不良环境和天敌攻击的场所。

（1）蚂蚁巢的类型　蚂蚁的巢穴形式多样，可以分成土中巢型、蚁生植物巢型、木巢型和悬巢型。

土中巢型：在土中营巢的蚂蚁种类是最多的。土中蚁巢的结构变化很大。有的巢极为简单，仅在地面有1处出口，土下仅分成三大部分，即废物堆放地、巢室及幼体哺育室。有的蚁巢结构复杂，设有主、副通道口，蚁巢内通道纵横交错，有多个巢室、幼体哺育室和蚁后室。有的在土表形成蚁丘，蚁丘的形状多种多样，如茅草堆型、火山口型、土堆型等。

蚁生植物巢型：为热带和亚热带地区蚂蚁的巢穴，它们常在喜欢的植物上使用已有的洞空或缝隙营巢，比如在果实或树枝内筑巢。

木巢型：主要是指在伐桩、倒伏木段等材料中营建的蚁巢。

悬巢型：是指悬挂或依附在植物上部小枝条上的蚁巢，由蚂蚁经过复杂分工与合作建成的，主要有丝巢和泥巢等几种。丝巢非常坚固，不易破损。有一些种类用工蚁叼泥土上树，用泥土、叶片和工蚁唾液建造泥巢。

(2) 代表性蚂蚁的巢穴

①织叶蚁的巢穴。织叶蚁为织叶蚁属 *Oecophylla* 的蚂蚁。该属蚂蚁主要分布在东洋区、非洲区、澳洲区等气候温暖的地方。全世界只有两种。黄猄蚁 *Oecophylla smaragdina* (Fabricius) 就是其中的一种。

黄猄蚁喜欢在枝叶较密的树上筑巢，一棵树上常有大小蚁巢5～6个，一般近长方形。有人曾检查一个大小为24厘米×14厘米×5厘米的蚁巢，发现巢内生活着528头幼蚁、516头蛹、4 334头工蚁、112头雌蚁和376头雄蚁。蚁巢主要以幼虫吐出的分泌物和植物叶子等黏结而成，幼虫是重要的筑巢工具，但老熟幼虫不参与建巢活动（图4-2）。建巢时，工蚁排列成行，以中、后足拉住叶片的一侧叶缘，头及前足抓住邻近叶片的一侧叶缘，叶片逐渐被缀合在一起。如果叶缘之间的距离太远，数头工蚁连接起来搭成横跨叶隙的蚁桥，然后再小心地将叶片拉拢。接着，另一部分工蚁用上颚咬着高龄幼虫，于相邻的两叶片的叶缘来回移动，高龄幼虫吐出的丝线使两张叶片黏结在一起。重复上述过程，就可织成一个封闭的巢穴。蚁巢内有许多工蚁卫士。一旦受惊，它们立即大批涌出，张开上颚，竖起腹部，射出有强烈刺激性的毒液御敌，被毒液射中的皮肤会感到异常疼痛。黄猄蚁工蚁食性杂，取食介壳虫等昆虫分泌的蜜露，以及小型节肢动物等，捕食能力强，对多种害虫有捕食作用。早在公元前304年，广州地区就沿用黄猄蚁来控制柑橘园的害虫，黄猄蚁作为商品随街而卖。

A　　　B

图 4-2　织叶蚁的巢穴

A. 用多张叶片织成的巢穴（仿 Paul van Mele）　B. 被遗弃的空巢

②入侵红火蚁的巢穴。入侵红火蚁 *Solenopsis invicta* Buren 是红火蚁属 *Solenopsis* 中的一种，该属共有 266 种蚂蚁。一般的蚂蚁在攻击时，先口咬，再往伤口上喷蚁酸。但是，红火蚁的攻击方式有所不同，先用口咬住，再用螯针螯入，并注射生物碱毒液。人被螯后引发剧烈的如火灼般疼痛感，故称火蚁。

入侵红火蚁原产于南美洲的巴拉圭和巴拿马运河一带。自 1918—1930 年之间入侵美国的阿拉巴马州以来，入侵红火蚁每年以近 200 千米的速度扩散，至 2000 年，其入侵面积已超过 1.24 亿公顷。1999 年该虫入侵我国台湾地区，2001 年入侵澳大利亚和新西兰。2005 年初，在我国广东省（吴川市、深圳和湛江）、香港、澳门等地也发现了入侵红火蚁。2005 年 1 月 17 日，中国农业部发布第 453 号公告，将该虫列为中华人民共和国进境植物检疫性有害生物和全国植物检疫性有害生物。

入侵红火蚁的蚁巢可构筑在各种环境中，如水稻田、菜地、果园、竹林、空地、荒坡、水源保护区、公园绿地、高尔夫球场、行道树下、草地、铁轨旁，甚至学校和社区中的民居、校舍。土栖型巢穴建在光线充足的地方，人工建筑或灌木能为蚁丘提供支撑。新形成的蚁巢约在 4～9 个月后才会成熟。成熟蚁巢的蚁丘呈圆丘形、沙滩状，高约 10～30 厘米，直径约 30～50 厘米。巢内具明显的蜂窝状结构，由工蚁以泥土修筑而成的隧道相互交错。垂直隧道最深可达地下 2 米，以获取和输送水分。呈放射型分布的水平隧道则用于觅食和调节蚁巢温度。在温度高的夏天和温度低的冬天，入侵红火蚁多向蚁巢的下部迁移。当蚁巢受到侵扰后，入侵红火蚁往往弃巢转移。入侵红火蚁有堆尸的习性，死亡的工蚁常常被其他工蚁搬出蚁巢，堆放在蚁巢附近，尸堆一般呈金字塔形。蚁巢可分为单蚁后蚁巢和多蚁后蚁巢。多蚁后族群中，蚁后体型较小，只生产很少的工蚁，雄性不育率较高，蚁后的受精率很低。一个成熟的单蚁后蚁巢中有 10 万～50 万头红火蚁，每公顷可形成 80～120 个蚁丘。成年蚁后每天可以产1 500～5 000粒卵，每年产生4 500头有翅雌蚁。入侵红火蚁可在白天取食，为杂食性昆虫，取食蚯蚓、蜘蛛、昆虫等小型动物及其尸体，并取食植物，危害农作物。

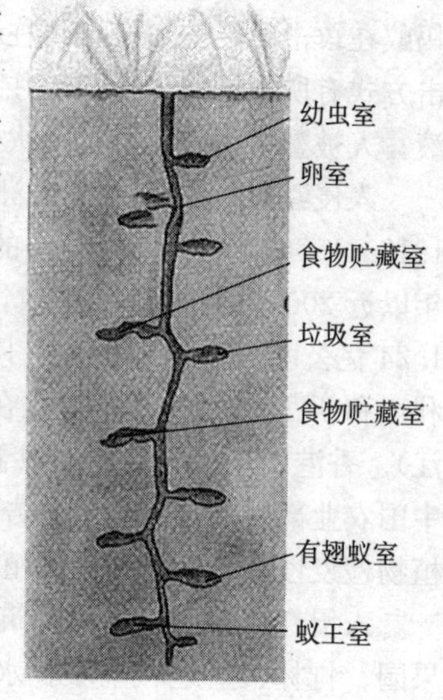

图4-3 针毛收获蚁的巢

③针毛收获蚁的巢穴。针毛收获蚁是我国西北荒漠地区的优势物种，能收获和取食 10 余种荒漠植物的种子，部分一年生草本植物的种子收获可达年产量的 100%。营巢位点多选择在地势平坦处，且巢口向阳。巢口的背风处堆积有筑巢土粒和废弃物，呈扇形状。巢穴为单巢口，巢穴一般深 80～137 厘米，在日本最深可达 4 米。巢穴有一条垂直的主隧道，沿主隧道有向水平延伸的各巢室（图 4-3）。巢

穴向四周的延伸范围随深度的增加而减小。绝大部分种子贮藏在位于中等深度的巢室。这种穴巢结构有利于针毛收获蚁的昼夜迁移和冬季的深层越冬，以抵御北方荒漠草原较大的昼夜温差和冬季零下30℃的低温。

④营寄生生活蚂蚁的巢穴。在挖开丛林中的穴巢后，人们有时会看到如此景象：一些黑色的蚂蚁在辛劳工作，而红色的蚂蚁只是在一旁当监工。红色的蚂蚁叫蓄奴蚁，那些黑色的蚂蚁是被蓄奴蚁抢来的奴隶，称为蚁奴，这就是蚂蚁中的社会寄生现象。有些种类的蓄奴蚁（如悍蚁属 *Polyergus*）营专性寄生生活，离开了蚁奴，它们就无法生存下去。要是没有蚁奴饲喂它们，即使食物就在眼前，它们也宁愿饿死也不肯自己张口取食。另有一些蓄奴蚁，如赤林蚁 *Formica sanguinea* Latreille、棕色林蚁 *Formica rufa* Linnaeus 和毛蚁属 *Lasius* 的几种蚂蚁，只是偶尔营寄生生活。蚂蚁的社会寄生现象多出现在温带地区，而热带极少见。

悍蚁属蚂蚁依靠掠取蚁属 *Formica* 的蚂蚁作为奴隶来维持其正常生活，全世界已知6种。蓄奴蚁的新蚁后进入蚁属蚂蚁的巢内，杀死它们的蚁后，不断地舔它的伤口，把它身上的气味物质化学信息素吸收到自己身上，这样，巢内的工蚁纷纷向蓄奴蚁蚁后靠拢，并开始为它效劳。蓄奴蚁蚁后所产下的卵由蚁奴哺育。新的蓄奴蚁工蚁长大后，既不觅食、喂养幼蚁，也不饲养它们的母后，甚至连自己的巢穴也不清扫。由于有巨大的上颚，它们也不能自行摄食。本应由蓄奴蚁工蚁来完成的日常后勤工作全部交给蚁奴，即使在搬家时，蓄奴蚁工蚁也不自己行走，而是由蚁奴将它们搬运到新巢。蓄奴蚁工蚁的职责就是打仗，它们常常大规模袭击蚁属蚂蚁的巢穴，抢夺它们的幼虫和蛹，并将其搬回到自己的巢中。这些幼虫和蛹在蓄奴蚁的巢中长大以后，就成了新的蚁奴。由于蚁奴寿命不长，所以，每隔一段时间，蓄奴蚁就要发动战争，去抢掠“奴隶”，以维持足够数量的蚁奴来为整个蚁群服务。在一个有3 000头蓄奴蚁的蚁群中，蚁奴的数量多达6 000头。

3. **蜂巢**

膜翅目的蜜蜂、切叶蜂、胡蜂和泥蜂等蜂类都会建造自己的巢穴。蜂巢的造型之奇特，结构之巧妙，真可谓巧夺天工。不同种类的蜂所营造的蜂巢在形状、大小、结构等方面有所不同。

（1）蜜蜂巢　蜜蜂是典型的社会性昆虫。一个正常蜜蜂群体由一头蜂王、几万头工蜂及繁殖期培育的数百头雄蜂组成，它们生活在同一巢内。蜂王又称母蜂，个体大，发育完善，专司生育产卵；雄蜂唯一的职能是与蜂王交配，繁殖后代，交配后即死去。工蜂个体较小，为生殖器官发育不完全的雌性蜜蜂，没有生殖能力，它们的职能是负责采集花粉、花蜜、酿蜜、饲喂幼虫和蜂王，并承担筑巢、清洁蜂房、调节巢内温度、湿度以及抵御敌害等工作。

蜜蜂的蜂巢是蜜蜂繁衍生息、贮存食料的场所，由工蜂泌蜡筑造而成。蜜蜂巢分为自然蜂巢和人工蜂巢。自然蜂巢是由数片至十数片与地面垂直、互相平行、彼此保持一定距离的巢脾构成。相邻两巢脾之间相隔7～10毫米，称为蜂路。每张巢脾由数千个巢房连接在一起组成。人工蜂巢的巢脾放置在特制的木箱内（图4-4）。各巢脾的大小基本相同，呈长方形，是由工蜂在人工巢础上筑造而成。巢脾外有一个活动的木框。每张巢脾有几千个巢房。

巢房可分为王台、工蜂房、雄蜂房、花粉房和蜂蜜房。培育蜂王用的巢房，称为王台，形状似下垂的花生，是蜂群在分蜂前临时修筑的，多在巢脾下部和边角上。其余的巢房均呈正六棱形的筒状，由房底、房壁构成。在巢脾上最多的是工蜂房，用于培育工蜂，封盖平坦。雄蜂房的形状及结构与工蜂房相同，只是略大、稍深，封盖拱起，用于培育雄蜂。花粉房用于储藏工蜂采集回来的花粉，但是，花粉从不装满整个花粉房，留下20%的空

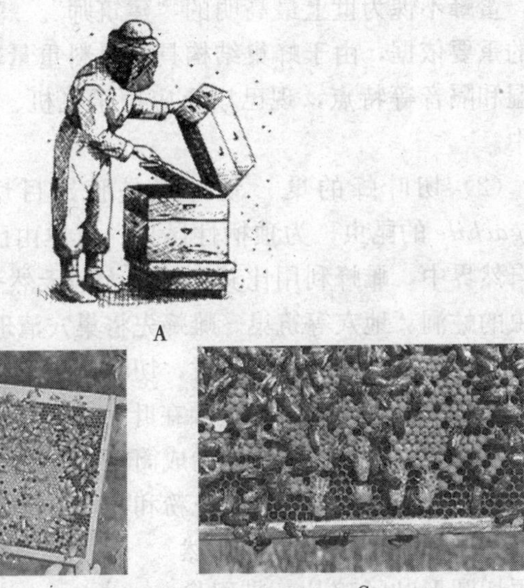

图4-4　蜜蜂的人工蜂巢

间。蜂蜜房用来酿造蜂蜜。在自然状态下，蜂王都在巢脾中、下部的巢房内产卵，所以蜂巢的中、下部是卵、幼虫、蛹所在区域，即子区，蜂巢上部及两外侧为食料区。

蜂蜡是由工蜂第4～7腹节腹板上的4对蜡腺分泌的。雄蜂和蜂王的蜡腺已退化。出生12～19天的工蜂发育出8个蜂蜡腺体，这时称它们为蜡蜂，它们先借助带毛刷的后腿从蜡腺体抓取蜡片，用嘴把蜡片咀嚼成蜡球。蜡球经过一头头工蜂传给专门负责筑蜂房的工蜂。建房工蜂用上颚将蜡球碾压成厚度仅0.073毫米的房壁。每一个标准的蜂脾大约有7 500个六角形的巢房，巢房蜡片的总重量为40克，却能容纳2 000克的蜂蜜。让数学家们惊叹的是形成每一个六角形底边的三个平面的锐角都是72°32″，这就唯一解决了立体几何学上的一个难题：如何用最少的蜡让巢房能装下最多的蜜。所筑巢房具有高度的准确性和科学性，蜜蜂不愧为世上最高明的“建筑师”。蜂巢已成为建筑仿生学的重要依据，由于蜂巢结构具有材料重量轻、强度大、隔热、隔湿和隔音等特点，现已广泛应用于飞机、火箭和建筑等的设计中。

(2) 切叶蜂的巢　切叶蜂是膜翅目切叶蜂科切叶蜂属 *Megachile* 的昆虫，为独栖性昆虫，筑巢由已交配的雌蜂完成。在自然界中，雌蜂利用比其身体稍大的天然孔洞、裂缝、空巢、昆虫的蛀洞、地穴等筑巢。雌蜂先将巢穴清理干净，然后开始采集叶片、筑巢和产卵。筑巢时，切叶蜂到其喜爱的植物（多为蔷薇科植物）上，用宽大的上颚在叶片上切下直径约为 20 毫米的圆形叶子碎片，带回巢穴后卷成筒状，并将其一端封闭，形成巢室。接着，切叶蜂开始采集花粉和花蜜，将它们混合成蜂粮，贮于巢室内，并产下 1 粒卵，然后再切圆形叶子碎片，带回巢内，将巢室顶部封闭。第 2 个巢室直接筑于第 1 个巢室上，直至巢穴筑满巢室，最后用树脂、木块或泥土封闭巢口（图 4-5）。切叶蜂的巢穴深度达 100～200 毫米，呈管状。人工饲养提供的单个巢穴叫巢管，每个巢管由 4～12 个或更多巢室组成。成年切叶蜂能活 60 天左右，可筑造 35～40 个巢室，产 35～40 粒卵。

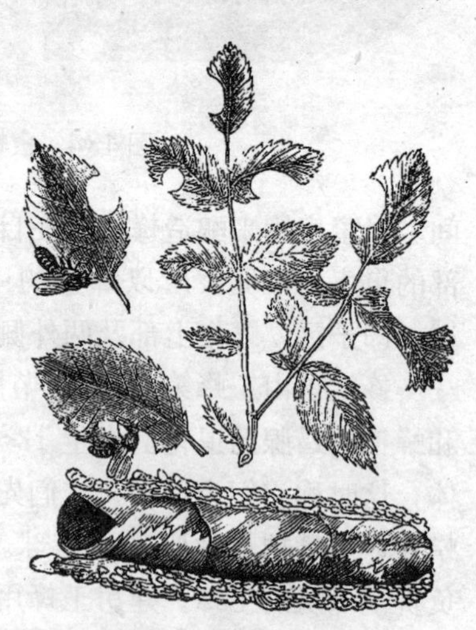

图 4-5　切叶蜂的切叶活动及管状巢穴

切叶蜂能为蜜蜂无法传粉的植物授粉，如苜蓿、白三叶草、红三叶草等多种豆科牧草。在欧美一些国家，苜蓿切叶蜂 *Megachile rotundata* (Fabricius) 以商品化的方式，广泛应用于苜蓿种子的生产。但是，切叶蜂经常破坏玫瑰等植物，这是其有害的一面。

（3）胡蜂巢 胡蜂俗称马蜂，隶属膜翅目胡蜂科 Vespiade。蜂群中有后蜂、工蜂和雄蜂。胡蜂的单母建群方式与蜜蜂不同，它是从一个生殖雌虫开始，雌虫亲自参与建巢、产卵和育幼工作，待第一批幼虫羽化为成虫后，它们便接替母亲，承担起蜂群内的全部工作，而母亲则专司产卵。雄蜂只在繁殖季节出现，它们与雌蜂交配后不久陆续死亡。

胡蜂巢主要建筑在树木枝干上、屋檐下、树洞里或房屋内。筑巢材料以木质纤维为主，如树木的外栓皮、朽木、枯叶等。胡蜂将筑巢材料咀嚼成纸浆状，并掺和一些胶质物，然后筑巢。由于获得的木质纤维来源不同，所造出来的巢房外壁呈现灰色或灰棕色等交错的斑纹。蜂巢外形近似圆形或椭圆形（图 4-6A），大小不一，最大的蜂巢直径可达 66 厘米。蜂巢的营造先从蜂巢基部开始，自上而下地逐渐加大。蜂房的横断面为六角形。蜂房的深度和直径因胡蜂种类而异。蜂房口朝下，呈水平横向排列，构成育子层，层与层间有供活动和栖息的“蜂路”，且有数量不等的支柱支撑上、下育子层。蜂巢建好后，女王在每个蜂房内产下一粒受精卵。卵的基部有一丝质柄，起固着作用。无足小幼虫孵化出来后，每日以捕获来的昆虫或蜜糖喂食。幼虫老熟化蛹时，成蜂便用纸浆做盖子，将蜂房封闭。成虫羽化后，自己咬破纸盖而出。胡蜂每年重建蜂巢，但女王不在旧巢产卵育儿，而是以旧巢为基础，在其上另建新房。单个胡蜂巢内的育子层多达 10 个。成年胡蜂除了捕食昆虫和采集花蜜外，还可取食树液和腐烂过熟的果实。所有胡蜂类都会对入侵巢穴或接近巢穴的任何动物发起攻击，尤其是对移动着的目标攻击更为强烈。我国常见的种类有普通长脚胡蜂 *Polistes olivaceus* De Geer 和黄长脚胡蜂 *Polistes rothneyi* Cameron。

（4）泥蜂巢 泥蜂为膜翅目泥蜂总科 Sphecoidea 的通称。全世界已知12 000种左右。大多数种类为捕食性，成虫捕食节肢动物，包括昆虫、蜘蛛、蝎子等。泥蜂的社会性较弱，大多数为独栖性，少数种类以共同生活方式栖居，即若干雌蜂共用一个巢口及通道，每个雌蜂再单独构筑自己的巢室。泥蜂大多数在土中筑巢，有的用唾液与泥土混合成水泥状坚硬的巢，有些在地上的自然洞穴内或利用其他昆虫的旧巢；少数在树枝内或竹筒内筑巢。巢的结构、巢室的数量、入口处的形状因不同的属或种而异（图 4-6B、C）。例如，方头泥蜂科 Crabronidae 的一种泥蜂 *Trypoxylon politum* (Say)，雌蜂筑巢时，首先找到一个有湿润黏土的地方，用自己的上颚将黏土滚成小球，然后将球状黏土搬运到营巢地点，做成管状巢室。接着，雌蜂捕杀蜘蛛，用螫针将其麻痹，然后带回巢内，将其封贮于巢室中，作为子代的食物。每个巢室产下 1 粒卵。幼虫孵出后取食蜘蛛，直至老熟化蛹。

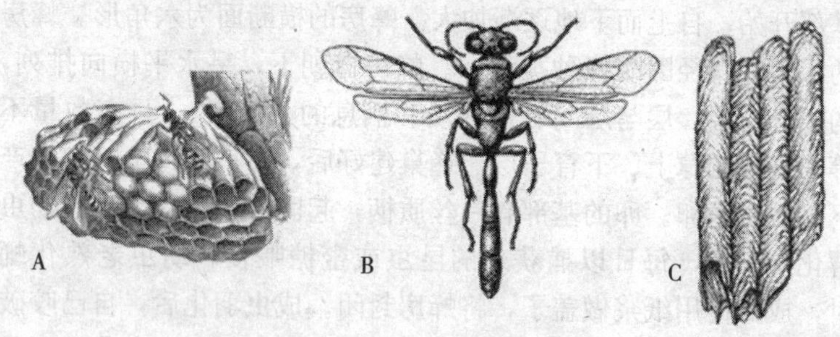

图 4-6 胡蜂与泥蜂的巢穴

A. 胡蜂巢 B、C. 泥蜂及其巢穴

二、昆虫的“窝”

有些昆虫建造的巢穴比较小，构造简单，可以形象地称之为“窝”。有的“窝”是为后代准备的，或者便于雌虫孵卵和保护幼虫，另一些“窝”则成为群栖生活的场所。

1. 蠼螋的"窝"

蠼螋隶属革翅目，全世界有1 800种左右。蠼螋腹部的末端长有一对坚硬的尾铗，故称"耳夹子"虫。雄性尾铗大而弯，雌性尾铗短而直。蠼螋多为杂食或肉食种类，性喜潮湿阴暗，主要生活在树皮缝隙、枯朽腐木中或落叶堆下。许多种类习惯夜行，并有趋光性。

雌虫有护卵育幼的特殊习性。雌雄婚配后，在地下挖个8～10厘米深的洞，或以地下的天然缝隙作为育儿室，并将洞壁修理得整整齐齐。临近产卵时，雌虫将雄虫赶出洞穴，然后，在洞里产下20～50粒卵。卵产完后，雌虫伏卧在卵堆上孵卵(图4-7)，必要时，还对卵进行清扫、整理和翻动，使卵免遭螨类、真菌和入侵者的侵袭。卵孵化后，雌虫还离开洞穴，为若虫觅食，继续日日夜夜地照料它们。直至若虫进入第2龄或第3龄，雌虫才让她的子女们离开巢穴，独立谋生。雌蠼螋寿命很长，可活200多天。如果没有雌虫的护理，蠼螋卵的孵化率极低，绝大部分的卵因真菌感染不能孵化，或者被土中的螨类捕食。

图4-7 雌性蠼螋在"窝"内孵卵

2. 蝼蛄的"窝"

蝼蛄隶属直翅目蝼蛄科，为中大型昆虫，其前足为开掘足，穴居地下生活，夜间在地表下钻隧道，咬食作物根部、发芽的种子和幼苗等。产卵前，雌性蝼蛄在隧道的末端开挖一个似高尔夫球大小的穴室，该穴室距地面10～30厘米，然后，将一定数量的卵产在穴室中。有些种类的雌性蝼蛄有照料卵和低龄若虫的习性。例如，蝼蛄属 *Gryllotalpa* 的雌虫产完卵后，仍经常光顾藏卵的穴室，照看卵的孵化，保护低龄若虫。

3. 屎壳螂的“窝”

当你漫步乡间小道或到牧区游览时，常可发现滚动着的粪球。仔细瞧瞧，原来是两头昆虫在搬运“宝贝”——充饥的粮食。这种灵巧滑稽的小昆虫就是通常所说的蜣螂或屎壳螂。

蜣螂隶属鞘翅目金龟甲科，全世界有4 500种左右，包括粪金龟亚科的粪金龟族 Geotrupini，蜉金龟亚科蜉金龟族 Aphodiini 中的所有种类及金龟亚科中的绝大多数种类。蜣螂为全变态昆虫，成虫吸食粪便内的汁液，幼虫嚼食整个粪便（包括汁液和纤维）。成虫一次能飞行几千米，有的白天飞行，有的则在黄昏和黎明时飞行。新鲜粪便所释放的气味物引诱成虫进行长距离飞行。然而，并不是所有的蜣螂都会滚粪球。事实上，蜣螂的建巢和繁殖有 3 种类型，即隧道型、滚粪球型和栖居型。

隧道型：蜣螂在粪堆底下营造隧道。雄虫在粪堆中采集粪便，然后传递给下面的雌虫，雌虫负责建巢、做粪球，然后将卵产在粪球内。一对雄虫和雌虫一起工作数天或几周后，可将整个粪堆全部清理干净，接着各奔东西，再去寻找其他的新鲜粪便。通常一个粪球内只产 1 粒卵。有的种类将粪便营造成香肠状，其内可产 2～3 粒卵。绝大多数种类的蜣螂为此类型，如粪金龟亚科 Geotrupinae 蜣螂等。

滚粪球型：蜣螂在粪堆取粪便，做成粪球，然后将粪球滚到其他地方，当粪球滚到土较软的地点时，蜣螂停下来，将粪球埋于地下。如果粪球作为食物储备，单头蜣螂滚粪球。如果粪球成为繁殖下一代的场所，则一对蜣螂滚粪球。在滚粪球的过程中，有可能出现其他的雄蜣螂企图抢夺粪球的现象。蜣螂在地下交配，接着处理粪球，完毕后，雌虫将 1 粒卵产于粪球中。有的种类将已产有卵的粪球叠在草丛中。金龟甲亚科 Canthonini 族的蜣螂属于滚粪球型。

栖居型：蜣螂生活在粪堆中，既不营造隧道，也不滚粪球。

如蜉金龟亚科 Aphodiinae 的蜣螂。

蜣螂清除粪便的能力非常强。一头蜣螂所埋藏的粪便的重量是蜣螂体重的 250 倍。据观测，40 头羚羊粪蜣 *Onthophagus gazella*（Fabricius）能在 30～40 小时内将 1 升牛粪埋藏在地下。蜣螂的存在对畜牧业非常重要。蜣螂的贡献体现在四个方面：其一是减少牧场上的动物粪便和营养物质的流失；其二是清除蝇类和寄生虫的滋生场所；其三是有利于土壤微生物、植物根部和蚯蚓与动物粪便相接触，从而促进土壤养分的循环；其四，蜣螂在地下营造的隧道能改善土壤的渗水性和通气性。澳大利亚是养牛大国，大量牛粪堆积如山。澳洲本地的蜣螂只会清除袋鼠的粪便。所以，为了解决牛粪的难题，澳大利亚不得不从其他国家引进蜣螂，如羚羊粪蜣和神农蜣螂 *Catharsius molossus* Linnaeus 等。

4. 足丝蚁的“窝”

纺足目昆虫俗称足丝蚁，但跟蚂蚁毫无关系。全世界已知 300 多种，主要分布在热带和亚热带地区，在南美洲北部和非洲中部种类最多。我国仅记载了 6 种。足丝蚁能用自己的前足来吐丝建巢，它们的前足第 1 跗节特别膨大，里面藏有约 200 个丝腺体。液体状的分泌物从丝腺体排出，在与空气接触后即成为丝。这种造丝的腺体在蜕皮时会周期性地更新。足丝蚁一生中要脱几次皮，但足的造丝功能并不减退。

足丝蚁成虫和若虫均能泌丝结网建巢。它们在树皮裂缝或碎石间营造隧道式的丝质巢穴。隧道比虫体稍为宽一点，这样，虫体上的感觉毛能与隧道壁保持接触。有的种类还将植物碎屑和粪便覆盖在巢穴上，起伪装的作用。足丝蚁在巢内生活和繁殖，很少离开巢穴。足丝蚁的足和翅异常灵活，后足的肌肉非常发达，能在巢穴内进退自如。有趣的是，后退时，足丝蚁的翅能折叠，转向盖在头部之上。雌、雄交配后，雄虫很快死去。雌虫可单独在隧道里产卵，独自抚育后代。足丝蚁有群居习性，一头或数头雌虫以及它们的后代可共享巢穴，并共同营造和扩建巢穴。

足丝蚁巢穴的用途：其一，巢穴为觅食提供了通道。巢穴扩大时，隧道被延伸至有新食物的地方。其二，巢穴具有保湿功能。其三，巢穴可作为足丝蚁的逃逸通道，一旦遇到危险，足丝蚁迅速躲藏到迷宫似的巢穴内。

5. 毛虫的“天幕”

鳞翅目昆虫中，幼虫具群集结巢习性的有300种左右，分属于27个不同的科。这些幼虫被称为社会性幼虫。其中研究较多的是枯叶蛾科 Lasiocampidae 天幕毛虫属 *Malacosoma* 的昆虫。天幕毛虫属全世界有50余种。中国有10种，如黄褐天幕毛虫 *Malacosoma neustria testacea* Motschulsky。天幕毛虫的幼龄幼虫群集在卵块附近小枝上为害嫩芽，在树杈处吐丝结网，夜晚取食，白天群集潜伏于网巢内，呈“天幕”状，以此而得名（图4-8）。幼虫蜕皮于丝网上，接近老熟时开始分散活动。老熟幼虫食量大增，在短期内常暴食成灾。

图4-8 天幕毛虫的丝质网巢

毛虫的“天幕”既有利于幼虫的取暖和温度调节，以及蜕皮的正常进行，又能使幼虫免遭天敌的捕食。此外，“天幕”可作为信息中心，让挨饿的毛虫跟随大部队去觅食。

6. 叶蜂幼虫的“窝”

扁叶蜂幼虫也有织网结巢的习性。扁叶蜂隶属膜翅目扁蜂科 Pamphiliidae，全世界有200种。例如，云杉腮扁叶蜂 *Cephalcia abietis*（Linnaeus）为害红皮云杉。卵在针叶上排列成行。幼虫孵化后，身体腹面向上，一边吐丝，一边用背蠕行，沿枝条由上而下直达去年抽生的针叶，用丝将针叶连接成网，然后于丝巢中取食。粪粒聚集于网中而形成虫巢，一般每个虫巢只有幼虫 1 条。进入 3 龄末、4 龄初后，幼虫另作新巢生活。它们在枝叶上做丝道，直达新生嫩枝，将针叶咬断，然后将其拖回巢中取食，食剩残枝则堆集于巢口。如果一根树枝上的新叶被吃尽，幼虫则另作丝道，通往其他嫩枝。丝道一般长 7～15 厘米。

三、昆虫的虫瘿

虫瘿是植物受到昆虫或其他生物的分泌物刺激后加速生长而产生的一种畸形构造。昆虫是最主要的致瘿类群。致瘿昆虫隶属于同翅目、半翅目、缨翅目、鞘翅目、鳞翅目、双翅目和膜翅目等 6 个目中的 20 个科，绝大多数种类为瘿蜂科 Cynipidae 、瘿蚊科 Cecidomyiidae 和瘿绵蚜亚科 Pemphiginae 昆虫。致瘿昆虫在产卵、取食时形成的机械刺激或各种分泌物均会导致虫瘿的产生。虫瘿就是昆虫造的房子。幼虫孵化后，终生生活在虫瘿内，并在其中化蛹。成虫羽化后，破瘿而出，再找植物产卵，形成新的虫瘿。虫瘿为这些昆虫的幼虫提供了食物和生活场所。幼虫从虫瘿的内壁组织吸取营养，虫瘿的保护使它们免遭杀虫剂的毒害、天敌的捕食和恶劣气候的不良影响。有时一个虫瘿中不仅生活着一种致瘿昆虫，同时还有 2～3 种不同的寄生者。

致瘿昆虫的虫瘿可见于各种植物上，如种子植物、蕨类、苔藓、地衣及藻类等，但主要发生在被子植物，尤其是双子叶植物（如各种草本植物、藤本植物、灌木和乔木）上。致瘿昆虫对寄主植物具有选择性。例如，瘿蜂所形成的虫瘿中，壳斗科栎属植物占 86%，蔷薇科蔷薇属和菊科植物均占 7%。生瘿部位几乎涵盖了植物体的每个部位，叶片、芽、嫩枝和主干、花、果实、种子，以及根等都可发生虫瘿。

虫瘿的形态各种各样。按形状可分为球状、囊状、疱状、袋状、子弹状、花状、根状等多种类型（图 4-9）。虫瘿的内部结构也各不相同。有的虫瘿结构比较简单，没有任何特殊构造；而有的结构较为复杂，如瘿蜂虫瘿的外壁可分为三层，最外层是表皮层，中层为保护层，最里面是髓。被这 3 层所包围的内腔经常被昆虫的幼虫所占据。多数致瘿昆虫都有其特定的寄主植物，而且所形成的虫瘿各有特定的部位与形状，我们只需通过寄主植物及虫瘿的形态、颜色、结构就可以判定出致瘿昆虫的种类。例如，榕树上的榕母管蓟马 *Gynaikothrips ficorum*（Marchal）吸食危害后，嫩叶卷曲，形成饺子状的虫瘿，每个虫瘿内有数十头至上百头成虫和若虫。刺桐姬小蜂 *Quadrastichus erythrinae* Kim 是 2004 年国际上发表的新种，作为一种检疫性有害生物已于 2005 年传入我国南方。该虫危害刺桐属植物，卵产于寄主新叶、叶柄、嫩枝或幼芽表皮组织内，幼虫孵出后取食植物组织。叶片上大多数虫瘿内只有 1 头幼虫，少数虫瘿内有 2 头幼虫，而茎、叶柄和新枝组织内每个虫瘿的幼虫数量可达 5 头以上。

图 4-9　瘿蜂的球状虫瘿

大部分虫瘿对植物的危害不大，在生产中一般不需要防治。但是，某些虫瘿给果树造成严重危害，例如，葡萄根瘤蚜 *Viteus vitifolii*（Fitch）是一种重要的检疫害虫，原产于美国，在我国的山东、辽宁等地已有分布。它为害葡萄的根部，形成虫瘿，受害根变色、腐烂，最终导致树势衰弱，结果率降低，甚至整株枯死。

虫瘿可作为一种昆虫资源。瘿绵蚜科中的倍蚜类寄生于漆树科植物（如盐肤木、青麸杨等）的小叶上形成的虫瘿称为"五倍子"。"五倍子"富含可溶性生物单宁等物质，在医药、纺织印染、矿冶、化工、机械、国防、轻工业、塑料、食品、农业等多种行业上的用途十分广泛。

四、昆虫临时性的"家"

少数昆虫在某个阶段过一段短期的集体生活，但不建造专门的巢穴，它们群集在一起，便于越冬或者保护后代的安全。行军蚁在蚂蚁中非常特殊，它们只建临时性的巢穴。

1. 瓢虫的群集越冬

瓢虫在越冬时，成虫群集在发生地附近，选择背风向阳的各种缝隙（如树缝、树洞、石洞、篱笆等）作为越冬场所。异色瓢虫的群集越冬习性较其他瓢虫明显，有的排成一片，有的堆积成团，不食不动呈休眠状态。有的洞里只有几十头，而有的洞却多达上万头，密密麻麻一大堆。如果这些石洞或石缝不受到破坏，瓢虫可连年在此越冬。

2. 椿象成虫的孵卵护幼

半翅目昆虫既不会吐丝结巢，也不能以卵鞘形式产卵，但是，有很多种类的雌虫产下卵块后，并不离开，而用自己的身体罩在卵块之上，直到若虫孵化。这就是椿象特有的母系照顾现象。半翅目共有 19 科 74 属昆虫具有这一习性，如蝽科 Pentatomidae、盾蝽科 Scutelleridae、土蝽科 Cydnidae 等。有的种类除了孵卵行为外，还有护幼习性，其卵孵化率和若虫存活率均能大大提高。例如，日本朱土蝽 *Parastrachia japonensis*（Scott）成虫具有群居和护卵习性。受干扰时，雌虫将卵块搬走或用自己的身体罩住若虫。雌虫还采集核果，供低龄若虫取食。一种穴居土蝽 *Sehirus cinctus*（Palisot de Beauvois）雌虫孵卵护幼，直至 2

龄若虫期结束。饥饿的若虫会释放特定的气味物质，雌虫闻到后，立即寻找食物。椿象 *Anchises parvulus*（Westwood）雌虫既孵卵，又抚养1龄若虫。1龄若虫孵出后，并不取食植物的汁液，而是取食雌虫产卵时留在卵壳上的细菌。雌虫用唾液使卵壳湿润后，1龄若虫才能将卵壳上的细菌摄入体内。

3. 行军蚁的露营巢

全世界的行军蚁有两大类：一类为分布于旧大陆（欧洲、亚洲和非洲）的行军蚁，隶属双节行军蚁亚科 Aenictinae 和行军蚁亚科 Dorylinae，共有 160 多种；另一类是美洲大陆的行军蚁，属游蚁亚科 Ecitoninae，约有 150 种。两类行军蚁的共同特性是集群捕食和迁游，而且在1亿年前就有了共同的祖先。

美洲大陆行军蚁中，多数种类生活在地下，且夜间活动。但是，*Eciton burchelli*（Westwood）和 *Eciton hamatum*（Fabricius）这两种行军蚁于白天在地面上觅食，所以，人们对它们的研究比较多。跟其他的蚂蚁一样，行军蚁的蚁群内有严格的社会分工。蚁后是蚁群的统治者，整个蚁群都是由它繁殖起来的。兵蚁负责打仗，有时还搬运大型猎物。工蚁除了寻找食物和与敌人战斗之外，它们还要抚养下一代和幼小的幼蚁，建造蚁巢。所有的兵蚁和工蚁均为雌性，但没有生育能力。雄蚁在蚁群中的生活时间很短，交配完毕后，雄蚁随即死亡。蚁后只需交配一次，即可终生产卵。蚁后的寿命为 10～20 年。工蚁一般能活 1 年。每个蚁群有 30 万～200 万头个体。行军蚁的活动呈现周期性，每一个周期一般分为 2 个时期，即驻扎期和游猎期。驻扎期大约持续 3 周，在此期间行军蚁每晚在同一个地方宿营，蚁群活动相对较少。有趣的是，它们没有永久性蚁巢。工蚁们用自己的身体抱成团状，做成一个临时巢穴，称之为露营巢（bivouac nest），这得益于工蚁的足末端的副爪勾，使得工蚁能用自己的足和身体相互之间连接在一起（图 4-10）。年长的和强壮的工蚁在露营巢的最外缘，然后为年轻的工蚁，蚁后和幼蚁在巢的最里面。露营巢内也有巢室和通道。行军蚁常选择树根或粗枝条与土壤的间缝营巢。当露营巢建成后，蚁后大量吸食工蚁腹部分泌出来的蜜露。不久，蚁后开始产卵。不到一周的时间内，它便产下25万粒卵，使整个巢穴内充满了卵。与此同时，幼蚁进入化蛹阶段。蚁群每天只派出一支行军队伍，而且从不同的方向出发。所以，这个时候蚁群非常安静。当卵孵化和蚂蚁成虫羽化时，整个蚁巢开始兴奋起来。于是，蚁群进入了下一个时期，即游猎期。在将近2周的时间内，它们白天迁移和猎食，夜间建巢宿营。当周围的资源被消耗殆尽的时候，它们又改变露营地，迁移到另外一个地方去。游猎中的蚁群具有惊人的杀伤力，它们所向披靡，几乎消灭任何比它们跑得慢的动物。

图4-10　忙于建造露营巢的行军蚁工蚁

旧大陆行军蚁的习性与美洲大陆行军蚁相似，但蚁群更庞大，最多时一个蚁群有2 200万头个体，其工蚁有更锋利的上颚，能猎杀大型动物。

[第五章]

昆虫的“行”

昆虫胸部的足和翅是昆虫运动的主要器官，有些昆虫在幼虫期还有腹足。足的特化赋予昆虫多样化的运动方式。昆虫既能足行陆地，又能畅游水域。灵巧的翅膀和超强的飞行技能让它们搏击长空，拓展疆域，在觅食、求偶、繁殖和避敌等方面给昆虫带来了莫大的好处。

一、昆虫的行走

1. 足的构造

（1）成虫的胸足　胸足是成虫的行走器官。每个胸足由基部到端部依次由基节、转节、腿节、胫节、跗节和前跗节组成。基节是足最基部的一节。转节是足的第 2 节，一般较小。腿节是最长、最粗的一节。胫节通常比较细长，常具成行的刺，端部常有能活动的距。跗节一般由 2～5 个亚节组成。前跗节是足的最末端构造，包括 1 对爪和两爪间的 1 个爪垫。爪可用来抓住物体，爪垫表面能分泌黏性物质，使虫体附着在光滑物体的表面。有时爪垫变为针状，称为爪间突。很多昆虫的跗节及爪垫表面都有一些感觉器官。有些昆虫的部分胸足发生了特化，被赋予新的功能，而行走功能显得不太重要。

（2）幼虫的足　不全变态类昆虫的幼虫的形态与其成虫相

似,有3对胸足,其足的构造与成虫的胸足相同，如蝗虫的若虫等。

全变态类昆虫中，有些种类的幼虫没有足，称为无足型幼虫（如蛆）或原足型幼虫（如某些蜂类的早龄幼虫）。有些种类的幼虫有 3 对胸足，称为寡足型幼虫，如各种甲虫的幼虫。另一些种类的幼虫除了 3 对胸足外，其腹部还有数对腹足，它们被称为多足型幼虫。鳞翅目幼虫常有 5 对腹足，分别着生在第 3～6 腹节和第 10 腹节上，其中第 10 腹节的足又称为臀足，但有些种类的幼虫只有 2 对腹足（图 5 - 1A，B）。膜翅目叶蜂类幼虫的腹足更多，有 6～9 对（图 5 - 1C）。全变态类昆虫幼虫的胸足在构造基本上与成虫胸足相似，但比较简单。跗节不分节；前跗节只有一个爪；节间膜比较显著，节与节之间通常只有单一的背关节。这些幼虫的腹足呈筒状，构造简单，由亚基节、基节和趾组成。鳞翅目幼虫腹足末端有成排的小钩，称为趾钩。趾钩的大小和分布是幼虫分类最常用的鉴别特征。叶蜂类幼虫腹足末端也有趾，但无趾钩。

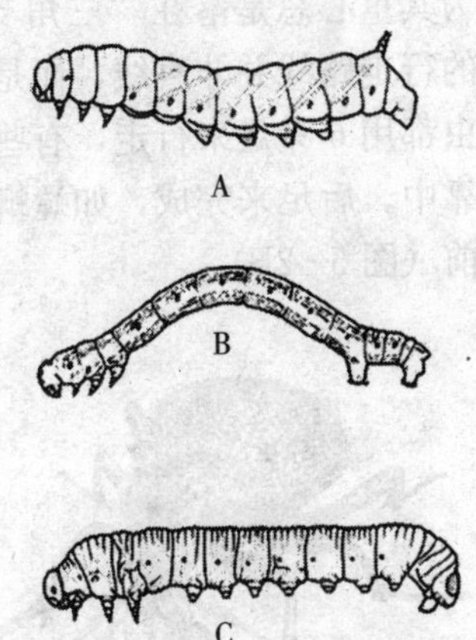

图 5 - 1　昆虫的多足型幼虫

A、B. 鳞翅目幼虫　C. 叶蜂幼虫

2. 昆虫的行走机制

（1）胸足“步行”　昆虫坚硬的骨骼支撑肌肉，肌肉的收缩和松弛带动胸足的运动。昆虫的行走方式与人不同。昆虫行走时，以“三角形支架”结构交替前行。身体左侧的前、后足及右侧的中足为一组，右侧的前、后足和左侧的中足为另一组，分别组成两个“三角形支架”。一个“三角形支架”同时起步向前，再落地后的同时，另一个“三角形支架”立即起步，然后再重复前一组的动作，相互轮换，周而复始，可使昆虫不断前行。每组中的 3 只足是相互配合的，前足用爪固定物体后拉动虫体向前；中足用来支持，并举起所属一侧的身体；后足则推动虫体前进，同时使虫体转向。这种行走方式让昆虫可以随时随地停息下来，因为其重心总是落在“三角支架”之内（图 5-2A）。所以，昆虫的行走路线并非直线，而是呈“之”字形。当然，并不是所有成虫都用 6 只足来行走，有些昆虫由于前足发生了特化，行走主要靠中、后足来完成，如螳螂采用 4 足行走，其前足常常高举在胸前（图 5-2B）。

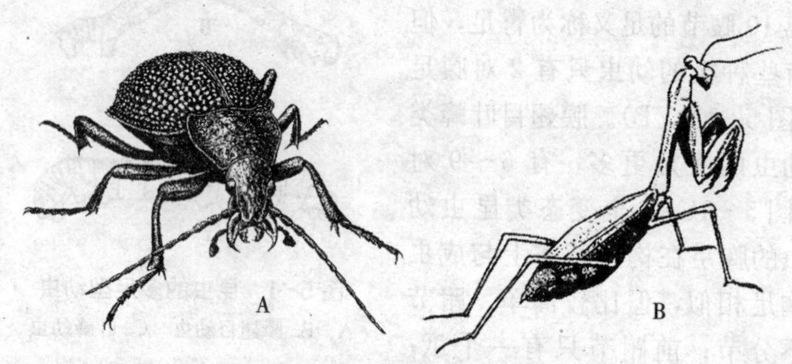

图 5-2　昆虫的胸足行走

A. 6 足行走的步甲　B. 4 足行走的螳螂

（2）多足“步行”　多足型幼虫躯体柔软，没有坚硬的骨骼，其肌肉运动依赖于幼虫体液形成的静压传导系统，采用蠕动方式行走。向前行走时，幼虫首先抬起臀足，腹部后半部的肌肉收缩，从腹部末端至第 4 腹节相继拱起来，体液被挤压，流向虫体前端。臀足着落时，已向前移动了一步。从第 3 腹节至虫体前端，各节的肌肉相继收缩，使其腹足或胸足依次抬起和前移，虫体由后向前呈波浪式蠕动。鳞翅目尺蛾科幼虫的行走姿态比较特别，这些幼虫只有 2 对腹足，分别位于第 6 腹节和第 10 腹节上。行走时，幼虫一屈一伸像个拱桥，似尺子量物一般，尺蛾由此而得名（图 5-3）。

(3) 无足“行走”　蛆没有足，但也能行走。当虫体的前半部抬起和前伸时，虫体的后半部保持着落状态；当虫体的前半部着落时，则后半部抬升起来，并且向前移动。有的种类能用口钩来固着虫体的前半部。凯氏酪蝇 *Piophila casei* (Linnaeus) 幼虫还能“蹦跳”，其方法是用口咬住尾部，然后突然松口，体末端砸下，虫体蹦跳起来，高度可达20厘米。

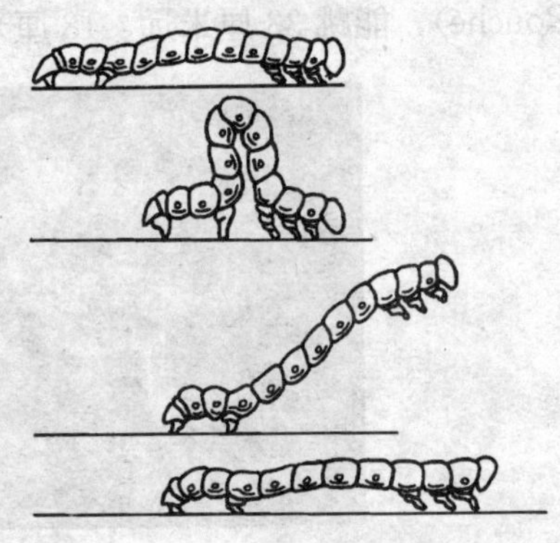

图5-3　尺蛾幼虫的行走

3. 昆虫的“地上行”

昆虫最常见的运动是行走于固体（如植物、土壤等）的表面上，可统称为“地上行”，包括走、跑、爬、跳和飘行等形式。

(1) 走、跑、爬　步行足是昆虫中最常见的足，其特征是，足较细长，各节无显著特化。这类足最适于担负行走的功用，可用于昆虫的走、跑、爬。瓢虫、步甲、天牛等昆虫的足就是典型的步行足。

(2) 跳　昆虫的跳跃依赖特有的跳跃足或弹跳装置，某些特殊的行为也能使昆虫跳起来。

具跳跃足的昆虫：有些昆虫能跳，是因为有特化的跳跃足。这类足的腿节特别发达，胫节细长，腿节内有发达的肌肉，可以控制胫节的屈伸，产生跳跃行为，如蝗虫、蟋蟀、跳甲等昆虫的后足均为跳跃足。跳蚤善跳是由于后足的基节富含一种弹性蛋白（即节肢蛋白）。节肢蛋白是能量贮存和释放效率最高的材料之一，在能量释放过程中仅有3%的能量被浪费掉。全世界已知2 380余种跳蚤，其中跳得最高的是猫跳蚤 *Ctenocephalides felis*

(Bouché)，能跳 33 厘米远、18 厘米高（图 5-4）。

图 5-4 善跳的猫跳蚤

具弹跳器的昆虫：弹尾目昆虫俗称跳虫。多数种类生活于平地至低中海拔山区，常在落叶堆、腐殖土等潮湿的地面栖息。跳虫的腹部有一个特殊的跳跃装置，称为弹跳器（图 5-5）。弹跳器由弹器和握弹器两部分组成。第 4 或第 5 腹节的腹面有一个基部合并、端部分叉的附肢，称为弹器；第 3 腹节的腹面有一个握弹器，其基节互相愈合。平时弹器弯向前方夹在握弹器上。跳跃时，由于肌肉的伸展，弹器猛向下后方弹击物体表面，使身体跃入空中，其跳跃高度可达身长的 15 倍。跳虫使用弹跳器并不是为了行走，而是为了躲避天敌的捕食。

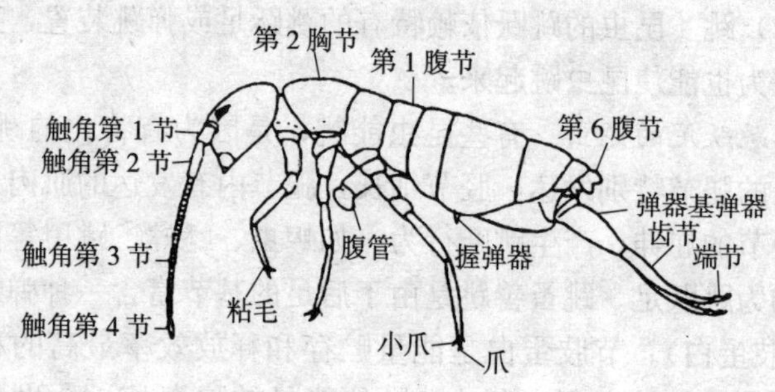

图 5-5 跳虫的弹跳器

用“嘴”跳跃的蚂蚁：来自哥斯达黎加的大齿猛蚁 *Odontomachus bauri*（Emery）有1对发达而奇特的上颚。当上颚分开时，口器内有一个骨化的“门闩”将其撑住。对猎物发动攻击时，“门闩”被移开，上颚“砰”声合上。大齿猛蚁是地球上攻击速度最快的动物，其上颚能在0.13毫秒内合嘴咬中猎物，比人类眨眼的速度快2 300倍，不仅如此，它的上颚还可用于防御性跳跃（图5-6）。遇到危险时，大齿猛蚁用上颚撞击地面，所产生的力量能将自已带至8厘米的“高空”，并落在40厘米外的安全地带，这相当于一个身高1.67米的人跳13米高、40米远。

图5-6　张“嘴”跳跃的大齿猛蚁（仿 Alex Wild）

昆虫之最

跑得最快的昆虫： 澳大利亚有一种虎甲 *Cicindela hudsoni* Sumlin 体长仅2厘米，每秒能跑2.5米。

跳得最高的昆虫： 蛙蝉 *Philaenus spumarius*（Linnaeus）成虫体长6厘米，能跳70厘米高，相当于一个人跳过210米高的摩天大楼。

会“翻筋斗”的甲虫：在野外，孩子们常捉一种能在手上不停地叩头的甲虫来玩耍。这就是叩头虫。叩头虫为何能叩头呢？原来它的前胸背板与鞘翅基部有缝隙，前胸腹板有一个向后伸的楔形突，正好插入中胸腹板的凹沟内，这样就组成了弹跳构造。如果把叩头虫背朝下放在平面上，使虫体仰卧，它先挺胸弯背，头和前胸向后仰，后胸和腹部向下弯曲，这样就使身体中间离开平面而成弓形，然后再靠肌肉的强力收缩，使前胸向中胸收拢，楔形突与凹沟相合处发出叩击的声响，与此同时，胸部背面撞击平面，身体借助平面的反冲力而弹起，在空中做个“前滚翻”，将身体翻转过来，等到落地时，它就能稳稳地站立在地面上了。这种弹跳构造是叩头虫特有的防御性武器。“翻筋斗”时所弹起的高度可达30多厘米，叩头虫得以自救逃生，免遭敌害。叩头时所发出的声响是一种声音信号，用来吸引异性。

（3）毛发上行走 虱类能在毛发上生活，这得益于它们的特殊胸足。3对胸足特化成攀缘足，这类足的特点是，胫节肥大，端部外缘有1个指状突起，跗节只有1节，最末一节为一大型钩状的爪。当爪向内弯曲时，其尖端可与指状突起相接，构成钳状的构造，可牢牢地夹住毛发。攀缘足使虱类在寄主的毛发中行动自如。

（4）幼虫的“吐丝飘行” 许多鳞翅目昆虫的幼虫有吐丝下垂、随风飘移的习性。在受惊扰时，它们也会吐丝下坠。当危险解除后，幼虫摆动身体，用3对胸足沿丝向上攀爬，返回原处。幼虫“吐丝飘行”既是一种迁移扩散的方式，同时也是一种避敌手段。

（5）幼虫的“排队行” 在欧洲南部和北非的温暖地区，松树上有一种喜欢列队行走的毛毛虫。它们天生就有一种互相跟随的本能。外出活动时，走在后面的一条毛虫紧跟着前面毛虫的尾端，这样一条条头尾相接，蜿蜒而行，秩序井然。这些毛虫是一种名为松异带蛾 *Thaumetopoea pityocampa* Schiffermuller 的幼虫，隶属鳞翅目舟蛾科 Notodontidae。一年之中，该虫以蛹在土中度过温暖的夏季。8月份成虫羽化、交配和产卵。幼虫孵化后，分散活动，并吐丝结薄网。进入3龄后，幼虫群居，建造永久性“天幕”作为它们的巢穴。“天幕”无开口，幼虫以身体钻进或钻出“天幕”壁。虫粪堆集于巢穴的下部。幼虫每天晚出早归，太阳一落山，幼虫便离巢觅食，取食松叶，黎明时再返巢而归。整个白天幼虫都呆在巢内。由于幼虫发生在较冷的季节，阳光照射能使巢内幼虫的体温升高，有利于幼虫消化在夜间所摄食的食物。幼虫离巢活动时，它们在所爬行的松树枝干上留下了跟踪信息素，该信息素是由幼虫腹部末端分泌的。正是跟踪信息素使幼虫在取食的地方聚集，并能找到回巢的路。在离巢或回巢的路上，幼虫既可各自行走，也可头尾相接“行军”。幼虫虽然沿途吐丝，但是，这些丝对其“排队行”不起作用。3月幼虫老熟后，便倾巢而出，头尾相接，最后一次列队而行，浩浩荡荡，长途跋涉，寻找化蛹场所，直至找到土壤疏松的地方，然后入土、结茧化蛹。在地面上，有时可见多达300头幼虫列队行走的壮观场景。

除了舟蛾科的一些种类外，其他类别的昆虫也有幼虫列队前行的现象，例如，天蛾科 Saturniidae 新天蛾亚科 Hemileucinae 的许多种类、*Perga* 属叶蜂和一种象鼻虫 *Phelypera distigma*（Boheman）。

（6）行军蚁的“扫荡”行动　美洲大陆的行军蚁 *Eciton burchelli*（Westwood）在为期2周的游猎期中，每天变换宿营地。每晚营造露营巢。次日清晨，露营巢解体，多达20万头个体的蚁群集体迁移，“扫荡”行动所向披靡，几乎消灭任何比它们跑得慢的动物。队伍前方呈扇形编排，宽度为14米，向前推进速度为每小时20米。每天“扫荡”1 500米²，消灭3万头昆虫（图5-7）。旧大陆的行军蚁也采用相似的“蚁海战术”来搜

图5-7　行军蚁 *Eciton burchelli* 及其集体捕猎的路线图

捕猎物，但“扫荡”队伍更为庞大，单个蚁群内的个体可多达2 200万头，其杀伤力更加惊人，沿途还能猎杀大型动物。

（7）“修路架桥”的蚂蚁　行军蚁经常成群结队地在森林里快速穿梭，进行掠食性袭击。在行进过程中，行军蚁往往遇到不平整的路面，这时前面的蚂蚁会用自己的身体填平凹坑，为后面的蚂蚁“铺设”一条平整的道路，形成一条明显的“行军”路线。当队伍通过后，铺路的蚂蚁才爬出凹坑，返回蚁巢。碰到不太宽的沟壑时，部分蚂蚁拿出筑巢所用到的本事，身体相互连接在一起，形成一个蚁桥，让蚂蚁大军顺利通过。如果沟壑太宽，它们就抱成团，将沟壑填平。这就是行军蚁的铺路架桥行为。部分成员的奋不顾身给整个蚁群带来莫大的好处。

4. 昆虫的“隧道行”

有些昆虫能在土中或植物体内掘道前行，这类行走可称为“隧道行”。它们必须拥有开掘道路的技能，有的是靠特化的足来完成，有的则依靠口器的取食来开道。

（1）用足掘土开道　蝼蛄、金龟甲成虫和蝉若虫等土栖昆虫的前足特别发达，较宽扁，腿节或胫节上具坚硬的齿，称为开掘足，适用于挖掘洞穴和隧道，并能拉断植物的细根。

（2）用嘴开道　有些昆虫的成虫或幼虫在植物的枝干、茎秆或果实内取食和为害，称为钻蛀性昆虫，如天牛、吉丁虫、小蠹虫、螟蛾类等。还有一些昆虫为潜叶性昆虫，主要包括鳞翅目潜叶蛾类和双翅目的潜叶蝇类，其幼虫潜入叶片内，取食叶肉组织，留下表皮，形成蛇形潜道，俗称“鬼画符”。无论是钻蛀性昆虫，还是潜叶性昆虫，它们均是用口器来开道，在植物体内取食后，形成隧道，然后穿行其中。有些种类的幼虫的足退化或极度退化，只能在潜道中蠕动而行。

5. 昆虫的“水上漂”

水生昆虫中部分种类常在水面上生活，它们的运动形式可形象地称为“水上漂”。跟地上行走的昆虫不同，它们需要有特殊的行走机制，才能漂行水面。

(1) 水黾 夏秋季节，人们如果到池塘、河流和小溪边去，常常会看到有一种长形或椭圆形的黑色小虫，用细长的腿在水面上飞快滑行，时不时地来个“三级跳”，在水面激起层层涟漪。滑水动作轻盈优美，令人赞叹。这种能在水面上自如滑行的小虫叫水黾，因为它在水面上滑行、跳跃时激起的波纹，很像油滴落在水面后扩散的样子，故称“卖油郎”。水黾隶属半翅目黾蝽科Gerridae，全世界已知约530种，我国共记录75种。

水黾的前足粗短，用于捕捉猎物，无划行功能。它的中、后足极细长，且向侧方伸开。中、后足在水中产生螺旋状漩涡，漩涡推力使水黾前行。水黾能在水面上快速行走、奔跑和跳跃，并不是依靠足分泌的油脂所产生的表面张力，而是得益于中、后足上刚毛的微米和纳米结构效应。在每只足上，数千根刚毛按同一方向排列为多层。这些刚毛的直径不足3微米，而人的头发直径在80～100微米。刚毛的表面有呈螺旋状的纳米级沟槽。空气被有效地吸附在刚毛和沟槽内，形成一层稳定的气膜，阻碍了水滴的浸润，这样一来，中、后足展现出超强的疏水性。仅1只足在水面的最大支持力就达到了其身体总重量的15倍。正是这种超强的负载能力使得水黾在水面上行动自如，即使遭遇狂风暴雨，或在急速流动的水流中它们也不会沉没。在水面上，水黾每秒钟的滑行距离为身长的100倍，相当于一位身高1.8米的人以每小时640千米的速度游泳。

水黾终生生活于水面上，喜开阔水域，对水上的“风吹草动”非常敏感，以掉落在水上的其他昆虫、虫尸或其他动物的碎片为食，其栖居环境包括湖泊、池塘等静水水面以及溪流等流动的水面。海黾属的种类则生活在海中，漂浮于开阔的洋面上。

(2) 豉甲 豉甲隶属鞘翅目豉甲科Gyrinidae。全世界已记录900多种，我国已知46种。豉甲为小型的捕食性昆虫。成虫体椭圆，具光泽，背隆起，呈流线型。复眼大，分为上下两部分，可分别观察水面上及水面下的物体。

豉甲生活在淡水水面上，但主要在池塘、小水坑等平静水面上栖息。成虫夜行性，多在夜间群集水面游泳。它们的游泳方式为回旋游动，即“旋泳”。豉甲为什么只能在水面“旋游”呢？原来，它的前足较长，不带长毛，无划行功能；中、后足短小而扁，末端呈钳状，只能在身体腹面进行微小的搅水运动，使水形成旋涡，带动虫体旋转。豉甲的体型较小，体重轻，具有蜡质的表皮，不会被水浸湿，同时它还能产生一种嫌水性的分泌物，以增加水的表面张力，因此，水的表面能负载豉甲的身体，使它不会下沉。豉甲在水面上的划行速度为每秒 100 厘米，而在水中的速度很慢，每秒只能游 35 厘米。

（3）水上“弓背”行　水面上行走的昆虫要到干的地方去时，会碰到一个障碍，即水的边缘呈半月形的滑斜坡，也就是弯月面。弯月面只有几毫米长，但是对于体型较小的昆虫来说，弯月面看起来像一个没有摩擦力的山坡。攀爬时，昆虫身体呈“弓背”状，水面变形产生侧向毛细管作用力，推动昆虫在弯月面上爬行，这样，昆虫就走出了水面。攀爬弯月面是一种独特的推动方式，因为它并不要求昆虫移动自己的肢体。例如，睡莲萤叶甲 *Pyrrhalta nymphaeae*（Linnaeus）攀爬弯月面时的最大爬升速度可达每秒 30 个身长。一种跳虫 *Anurida maritime*（Guérin-Méeville）也能进行“弓背”行，其作用有两个：一是使该虫走出水面、登陆；二是使该虫在水面聚集，可形成 50～100 头的群体。

6. 昆虫的“水中游”

水中生活的昆虫中，有些种类终生生活在水中，如鞘翅目的龙虱、水龟甲，以及半翅目的划蝽、仰蝽等，还有些昆虫仅在幼虫阶段（特称为稚虫）生活在水中，如蜻蜓、石蛾、蜉蝣等。昆虫在水中生活需要解决两个难题，即供氧和动力。

水生昆虫的供氧有多种方式。水生昆虫到水面上吸氧的行为会限制其在水下停留的时间。浮到水面进行呼吸的次数越多，受到天敌攻击的几率越高，所以，这类昆虫发展了一系列适应性结构，以减少浮出水面的时间。一种明显的改变是减少气门的数目，水生昆虫体侧的气门退化，而位于身体两端的气门发达，或以特殊的气管鳃代替气门进行呼吸作用。气管鳃是体壁向外突起形成的，内有大量气管，通常位于身体两侧（如蜉蝣稚虫）或腹部末端（如豆娘稚虫）。气管鳃能让溶于水中的氧扩散进入虫体的气管中。另一种方式是，虫体上有稠密的毛，可携带气泡来供氧，常称为"物理鳃"。昆虫对氧气的消耗导致气泡中氧的分压下降，当气泡中氧的分压低于水中氧的分压时，水中的氧扩散进入气泡。由于在水和空气两相之间，氧气的渗透系数是氮气的3倍以上，因此，从水中扩散进入气泡的氧气量大于从气泡中扩散出去的氮气量，可使气泡的体积在一定时间内不致缩小，气泡内氧含量也不会减少，以维持其"物理鳃"的作用。

水生昆虫的动力来源有三个途径：特化足、喷水和摇摆。大部分种类具有特化的游泳足，其特征是各节宽面扁平，胫节和跗节边缘密生细毛，起划水的作用。

（1）用足划水

龙虱：隶属鞘翅目龙虱科 Dytiscidae。世界已知约 4000 种，我国记载约 200 种，常见的有黄缘龙虱 *Cybister japonicus* Sharp 等。成虫和幼虫都生活在静水或流水中，均能捕食软体动物、昆虫、蝌蚪或小鱼，幼虫尤其贪食。成虫触角丝状，中胸腹板无中脊突，后足为游泳足，其基节大，并固定在腹板上。雄性龙虱的前足特化为抱握足，其跗节特别膨大，具有吸盘状的构造，在交配时能抱住雌虫。成虫的鞘翅下面有布满直立疏水性毛的空腔，用于携带气泡。因容量十分有限，成虫常浮出水面，重新携带新鲜空气。龙虱幼虫没有贮气囊，只靠体内气管贮存很少的空气，所以，在水中的潜伏时间不能太长，要经常游到水面，将腹末的气管露出水面排出废气，吸入新鲜空气。

水龟甲：隶属鞘翅目水龟甲科 Hydrophilidae。世界已知约2 000种。水龟甲外形似龙虱，体背拱起。触角末 4 节呈棒状。胸部腹板有一条中脊。中、后足长，且有长毛，但不扁平。跗节5 节。在触角的一侧有一条浅槽，由拒水性毛将其覆盖，从而形成一条管道。水龟甲游向水面时，将头露出，空气从触角一侧的管道进入，贮藏在腹面密集而不会被水沾湿的短毛上。此时，在毛上可以形成一个很大的空气层，腹面因密集水泡而变成银白色。水龟甲在水下靠鞘翅和腹板的运动将气泡中的空气吸入鞘翅下面的贮气腔和气管内。它在水中的换气也是靠触角进行的。成虫一般为植食性，幼虫为腐食性或肉食性，可捕食蝌蚪和小鱼等动物。

划蝽：隶属半翅目划蝽科 Corixidae。全世界已知 550 多种，我国有 51 种。成虫体多狭长，呈两侧平行的流线型。触角短，位于复眼下。喙 1 节，呈三角形。前足短、匙形。中足细长，向两侧伸出；后足游泳足（图 5 - 8A）。它们生活在各种静水和缓慢流动的水体中，以藻类为食，以自由泳方式在水中游泳。

A　　B

图 5-8　游泳中的划蝽与仰蝽

A. 划蝽　B. 仰蝽

仰蝽：隶属半翅目仰蝽科 Notonectidae。世界已知 340 种，我国有 21 种。仰蝽为捕食性。成虫体形呈流线型，体背隆起似船底。腹部腹面下凹，有一纵中脊。触角短，位于复眼下。喙 3

节。后足游泳足，呈长桨状，休息时伸向前方。游泳时仰蝽背面向下，以仰泳的方式在水中活动（图 5-8B）。两排气门排列在腹部表面的 2 条纵沟里。每条纵沟的两侧各生一列倾斜的短毛，把纵沟遮盖得严严实实，使之成为一个气道。气道的末端有 3 个能开启和闭合的毛瓣。到水面换气时，仰蝽露出腹端，打开毛瓣，进行气体交换。

蝎蝽：隶属半翅目蝎蝽科 Nepidae。成虫体细长或长卵状，前足捕捉式，腹末具长的呼吸管，上面有气门开口，气门周围有分泌的油质物或生有拒水毛。呼吸时常以体末端倒悬于水面上，利用油质或拒水毛打破水的表面张力，直接从空气中吸氧。这样，蝎蝽可以在身体隐藏于水的情况下呼吸空气。

（2）喷水　蜻蜓稚虫的气管鳃突出在直肠腔内，形成直肠鳃。稚虫用直肠鳃呼吸时，腹部肌肉的运动使水进出直肠，并利用氧的分压差来吸进氧气。遇险时，稚虫从直肠射出水柱，所产生的反推力会带动它们向前快速移动，从而避开捕食者的袭击。

（3）似鱼儿“摇摆”　一些昆虫的幼虫生活在水中，但是，它们没有特化的游泳足。游泳时，它们依靠身体的摆动，跟鱼儿“摇摆”相似。这些昆虫的气管鳃所在部位有所不同。例如，蜉蝣稚虫的气管鳃位于腹部的两侧。豆娘稚虫尾端的肛侧板和肛上板成为 3 片尾鳃，尾鳃为供氧器官，同时也起到“桨”的作用，以增加游泳时的动力（图 5-9）。

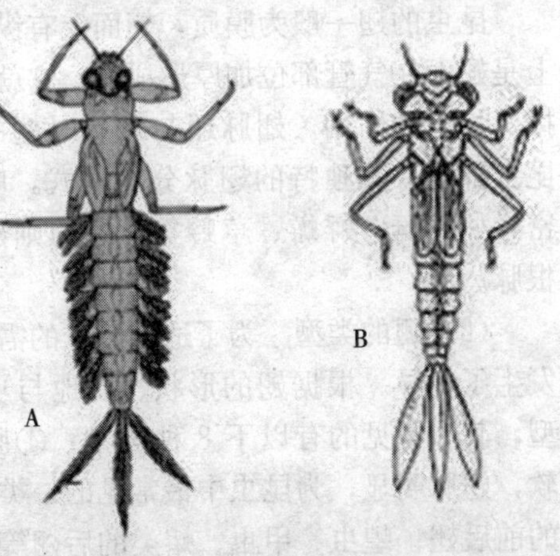

图 5-9　水中摆动的稚虫

A. 蜉蝣稚虫　B. 豆娘稚虫

二、昆虫的飞行

昆虫翅膀的来源与鸟类不同，鸟类的翅膀是由前肢转变来的，而昆虫的翅膀是由向两侧扩展成的侧背叶发展而来的。昆虫的翅膀十分灵活，不用时还可以收折在身体背面。昆虫有较强的飞行能力和无与伦比的飞行技巧，有的种类还能进行长距离迁飞。飞行使昆虫在觅食、求偶、避敌和扩大分布范围等方面比其他陆生动物要技高一筹。

1. 昆虫翅膀的特征

(1) 翅的构造　昆虫的翅常呈三角形。翅展开时靠近头的一边称前缘，近尾端的称后缘，其余一边称外缘。前缘基部的角称肩角，前缘和外缘间的角称顶角，外缘和后缘间的角称臀角。翅上由几条皱褶将其划分为 4 个区域。翅基部具腋片的三角区域称腋区，翅后部臀褶前的部分称臀前区，后部称臀区，有些昆虫臀区后还有一轭褶，将翅又划出一个小的区域，称为轭区。

昆虫的翅一般为膜质，翅面上有纵横交错的翅脉。翅脉实际上是翅面在气管部位加厚形成的，它就像骨架一样对翅面起着支撑、加固的作用。翅脉还与飞行时翅的扭转运动有关。每一类昆虫都各有其独特的翅脉分布形式，叫脉相。有的昆虫翅脉细密，如蜻蜓、蜉蝣、草蛉等；有的则翅脉稀少，如蝇类仅有几根脉。

(2) 翅的类型　为了适应特殊的需要和功能，有些昆虫的翅发生了变异。根据翅的形状、质地与功能可将翅分为不同的类型，其中常见的有以下 8 种类型：①膜翅：膜质透明，质地柔软，翅脉明显，为昆虫中最常见的一类翅，如蜻蜓、草蛉、蜂类的前后翅；蝗虫、甲虫、蝽类的后翅等。②毛翅：膜质，翅面布满细毛，如毛翅目昆虫的翅。③鳞翅：膜质的翅上覆盖密集的鳞片，如蝶、蛾的前、后翅。④缨翅：翅细而长，边缘密生大量的长缨毛，如蓟马的翅。⑤覆翅：质地加厚变硬如革质，多不透明或半透明，覆盖于后翅上面起保护作用，如蝗虫、螳螂和蟑螂的前翅。⑥半鞘翅：基半部加厚为革质，端半部柔软透明为膜质，如大多数蝽类的前翅。⑦鞘翅：质地骨化坚硬如角质，翅脉消失，主要用于保护后翅与背部，如鞘翅目昆虫的前翅。⑧平衡棒：退化为小型的棒状体，能起感觉与平衡体躯的作用，如双翅目昆虫的后翅、雄蚧的后翅和捻翅目昆虫的前翅。

(3) 翅的连锁　大多数有翅昆虫均是以 2 对翅飞行。蜻蜓目、部分蜉蝣目、等翅目、脉翅目等低等有翅昆虫飞行时，前、后翅均发达，且不相关联，飞翔时各自动作，这些昆虫（除蜻蜓外）飞行能力都比较差。对于前翅发达而后翅不发达，且以前翅用作飞行器官的昆虫，飞行时，后翅必须以某种构造挂连在前翅上，用前翅来带动后翅飞行，二者协同动作。

将昆虫的前、后翅连锁成一体，以提高飞行效率的各种特殊构造称为翅的连锁器，主要包括以下 5 种类型：①翅轭连锁：低等的蛾类（如蝙蝠蛾）前翅轭区的基部有一指状突起，称翅轭，飞行时伸在后翅前缘的反面，前翅臀区的一部分叠盖在后翅上，将后翅夹住，使前、后翅保持连接。②翅缰连锁：在后翅前缘基部有 1 根或几根强大的刚毛，称为翅缰，在前翅反面翅脉上有 1 簇毛或鳞片，称为翅缰钩。飞翔时翅缰插入翅缰钩内，以连接前、后翅。大部分蛾类属此种连锁方式。③翅抱型连锁：蝶类和一些蛾类如枯叶蛾、天蛾等，其后翅肩角膨大，并且有短的肩脉。飞翔时肩角突伸于前翅后缘之下。④翅钩连锁：在后翅前缘中部生有一排小钩，称为翅钩，翅钩向上及向后弯曲，在前翅后缘有一条向下卷起的褶，飞行时翅钩即挂在卷褶上，膜翅目及部分同翅目昆虫属此种连锁方式。⑤翅褶连锁：在前翅的后缘有一个向下卷起的褶，在后翅的前缘有一个短而向上卷起的褶，飞翔时前、后翅的卷褶挂连在一起，如部分半翅目、同翅目昆虫采用此种连锁方式。

2. 昆虫的飞行机制

在昆虫翅的基部有不少起关节作用的小骨片，包括紧接前缘脉的 1 块肩片，位于腋区的 3～4 块腋片，以及位于腋区中部的 2 块近三角形中片。这些小骨片就是翅的关节，用以控制翅的升降、折叠和飞行运动。昆虫飞翔时，翅的运动包括上、下拍动和前后倾折 2 种基本动作。

(1) 翅的折叠与展开

翅的折叠：与翅折叠直接有关的是第 3 腋片和中片。当第 3 腋片腹面收缩时，第 3 腋片外端后方上翘，使腋区沿两块中片间的基褶向上拱起，将臀区折于翅下，同时由于第 3 腋片翘翅时产生的后向拉力，使翅以第 2 腋片与侧翅突的相接处为支点向后旋转，这样翅就覆盖到背上。

翅的展开：昆虫在飞行前，翅的展开是着生在前上侧片里的前上侧肌收缩的结果。前上侧片位于翅前缘的基部，前上侧肌收缩时，前上侧片下陷，前翅就会以侧翅突为支点把翅展开。

(2) 翅的拍动与倾斜　翅的上下拍动由胸部飞行肌综合操纵。根据飞行肌的不同，可分成两大系统，即直接飞行肌系统和间接飞行肌系统。

直接飞行肌系统：蜻蜓目和蜉蝣目昆虫翅的拍动依靠直接飞行肌，即前上侧肌与后上侧肌。直接飞行肌与翅基相连，可以操纵翅的倾折、旋转和上下拍动。后上侧肌收缩时，翅上举、向后方倾斜。前上侧肌收缩时，翅向下拍动，并向前倾斜。这样一来，虫体前方和翅的上方形成低压区，而翅的下方和后方形成高压区，虫体朝向前方和上方前进。直接飞行肌为同步飞行肌，一次神经冲动仅引起肌肉收缩一次。所以，其翅振频率较低，一般为每秒 5～200 次。蜻蜓前、后翅的振动相互独立，其翅振频率不稳定。

间接飞行肌系统：除蜻蜓目和蜉蝣目以外的其他有翅昆虫均采用间接飞行肌系统拍动翅膀。间接飞行肌包括背纵肌和背腹肌，这2种肌肉附着在胸部外骨骼的内壁上，而不在翅基上，它们通过改变胸部的形状使翅上下拍动(图5-10)。当背腹肌收缩时，背板往下拉，翅基部以第2腋片与侧翅突的顶接处为支点，被带着向下，翅因此上举。当背纵肌收缩时，背板向上拱起，翅基被带着向上，翅因此下拍。当背纵肌与背腹肌均松弛时，翅平伸。昆虫上下拍动翅的同时，前上侧肌与后上侧肌的交替收缩使翅向后或向前倾斜。翅上下拍动1次，翅面就沿着虫体的纵轴扭转1次。当昆虫飞行而不能前进时，翅尖成“8”字形运动，而前进时，翅尖的行程则为一系列的开环。甲虫和蝇类的间接飞行肌为异步飞行肌，单一神经刺激可使肌肉纤维进行多次收缩。这些昆虫有较高的翅振频率，有的可超过每秒1 000次。膜翅目和半翅目昆虫中，既有异步飞行肌的种类，也有同步飞行肌的种类。蝗虫、蛾类和蝶类的间接飞行肌均为同步飞行肌。

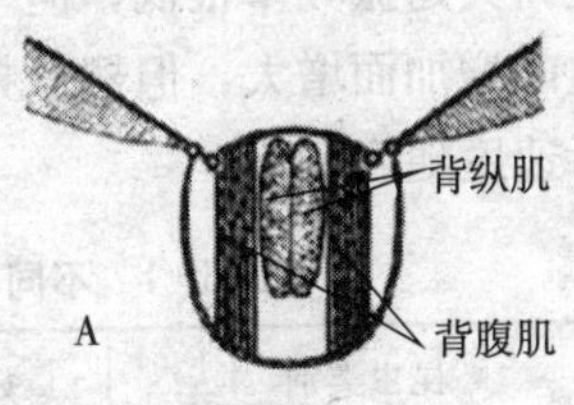

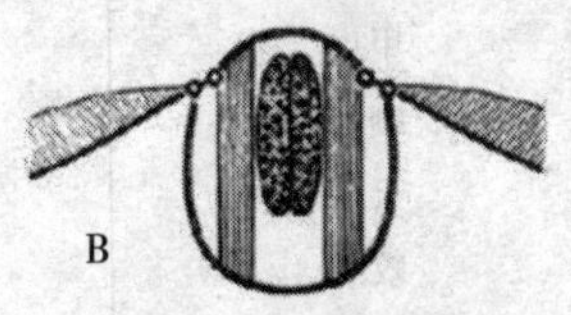

图5-10 昆虫的间接飞行肌系统

A. 上拍 B. 下拍

3. 昆虫的飞行特点

昆虫的飞行具有速度快、飞行距离长、耗能少、机动性强等特点。在耗能方面，昆虫比飞机要节省得多，如蝗虫飞行1小时后，其体重仅减少0.8%。

(1) 昆虫的飞行速度　昆虫飞行的速度与翅振频率、翅的扭转程度、翅的形状以及翅与虫体大小的比率等都有密切的关系。一般翅形狭长而扭转度较大的种类飞行较快，如天蛾和蜜蜂等，而翅形宽大、扭转度较小的种类飞行较慢，如蝶类等。一般来说，翅振频率愈高，飞行速度愈快（表5-1)。唯一例外的是蜻蜓，其翅振频率很低，但飞行速度却较快。翅的面积随昆虫的体重的增加而增大，但翅振频率随昆虫的体重的增加而减少，故飞行速度随之变慢。

表 5-1 不同昆虫的翅振频率和飞行速度

昆虫类别	翅振频率（次/秒）	飞行速度（千米/小时）
蜻蜓	20～28	25
甲虫	46～90	5
蝴蝶	9～12	9
天蛾	70～85	18
蚊子	300～550	32
牛虻	100	22
蜜蜂	200	22
黄蜂	110	9

翅振频率最高的昆虫：双翅目铗蠓属 *Forcipomyia* 中的一种昆虫，翅振频率为每秒1 046次。

飞行最快的昆虫：非洲沙漠蝗 *Schistocerca gregaria*（Forskal）的自身飞行速度平均值为每小时 33 千米。小地老虎 *Agrotis ipsilon*（Hufnagel）的空中相对运行速度可达每小时 97～113 千米。

昆虫飞行速度的绝对值看起来不算高，但是，考虑到昆虫的躯体较小，昆虫飞行的相对速度却是非常惊人的。人和“甲壳虫”汽车每秒能跑的距离是身长的 5 倍，喷气式飞机的每秒飞行速度是机身长度的 100 倍，而蝇类昆虫的每秒飞行速度却是身长的250～300 倍。

（2）昆虫的飞行技巧　经过漫长的进化过程，昆虫获得了高度的飞行机动性和灵活性，并对风速、在空中的位置和周围环境的变化能随时作出快速反应，它们所展现出的飞行技巧令人类发明的现代飞行器黯然失色。

除前进飞行外，昆虫还能进行多种令人惊叹的特技飞行。例如，蜻蜓、一些蝇类和蜂类等昆虫能调节翅的倾斜度和左右翅的翅振频率，使虫体侧向飞行或倒退飞行。有的昆虫（如食蚜蝇等）甚至可以在空中停留，这些昆虫通过调整翅的振动平面与体躯纵轴间夹角的方位，维持了一个与重力相等的浮力，从而使虫体悬飞在空中。家蝇能进行急转弯飞行，其转弯半径不超过身体的长度；在急速飞行过程中，它们还能急剧减速。群飞也是昆虫的一大绝技，无论池塘岸边的蚊群、蜉蝣的群飞，还是令人恐惧的蜂群袭来、蝗群铺天盖地的蔽日阴霾，都各有特色。有趣的是，蜻蜓目昆虫还能进行雌雄共飞。

4. 昆虫的迁飞

昆虫的迁飞是昆虫典型的迁移现象，是指昆虫长距离飞行，成群地从一个发生地转移到另一个发生地。迁飞常发生在成虫羽化、翅骨化变硬之后。此时，雌性成虫的卵巢尚未发育，大多数还未交配产卵，飞行肌发育较为完善，而且飞行能源的储备较多。昆虫的飞翔能力，加上高空气流和风的影响，为昆虫的迁飞提供了良好的条件。迁飞是昆虫在时间、空间上的一种适应性特性，有助于昆虫的生存和繁衍。但是，迁飞并不是各种昆虫普遍存在的生物学特性，不少草地和农业害虫具有迁飞特性，如东亚飞蝗、草地螟、黏虫、甜菜夜蛾、小地老虎以及多种蚜虫等。

（1）昆虫迁飞过程　昆虫迁飞的全过程包括起飞、空中飞行和降落 3 个环节。

起飞：大多数迁飞性昆虫都是夜行性的，其迁飞始于日落，起飞峰期一般出现在日落后 20 分钟左右，并很快终止。少部分昆虫（如蚜虫）的起飞多发生在白天，但白天迁飞的昆虫大多在晨光始时开始起飞，日出后终止。昆虫的起飞为主动起飞。垂直气流对昆虫的起飞没有决定性影响或影响极微。起飞后的个体主动爬升到巡航高度，其爬升速率一般为每秒 0.4～0.5 米，像蚜虫这样的小型昆虫则为每秒 0.2 米。迁飞性昆虫的起飞受温度和光照的影响。每种迁飞性昆虫都有其起飞的初始温度，若气温低于这一温度则不能起飞，如蚕豆蚜起飞的初始温度为 15.5～20.3℃，稻飞虱的起飞要求 18℃以上的温度。每种迁飞性昆虫还有其起飞的初始光照强度。例如，白天迁飞的蚕豆蚜起飞时，要求光照强度大于 6.1 勒克斯，而夜间迁飞的蛾类在光照强度小于 6.1 勒克斯时才能起飞。

空中飞行：在空中飞行时，昆虫处于大气边界层顶或者附近，这里的低空逆温和低空急流为迁飞虫群提供了最适宜的运行环境。边界层顶有一定厚度，夜间陆地边界层 200～600 米，夜间海洋边界层500～1 000米。迁飞虫群能主动选择风温场，在边界层顶集聚成层，从而维持一定的迁飞高度。空中虫群采用共同定向，即保持一致的飞行方向。大多数为顺风定向，即虫群飞行的方向和速度同当时的风向风速一致。有的也采用侧风定向，即定向方位与风向呈一定夹角。例如，水稻褐飞虱在春末由南往北迁飞，上空有来自偏南方向的运载气流；而秋末由北往南迁飞时，上空必须有来自偏北方向的运载气流。虫群在空中的相对运行速度是风速与其自身飞行速度的矢量和。

降落：迁飞虫群的降落为主动降落。锋面天气和强降水过程能使迁飞昆虫迫降，但不是降落的必要条件。

(2) 迁飞类型　昆虫的迁飞可分为以下四种类型：

无固定繁育基地的连续性迁飞型：农业昆虫中的大多数迁飞性种类（如草地螟、黏虫、稻纵卷叶螟、甜菜夜蛾、稻褐飞虱等）均没有无固定繁殖基地，可以连续几代发生迁飞，每一代都可以有不同的繁殖基地。成虫从发生地迁飞到新的地区去产卵繁殖，产卵后随即死亡，这些昆虫成虫的寿命较短。有的种类则在一定的季节里按一定的方向迁出，当年又迁回，如黏虫 *Mythimna separata*（Walker）每年在我国南北往返迁飞，最远的迁飞距离可达1 400千米。

有固定繁育基地的迁飞型：大多数飞蝗属于这种类型，其繁育基地称为“蝗区”。飞蝗只有在这些基地上才能大量繁殖，并形成巨大的、能迁飞的群居型飞蝗群体。迁飞个体一般单程迁出，不返回原来的发生地，迁飞到新的地区产卵、危害，随即死亡，如东亚飞蝗可从沿湖蝗区繁殖基地迁飞到几百公里以外的地方。

越冬或越夏迁飞型：成虫寿命较长，从发生分布地区迁向越冬（夏）地区，在那里度过其滞育阶段，在滞育结束后，又返回原来发生地，产卵繁殖。君主斑蝶、七星瓢虫和异色瓢虫等昆虫的迁飞就属此类型。

蚜虫迁飞类型：生境恶化时，有翅型蚜虫大量出现，迁飞或扩散到新的栖息地繁殖后代。特别是有季节性寄主转移的蚜虫种类，如棉蚜 *Aphis gossypii* Glover、桃蚜 *Myzus persicae*（Sulzer）等。它们自身的飞翔能力很弱，飞行速度仅为每秒 0.44～0.44 米，一次飞行不超过 3 米，且靠近地面飞行。蚜虫以自主扩散开始，以随风迁飞告终。在空中，蚜虫在 9 小时内的飞行距离超过 400 千米。

(3) 迁飞证据的获得　为了确定某种昆虫是否具有迁飞习性，可采用多种方法来收集证据。其一是直接观测法，迁飞昆虫在发生地的数量有突增或突减现象。其二是标记释放回收法，将做有标记的昆虫释放到野外，然后异地回收。其三是空中捕虫法，在高山上设置捕虫网，或在飞机或气球上挂拖网，从高空捕虫。其四是雷达观测法，用雷达观测昆虫的起飞与降落及空中运行，所用雷达为脉冲雷达，即从天线发射足够能量、足够短的脉冲波束检测目标，且波长必须是厘米级的。其五是卵巢发育进度分析、异地虫源同质分析等其他方法。

昆虫之最

迁飞距离最长的定期迁飞昆虫：君主斑蝶 *Danaus plexippus* (Linnaeus) 的迁飞成虫处于滞育状态，寿命长达 8～9 个月，每年往返于加拿大南部和墨西哥中部，秋季南迁越冬，春季北迁。每头迁飞成虫能完成一个双程的飞行，能持续飞行 75 天，仅单程距离长达4 000千米，其中不间断飞行的距离为1 000千米。

单次迁飞距离最长的昆虫：1988 年非洲沙漠蝗 *Schistocerca gregaria* (Linnaeus) 向西迁飞，横跨大西洋，飞行距离为4 500千米。

迄今为止，人们对昆虫飞行的认识很肤浅，昆虫超强飞行能力和奇妙飞行技巧的产生机制尚待进一步研究，例如，2 对翅的飞行机理、翅上微观结构对翅变形的影响、昆虫飞行的导航与定向等都是国内外十分关注的热点。这些研究对人类研制新型飞行器具有重要意义。

[第六章]

昆虫的繁殖

昆虫进入成虫期后，主要的任务就是择偶、交配、产卵、繁衍后代。在繁殖全过程中，某些昆虫展现出一些奇特的行为和现象。除两性生殖外，有的昆虫还采用一些特殊的方式来繁殖后代。昆虫具有很强的繁殖能力，这是导致昆虫繁荣昌盛的重要原因之一。

一、昆虫的生殖方式

昆虫具有多样化的生殖方式，除了两性生殖外，还包括孤雌生殖、卵胎生、腺养胎生、血腔胎生、伪胎盘生殖、幼体生殖、多胚生殖等。

1. 两性生殖

昆虫的绝大多数种类进行两性生殖、卵生。两性生殖需要经过雌雄交配，雄性个体产生的精子与雌性个体产生的卵结合后，才能正常发育成新个体。两性生殖与其他各种生殖方式的本质区别在于，卵通常必须接受精子以后，卵核才能进行成熟分裂；而雄虫在排精时，精子已经是进行过减数分裂的单倍体生殖细胞。

2. 孤雌生殖

在昆虫中，卵不经过受精就能发育成新个体的现象也不少见，这种现象统称为孤雌生殖。孤雌生殖有利于昆虫扩大分布、对付恶劣的环境条件。昆虫的孤雌生殖大致可分为以下三种类型。①偶发性的孤雌生殖：正常情况下行两性生殖，但偶尔可能出现未受精卵发育成新个体的现象，如家蚕就能进行偶发性的孤雌生殖。②经常性的孤雌生殖：在膜翅目昆虫（如蜜蜂）中，雌蜂在排卵的时候并非所有的卵都是受精的。受精卵发育成雌蜂，而未受精卵发育成雄蜂。还有一些昆虫在自然情况下雄虫极少，几乎完全通过孤雌生殖来繁衍后代。一些叶蜂、瘿蜂、小蜂、竹节虫、粉虱、介壳虫、蓟马、蓑蛾等昆虫都有这类情况。③周期性的孤雌生殖：孤雌生殖和两性生殖随季节的变迁而交替进行。蚜虫是最典型的例子，许多蚜虫只在冬季将要来临的时候才产生雄蚜，进行雌雄交配，产下受精卵越冬；而从春季到秋季连续十余代都以孤雌生殖繁殖后代，在这段时期几乎完全没有雄蚜。蚜虫在孤雌生殖时（产性蚜时除外），它的后代都是雌的，经两性交配后产的卵到第二年也都发育成雌蚜，唯有产性蚜时才出现雄蚜。

3. 卵胎生

胚胎发育所需的养分全部由卵供给，卵在母体内孵化为幼体后才被产出体外，如介壳虫、蓟马、蟑螂、麻蝇科和寄蝇科的一些种类。

4. 腺养胎生

胚胎发育的养分由卵供给，幼体孵化后仍寄居于母体的阴道内，由母体的附腺供给养分，直至幼体接近化蛹时才产出。所以，这类生殖方式又称“蛹生”。腺养胎生为舌蝇 *Glossina*、虱蝇科 Hippoboscidae、蛛蝇科 Nycteribiidae 和蝠蝇科 Streblidae 所特有。

5. 血腔胎生

一些没有输卵管的昆虫在卵发育成熟后，卵巢破裂，卵释放于血腔内，胚胎发育在血腔中进行，胚胎直接利用血淋巴中的营养物质而发育的一种胎生方式，如捻翅目、双翅目瘿蚊科 *Oligarces* 属的昆虫。

6. **伪胎盘生殖**

卵无卵黄和卵壳，胚胎发育所需的养分完全依靠伪胎盘从母体吸取。伪胎盘来自母体，或来自胚胎本身，或兼有上述两种成分。孤雌生殖的蚜虫、寄蝽科 Polyctenidae、革翅目、蜚蠊目部分种类的生殖方式就属此类。

7. **幼体生殖**

少数昆虫在幼虫期就能进行生殖。孵化的幼体取食母体组织，最后破母体外出，行自由生活。幼体生殖实际上是腺养胎生和孤雌生殖两者的结合。捻翅目、双翅目瘿蚊科和鞘翅目的某些种类能进行幼体生殖。

8. **多胚生殖**

一个卵内可产生 2 个或多个胚胎。胚胎通过滋养羊膜直接从寄主体内吸取所需要的营养物，每个胚胎能发育成正常新个体，如膜翅目一些寄生蜂类（小蜂科、茧蜂科、姬蜂科、细蜂科）和捻翅目部分昆虫等。多胚生殖可以保证一旦找到寄主就能产生较多的后代。

二、昆虫的两性生殖

两性生殖是昆虫的主要生殖方式，它包括择偶、交配、受精、产卵等环节。

1. **婚配制度**

昆虫的婚配通常采用一雄多雌制，即一头雄虫先后与多头雌虫交配。一雌多雄制在昆虫中不常见，一雄一雌制也比较稀少，如白蚁就是典型的一雄一雌制。有趣的是，埋葬甲 *Nicrophorus defodiens* Mannerheim 为强迫式的一雄一雌制。雄虫找到尸体后，释放性信息素，引诱雌虫。雌虫与雄虫合力将尸体埋在地下，然后产卵，并照顾后代。如果雄虫爬到高处，企图再释放性信息素，引诱其他的雌虫，雌虫便将心怀鬼胎的雄虫推下来，或者用嘴咬雄虫，阻止雄虫将其他雌虫吸引过来。这样，可以避免两头雌虫的后代在同一个尸体上相互竞争。

“丈夫”最多的昆虫：大蜜蜂 *Apis dorsata* Fabricius 雌蜂在一生之中的交配次数多达 53 次，而每次的交配对象都是 1 头新的雄蜂。

2. 求偶方式

多数种类的雄虫交配前，没有求偶行为，采用“霸王强上弓”方式交配。有些种类的雄虫则展现出发光、鸣叫、跳舞、炫耀、送礼等求偶行为，以此获得雌虫的欢心。雄虫通过送礼物的方式获得交配权，这类礼物相当于人结婚时的“彩礼”。昆虫的“彩礼”包括猎物、唾液凝固物、精包、腺体分泌物、后翅及伤口流液，以及其他替代物。“彩礼”愈大，雄虫获得的交配时间愈长，释放的精子愈多，受精卵也愈多，同时，雌虫自己花在捕食猎物上的时间愈少，这样雌虫被捕食的风险就愈低。所以，雌虫通常挑选能提供大“彩礼”的雄虫作为自己的配偶。

长翅目蝎蛉科 Panorpidae 和蚊蝎蛉科 Bittacidae 昆虫均有送“彩礼”的习性。蝎蛉科昆虫的雄虫以猎物和唾液凝固物作为“彩礼”。蚊蝎蛉科的黑翅悬尾蝇 *Hylobittacus apicalis*（Hagen）能用后足捕获猎物。捕到猎物的雄虫将自己倒挂在树枝下面，雌虫被雄虫的气味吸引过来，停落在雄虫的对面，然后，雄虫将猎物献给雌虫（图 6-1）。当雌虫品尝礼品时，雄虫便并与雌虫进行交配。如果雄虫所提供的猎物太小或者是雌虫不爱吃的猎物，雌虫就会将腹部卷曲起来，拒绝交配。如果雄虫奉献的猎物较大，且符合雌虫的胃口，雌虫就会连续取食 20 多分钟，在此期间雄虫便会完成与雌虫的交配。然而，雄虫“彩礼”的筹备要冒一定的风险。1小时内雄虫在树林中的飞行距离为33米，是雌虫的2倍，所以，雄虫更易被树林中的蜘蛛捕食。为了减少被捕食的风险，有些雄虫采用偷抢猎物的策略。偷懒的雄虫停落在携带有猎物的雄虫身旁，伪装成雌虫，从受骗雄虫那儿骗走猎物。若此计不成，则强夺猎物，然后，自己把猎物吃掉，或者献给一头雌虫，以换取交配机会。偷懒雄虫抢到猎物的成功率只有14%。

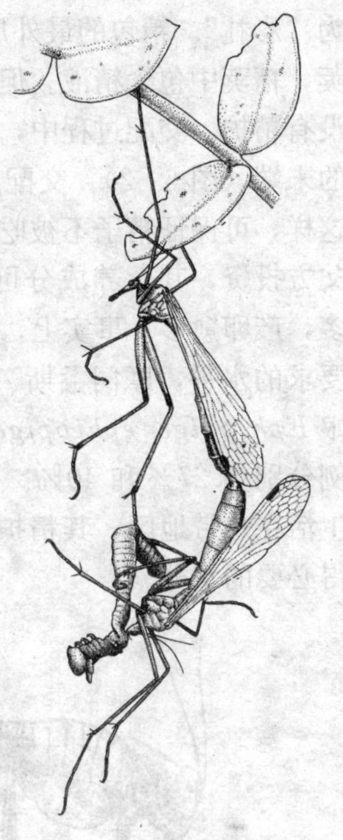

图6-1 雄性黑翅悬尾蝇的“彩礼”及交配

舞虻的“彩礼”花样很多。舞虻科Empididae舞虻亚科Empidinae中有3个属的昆虫具有送“彩礼”的习性，即*Empis*、*Rhamphomyia*和*Hilara*。雄虫所送“彩礼”包括富有营养的猎物、无营养价值的唾液凝固物，以及不可食的替代品（如叶片、石头或丝球等）。舞虻科昆虫向我们展现了送“彩礼”行为从无到有、从低级到高级的演变过程。对于没有送“彩礼”习性的舞虻，雄虻求偶时要冒着被雌虻吃掉的风险。具初级送礼行为的雄虻所献出的是一头货真价实的猎物，而高级送礼者往往先吐丝将猎物缠绕包裹后，再献给雌虻。在品尝到猎物前，雌虻需花费一定的时间把猎物上的丝线解开，这样一来，雄虻就赢得了更长的交配时间。最高级的送礼者实为欺骗者，它用空心丝球等替代品作为“彩礼”送给雌虻，所谓的“彩礼”已经演化成了一个仪式化的视觉通讯信号，但是，雄虻靠这种“彩礼”所获得的交配时间只相当于一头小猎物的水平。

一些螽蟖和蟋蟀的雄虫也会送“彩礼”，通常它们以精包作为“彩礼”。精包的最外层为富含蛋白的精护，里层是较硬的精荚，精荚中包含精液。但是，有些昆虫的精包只有精荚和精液，没有精护。交配过程中，螽蟖和蟋蟀雄虫的精包外挂于雌虫腹部的末端（图 6-2）。交配后，雌虫取食富含营养的精护和精荚，这样，可保证精子不被吃掉。精护既可作为“彩礼”，也可作为父方投资，其营养成分可以进入卵中。雌性吃掉精护的数量愈多，产卵愈多。事实上，多数螽蟖的精护重量远大于保护精子所要求的水平。摩门螽斯 *Anabrus simplex* Haldeman 和澳洲纺织娘 *Ephippiger ephippiger*（Fiebig）精包重量占雄虫体重的比例分别为 27%和 40%。灶马蟋 *Gryllodes sigillatus*（Walker）生活在热带地区，其精护的含水率为 82%，雌性吃掉精护可获得必要的水分。

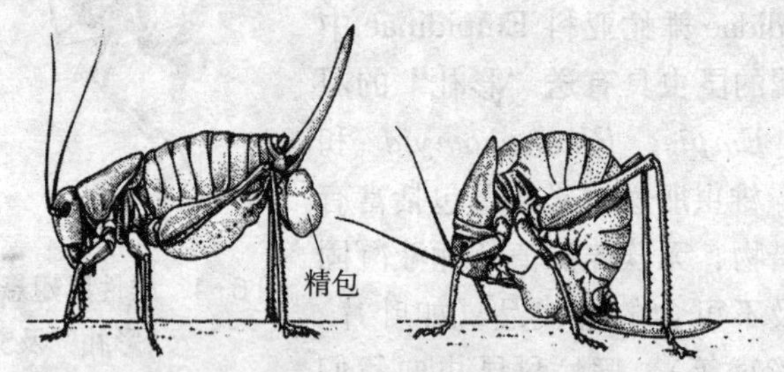

图 6-2 螽蟖雌虫取食外挂于腹部末端的精包

黑角树蟋“*Oecanthus nigricornis* Walker 雄虫的精包没有精护，其营养不丰富。所以雄虫用自己的背腺分泌物作为“彩礼”，以防止雌虫将精包吃掉。雄虫所采取的交配策略是，提供小精包，多次交配，这样，可使精子被吃掉的风险分散。赤翅甲虫 *Neopyrochroa flabellata*（Fabricius）的“彩礼”为雄虫的头腺分泌物，雌虫从中获取所需的斑蝥素，可免遭捕食者的捕食。哈格鸣螽科 Haglidae 的山艾树螽 *Cyphoderris strepitans* Morris & Gwynne 的“彩礼”很特别，交配时雌虫咬雄虫的后翅，取食从伤口流出来的体液。这样，雌虫再次交配的冲动就会减少。

3. 交配方式

每种昆虫交配时的体位方式一般较为稳定，但是，交配体位在不同类群之间有一定的差异。例如，膜翅目的大部分种类以雄在上、雌在下的上下体位交配，但广腰亚目部分种类以尾尾相接的交配方式交配。一些捕食性昆虫在交配过程中，雌虫有时会残杀雄虫，如有些雌螳螂交配时，将雄螳螂的头和身体的其他部分吃掉。

昆虫的交配行为可按交配次数分为两种类型，即一次交配型和多次交配型。前者一生只交配一次，尤其是雌虫，如雌蟑螂一次交配，可终生繁殖。后者雌雄都可交配多次。在一次交配型的昆虫中，雄虫一般能作多次交配，但交配后的雌虫会产生抗拒行为，或产生具有抗拒作用的分泌物，以不让雄虫第二次光顾。也有不少昆虫由于成虫期极短而仅作 1 次交配。水稻铁甲一生要交配多次，刚交配后的雌虫往往拒绝雄虫，但在产卵数粒后，则四处爬行，寻觅雄虫，再行交配。

4. 性选择与竞争

在昆虫的交配活动中，雌虫通常掌握着交配的主动权，一头雄虫能否成为配偶是由雌虫选择和决定的。所以，雄虫获得交配权后，会尽可能地维护自己的竞争优势，让自己的基因传给下一代。雄虫有多种方式来做到这一点。①送大的“彩礼”：雄虫所送“彩礼”愈大，获得的交配时间愈长，这样，转移的精子数量愈多。②延长交配时间：一些竹节虫的交配时间很长，可持续 35～79 天。双翅目毛蚊科 Bibionidae 的爱虫 *Plecia nearctica* Hardy 成虫在绝大部分时间内处于交配的状态。雌虫和雄虫的寿命分别为 72～86 小时和 92 小时左右，而它们的交配时间却长达 56 小时左右。事实上，成功授精只需 12.5 小时。爱虫长时间交配是因为雄虫间竞争压力太大，自然条件下有多达 8 头雄虫同时竞争 1 头雌虫。与此形成鲜明对照的是，摇蚊的交配时间极短，仅有 2～3 秒。③领地性：蟋蟀、蜻蜓、锹甲和木蜂等昆虫的雄虫采用各种手段来保卫雌虫、取食场所和产卵场所。例如，每头雄性树蟋占领50平方厘米的地盘，允许雌虫进来，但拒绝其他雄虫。一旦发现有其他雄虫企图入侵，该雄虫就发出进攻性鸣叫声，或者用触角与之战斗。④交配后的“护妻”行为：对于具有多次交配习性的雌虫，60%～80%的卵是由最后一头雄虫授精的，所以，交配完毕后，有些种类的雄虫并不离开雌虫，而是守护在配偶的身旁，阻止她跟其他雄虫交配。蜻蜓“护妻”行为有两种方式：一种是交配后，雄蜻蜓离开配偶，但仍守护在配偶的四周，驱赶其他雄蜻蜓；另一种是交配后，雄蜻蜓不离开配偶，雌雄共飞或产卵，但是共飞的风险较大，易被天敌捕食。

一旦可获得的食物质量差或资源紧缺时，雄虫所拥有的资源导致雌虫之间的相互竞争，此时，雌虫追雄虫，雄虫选择雌虫，这一现象称之为性角色逆转。昆虫中的螽斯类就是典型代表。在繁殖期间，一般是雄性鸣叫求偶，吸引雌性前来交配，而雌性之间则相互竞争以取得与雄性的交配权。交配结束后，雄性产生的精包作为“彩礼”，被挂在雌性生殖器末端，其中营养较多的精护供雌性取食。部分种类的舞虻也会出现性角色逆转现象，其雌虫有明显的第二性征：翅较大，足上布满羽状鳞片，腹部有可翻转的侧囊，仿佛腹部很大，内有大量的成熟卵。雌性舞虻在空中群飞，等待雄性舞虻挑选。

5. 授精方式

昆虫的授精方式有三种类型，即直接授精、血腔授精和间接精子转移。

直接授精：精巢是由许多精巢小管所组成，精子成熟后即行交配。大多数昆虫是以精荚的形式直接送入雌虫的阴道内，或送入专门的交配囊内。精荚进入交配囊后随即破裂，精子释放出来，游到受精囊内，贮存起来。

血腔授精：又称穿刺授精。半翅目花蝽科 Anthocoridae、臭蝽科 Cimicidae 和姬蝽科 Nabidae 的一些种类采用这种方式授精。交配时，雄虫的插入器在雌虫的腹部穿刺，将精子直接或间接地送进雌虫的血腔内，经过血淋巴输送到卵巢，进行授精。血腔授精能给雌虫补充营养。雄虫插入器穿刺雌虫的部位随种类而异。例如，温带臭虫 *Cimex lectularius* Linnaeus 的穿刺部位位于雌虫腹部腹面的中部，而黄色花蝽 *Xylocoris flavipes*（Reuter）雄虫则在雌虫腹部背面的节间膜穿刺（图 6-3）。

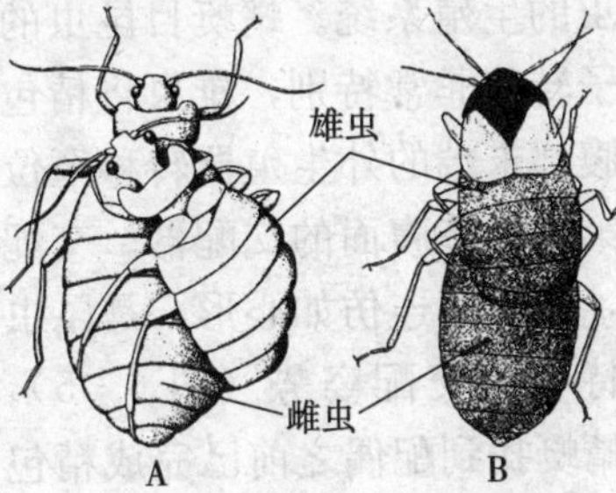

图 6-3 昆虫的穿刺授精
（仿 Carayon）
A. 温带臭虫 B. 黄色花蝽

间接精子转移：雄虫先将精液或精包置于环境中，再由雌虫找精液或精包。间接精子转移要求雄虫跟雌虫有密切的身体接触。转移过程中，很多精子被浪费掉。例如，雄性跳虫将精包产于丝的末端，然后用触角抓住雌虫，引导雌虫接触精包。衣鱼转移精子的方式有所不同，雄虫找到雌虫后，先织一根丝，再将精包产于丝上，然后引导雌虫在丝下行走，雌虫以腹部末端拾起精包（图 6-4）。直翅目一些昆虫的精包较大，交配后精包外挂于雌虫生殖器末端，精包的一部

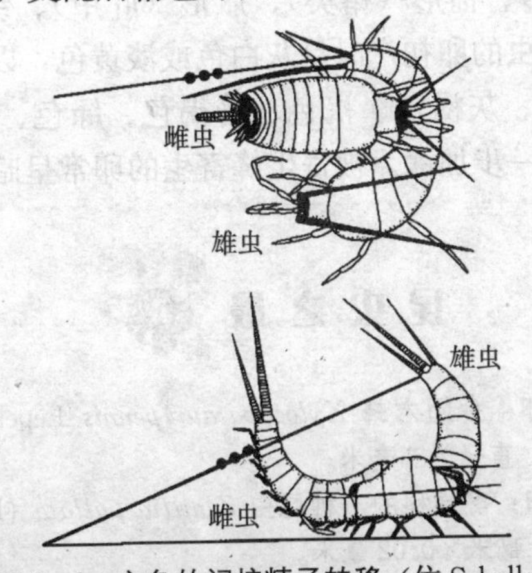

图 6-4 衣鱼的间接精子转移（仿 Schaller）

分被雌虫吃掉，剩余部分则进入雌虫的生殖系统。蜻蜓目昆虫的精子转移非常特别，雄虫将精包从腹部末端的外生殖器转移至位于第 2 腹节腹面的交配器。交配时，雄雌相连仿如心形，是昆虫中特有的交配姿势（图 6-5）。雄蜻蜓找到配偶之前已完成精包的转移，而雄豆娘是在找到配偶后才转移精包。

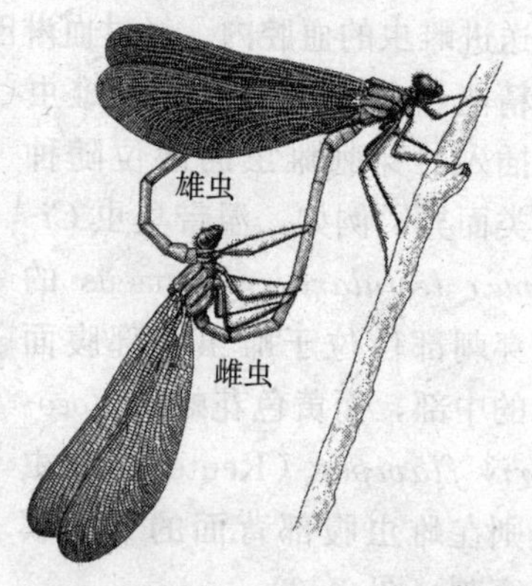

图 6-5　蜻蜓目昆虫的交配姿势

6. 昆虫的产卵

卵是卵生昆虫个体发育的第一个虫态。昆虫的卵是一个大型的细胞，其大小、形状和颜色随种类而异。卵的大小与虫体大小、潜在产卵量及营养健康状况有关，一般为 1～2 毫米，但是一种螽斯卵可长达 10 毫米，一些卵寄生蜂的卵可小于 0.02 毫米。卵的形状多种多样，最常见的为卵圆形或肾形，如直翅类、许多双翅目和寄生性膜翅目昆虫的卵，还有球形（介壳虫）、半球形（夜蛾类）、桶形（蝽类）、瓶形（叶甲）、纺锤形（种蝇）等。大多数昆虫的卵初产时呈灰白色或淡黄色，以后颜色逐渐加深，呈灰黄色、灰褐色、褐色、暗褐色、绿色、红色等，孵化前，其颜色进一步加深。被寄生蜂寄生的卵常呈暗褐色或黑色。

昆虫之最

最大的卵：金翅木蜂 *Xylocopa auripennis* Lepeletier 的卵有 16.5 毫米长，直径为 3 毫米。

最小的卵：寄蝇科的一种昆虫 *Zenillia pullata* (Meigen)，卵大小为 0.027 毫米×0.02 毫米。

昆虫的产卵表现出多种适应性，包括场所的选择、部位的选择和产卵方式的选择。雌虫所做出的选择要有利于卵和幼虫的生长发育和存活。雌虫把卵产在幼虫食物源上或附近，为幼体提供了觅食之便。这一点对于成虫和幼虫食性完全不同的那些种类尤其重要，如菜粉蝶在十字花科蔬菜上产卵，寄生蜂在寄主体上产卵等。

昆虫的产卵场所及部位有四大类型：①物体表面：很多昆虫的卵是产在物体表面的，如寄主植物、猎物，以及其他物体的表面。在植物的各种器官表面几乎都可以找到昆虫的卵。例如，三化螟的卵产在稻叶上，天幕毛虫的卵产在树枝上，棉铃虫的卵常常产在花蕾和苞叶上，梨大食心虫卵产在梨芽基部、桃的新梢或果实上，豌豆象卵产在豌豆嫩荚上，绿豆象卵产在绿豆种子上。②植物或猎物体内：将卵产在植物体内的昆虫（如螽斯、盲蝽、叶蝉、飞虱、叶蜂等）都有较发达的产卵器，便于划破或插入植物组织去产卵。一些寄生性昆虫（如姬蜂、小茧蜂、小蜂等）则以产卵器插入寄主身体内产卵。天牛、象鼻虫等昆虫先用口器在寄主植物上咬成缺口或小穴，然后把卵产入其中。③土中：蝗虫一般选择黏硬适宜、含水量约为18%的土壤产卵。产卵时，雌虫把腹部伸入土中，先分泌胶质，然后产卵。产完卵块后，再分泌一层胶质，最后用后足拨动附近土粒，将孔洞掩盖。④水中或水面上：蜻蜓点水是为了将卵产到水中，产下的卵沉入水中或附着在水草茎秆上。蚊虫的卵连接成块，似船筏浮在水面上。

昆虫的卵在产卵部位的分布形式分为散产和聚产。卵以单个分散产出的称为散产，如棉铃虫等昆虫的卵。另一些昆虫以聚产的方式产卵，许多卵粒聚集排列在一起形成各种形状的卵块，如瓢虫的卵块产在植物叶片上（图6-6）。有些昆虫的卵外有特殊的保护物，诸如虫毛、胶质、丝质、蜡质、卵囊、卵室等。三化螟的卵块表面有黄褐色的茸毛，苹果巢蛾的卵多有红褐色的胶状物。螳螂的产卵方式比较特别，雌螳螂先从腹部将泡沫状物质排出在树枝、树皮、墙壁等物体上，然后在上面顺次产卵，泡沫状物质很快凝固，形成坚硬的卵鞘。螳螂的卵鞘可作为中药，称为“桑螵蛸”或“螵蛸”。蜚蠊的卵也包在坚硬的卵鞘中，有的种类还常把卵鞘携在腹末。草蛉产卵时，先分泌一点黏胶，并随腹部上翘把胶拉成细丝，然后把卵产在细丝顶端，这样不仅能防止其他捕食性昆虫把这些卵吃掉，而且避免了先孵化出的幼虫将同类的卵吃掉。水生昆虫（如蜉蝣等）产卵时，常分泌一些胶丝将卵缠在水草或水底的砂石上，以防止卵被流水冲走。

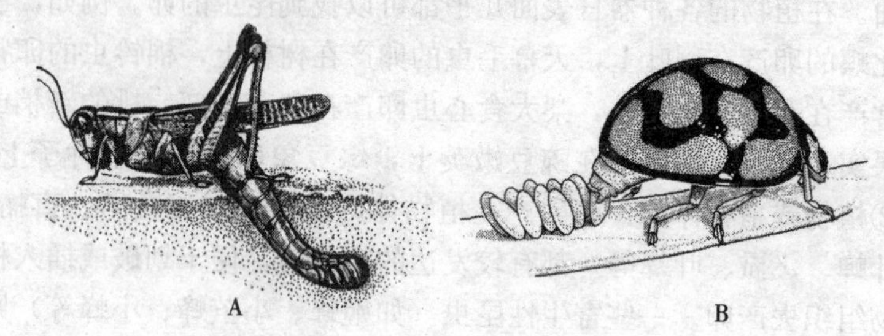

图 6-6　昆虫的产卵方式

A. 蝗虫　B. 瓢虫

三、昆虫的繁殖力

昆虫的繁殖能力随种类而异。昆虫卵巢和卵巢管内的卵数是昆虫潜在生殖能力的基础。一般而言，一头雌虫一生可产几十至几百粒卵，如危害庄稼的小地老虎每头雌虫一生产卵 800 多粒。但是有些种类繁殖能力非常惊人，例如，蜜蜂蜂后每天可产卵 2 000～3 000粒；白蚁 *Kalotermes flavicollis*（Fabricius）蚁后每年产1 000万粒卵，平均每天产27 400粒卵。

某些昆虫的繁殖力跟生殖方式有关。棉蚜的胎生雌蚜一生可产出胎生若蚜 60 头左右，而 1 头卵生雌蚜一生只产 4～8 粒卵。蚜虫主要以孤雌生殖方式繁殖后代，加上生活周期短、世代数多，所以，蚜虫的繁殖力很强。据推测，棉蚜在 6～10 月的 150 天中，所繁殖的后代多达 6 万亿亿头，如果所有个体都存活下来，把它们头与尾相接起来，可绕地球 3 圈。

昆虫的繁殖能力也受生态环境的影响。只有在最适宜的环境条件下，才能实现其最大的生殖力。例如，每头黏虫一般产 500～600 粒卵，但是，当蜜源充足和生态条件适宜时，其产卵量可高达1 800多粒。

昆虫之最

繁殖力最弱的昆虫： 虱蝇 *Hippobosca variegata* Megerle 雌虫一生只产生 4.5 个后代。

繁殖力最强的非社会性昆虫： 澳大利亚的一种蝙蝠蛾 *Trictena atripalpis* (Walker) 雌虫一生中产下29 100粒卵，而卵巢内还有15 000粒成熟卵尚未产出。

繁殖力最强的社会性昆虫： 在非洲，一种行军蚁 *Dorylus wilverthi* Emery 蚁后在 25 天内产下 300 万～400 万粒卵。

[第七章] 昆虫的防御

自然界中，昆虫有许许多多的天敌，如何有效避开和反击天敌的袭击对昆虫的生存与发展至关重要。长期的进化使昆虫形成了各种各样的防御对策，包括色彩防御、伪装、拟态、机械防御、化学防御、行为防御等。对社会性昆虫来说，它们的防御体系更加复杂、更为高效，除了多样化的物理防御和化学防御外，还拥有独特的群体防御和巢穴防御。

一、昆虫的色彩防御

色彩防御是指昆虫利用身体的颜色来进行防御的行为。能起防御作用的昆虫色彩一般归为两大类：保护色和警戒色。

1. 保护色

一些昆虫的体色与其背景色非常相似，从而躲过捕食性天敌的视线而获得保护自己的效果，这种与背景相似的体色称为保护色。例如，栖居于青草地上的蚱蜢为绿色。菜粉蝶蛹的颜色因化蛹场所的背景颜色的不同而异，在青色甘蓝叶上的蛹常为绿色或蓝绿色，而在灰褐色篱笆或土墙上的蛹多呈褐色。有些昆虫的体色断裂成几部分，镶嵌在背景色中，起躲避捕食性天敌的作用，这种保护色又叫混隐色，如一些生活于树干上的蛾类，其体色常断裂成碎块，镶嵌在树皮与裂缝的背景色中。

有关昆虫保护色的著名例子是桦尺蛾 *Biston betularia*（Linnaeus）的工业黑化现象。在 19 世纪 80 年代的英国，人们发现工业区的桦尺蛾为黑色，而其他地区的桦尺蛾却为灰白色，这是由于工业区的房屋和树木受到煤烟的污染呈黑色，黑色尺蛾更具隐蔽性，不易被天敌捕食，数量逐渐增加，灰白色尺蛾的数量则减少。在非工业区，情况则刚好相反，黑色个体将被自然选择所排除。工业黑化现象说明了桦尺蛾对环境的改变有着惊人的适应能力。

2. 警戒色

警戒色是指昆虫具有的、使其天敌不敢贸然取食或厌恶的鲜艳色彩或斑纹。这种色彩防御在鳞翅目、螳螂目、半翅目、鞘翅目和双翅目等昆虫中较常见。一些具有强烈臭味、毒腺或毒刺的昆虫，同时还有十分鲜明的色彩，如红色、黄色、黑色和橙色等，与背景色彩形成鲜明对照。这种色彩对捕食者起提醒和警告作用，曾吃过苦头的捕食者会敬而远之。例如，毒蛾和灯蛾的幼虫身上长有红黄相间的条纹和很长的细毛；胡蜂等毒蜂身上有黄黑相间的条纹，它们的警戒色令捕食者望而生畏。

眼斑也是一种常见的警戒色。某些蛾类、蝶类和其他昆虫的翅上有类似脊椎动物眼睛的大斑点。昆虫不活动时，眼斑被隐藏起来。一旦受到惊扰，眼斑就会突然暴露，捕食者被吓跑。斑点越像眼睛，保护作用也越大。眼斑在眼蝶科、闪蝶科和环蝶科中最为常见。例如，很多眼蝶的“眼”由一个黑色的圆斑组成，其边缘仅有一圈白色的细线。一些眼斑则与脊椎动物的眼有着惊人的相似，如猫头鹰蝶。有些蝴蝶翅膀端部的小眼斑很醒目，成为捕食者的攻击目标，使身体较重要的部位免遭袭击。

有些昆虫同时具有保护色和警戒色，更有利于保护自己。例如，蓝目天蛾 *Smerinthus planus* Walker 的前翅覆盖在后翅上，看上去就像是一块树皮，十分隐蔽。遇袭时，其前翅突然展开，露出颜色鲜明而有蓝眼状斑的后翅，将袭击者吓跑。很多绿色蚱蜢具有红色的后翅，也起到类似的作用。

二、昆虫的伪装

某些昆虫能利用自身的分泌物或排泄物，以及周围环境的物质来伪装自己，从而防敌避害。一些昆虫产卵后，用虫毛、胶质、丝质、蜡质等物质将卵覆盖，这样，卵就不容易被天敌发现。伪装多见于同翅目、半翅目、脉翅目、鞘翅目、鳞翅目等昆虫的幼虫期。各种卷叶虫吐丝，将植物叶片缀成叶包，然后藏匿其中，取食为害，叶包能防御某些天敌的攻击。本书第二章所描述的各种"衣"中，蓑蛾的"蓑衣"、衣蛾的"夹克衫"、石蚕的"石衣"、沫蝉的"泡泡衣"、蚜狮的"迷彩衣"和龟甲的"罩衫"都能起到伪装的作用。许多昆虫的幼虫老熟后，先做各式各样的茧（如丝茧、土茧等），然后在茧内化蛹，茧能给蛹的避敌带来好处。

三、昆虫的拟态

拟态是指一种动物模拟其他生物或物体的姿态，得以保护自己的现象。在昆虫中，拟态极为常见。昆虫的拟态可分为三大类型：模拟动物的拟态、模拟蚂蚁的拟态和模拟植物或物体的拟态。

1. 模拟动物的拟态

昆虫之间相互模拟的事例很多。这些拟态可分为贝氏拟态（Batesian mimicry）和缪氏拟态（Müllerian mimicry），分别以英国科学家 Henry Walter Bates 和德国动物学家 Fritz Müller 的名字命名。

贝氏拟态：是指被模拟者对捕食性动物是不可食的、而拟态昆虫则是可食的拟态。在自然界中，通常拟态昆虫的个体数量较少，被模拟者的个体数量非常多。显然，贝氏拟态对拟态昆虫有利，而对被模拟者是不利的。斑蝶科中有许多难于咽下的种类，因此成为其他科的蝴蝶模拟的经典模型。膜翅目昆虫和鞘翅目昆虫中，一些体内含有毒素的种类常常是被模拟的对象，如食蚜蝇模拟胡蜂（图 7-1A）。

缪氏拟态：是指拟态昆虫和被模拟昆虫都是不可食的拟态。捕食性动物只要误食其一，以后二者就都不受其害。所以，缪氏拟态是对二者均有利的拟态。例如，副王蛱蝶 *Limenitis archippus*（Cramer）和君主斑蝶 *Danaus plexippus*（Linnaeus）之间的拟态（图 7-1B）。长期以来，人们认为这两种蝴蝶的关系是贝氏拟态，即无毒的副王蛱蝶模拟有毒的君主斑蝶。但是，最新的研究结果表明，副王蛱蝶也是有毒的。君主斑蝶的幼虫吃萝藦草，使成虫血液中含有萝藦草中的强心苷类化合物，副王蛱蝶则因幼虫取食柳树而获得酚苷类化合物。强心苷和酚苷对鸟类均有毒。一旦鸟儿首次吃过了其中的任何一种蝴蝶，往后对这两种蝴蝶都会采取回避的态度。所以，副王蛱蝶和君主斑蝶因拟态

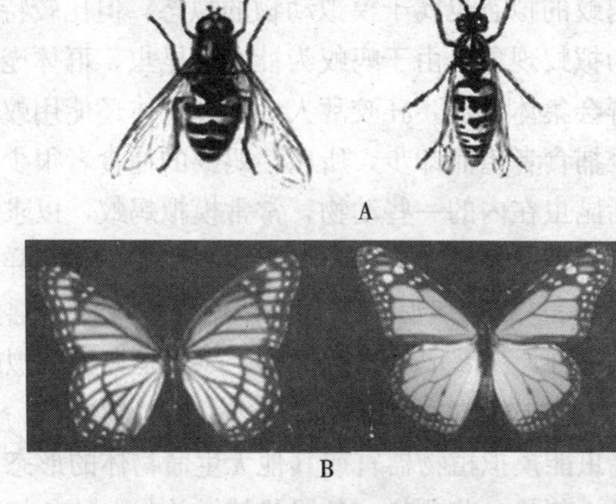

图 7-1　昆虫模拟动物的拟态

A. 贝氏拟态：食蚜蝇（左）模拟胡蜂（右）

B. 缪氏拟态：副王蛱蝶（左）模拟君主斑蝶（右）

而相互受益。

为了能有效地欺骗捕食性动物，拟态昆虫不仅样子上长得像被模拟昆虫，而且在行为动作方面也模仿得惟妙惟肖，真假难辨。在澳大利亚，有一种能模拟有毒蜂的天牛 *Hesthesis variegata* Fabricius，其成虫的体色和体形与蜂非常相似，鞘翅极短，腹部上有橙黄的斑纹，第 1 腹节和第 2 腹节的边缘呈黄色，乍一看宛如细腰状。不仅如此，天牛运动时的动作也很像毒蜂。

花样最多的贝氏拟态昆虫：广泛分布于非洲的一种凤蝶 *Papilio dardanus* Brown 雄虫有燕尾，而雌虫有多型现象。雌虫能模拟斑蝶属 *Danaus* 和 *Amauris* 属的多种斑蝶，呈现出 30 余种不同的贝氏拟态。

2. 模拟蚂蚁的拟态

模拟蚂蚁的拟态也属于模拟动物的拟态，但比较特别，这类拟态又称为拟蚁现象。由于蚂蚁为社会性昆虫，群体庞大，遇危险时，蚁群会集体反击，狂咬敌人，部分个体还能用蚁酸作为化学武器，令捕食者望而却步，所以，蚂蚁的捕食者很少。在自然界中，包括昆虫在内的一些动物，常常模拟蚂蚁，以求避敌。拟态昆虫除了外表似蚂蚁外，行走姿态也跟蚂蚁一模一样，包括模仿蚂蚁的急停和“Z”字形步法，触角不停地在空中摇晃等。例如，巴西的一种天牛 *Euderces pini* Olivier 就是典型的拟蚁昆虫。

3. 模拟植物或物体的拟态

有些昆虫能模拟植物器官或其他无生命物体的形态，呈枝条状、叶片状、刺状、花朵状、鸟屎状等，并与保护色相配合，保护自己，免遭捕食性动物的攻击。这类拟态又称为模仿（mimesis）。

（1）仿枝拟态 竹节虫中的多数种类为仿竹昆虫，其头部几乎与身体等宽，细长而分节明显的身体极似竹枝（图 7-2A）。当它在竹枝上停息时，有时将中、后胸足伸展开，不时微微抖动几下，好像竹枝受到了微风的吹拂。尺蛾的幼虫在树枝上栖息时，以最后 2 对腹足固定于树枝上，身体斜立，体色和姿态酷似枯枝。

（2）仿叶拟态 仿叶拟态的昆虫种类很多，其中著名的是竹节虫目的一些种类，它们的身体和足扩展成叶片状（图 7-2B），停息在植物上时很像植物叶片，故称为“叶子虫”。叶型竹节虫成虫不善飞翔，多生活在热带和亚热带地区，其体色多为绿色或褐色，与所栖息生活环境中的植物叶片颜色相似，不易被天敌发现，因而得以逃避侵害。有的螽斯和螳螂也展现出类似的仿叶拟态。鳞翅目蛱蝶科的枯叶蝶 *Kallima* 和枯叶蛾科的枯叶蛾是仿枯叶的拟态昆虫。枯叶蝶歇息时，翅膀竖立，其形状和颜色都像一片枯树叶，翅上的暗色线纹和圆斑宛如叶脉和叶片的病斑，以假乱真，绝妙无比。枯叶蛾呈枯黄色或橘黄褐色，停息在枯枝上时，翅像屋脊一样盖在腹部背上；前翅顶角尖，好似枯叶的叶尖，自前翅后缘中部有一条纵线伸向前翅顶角，恰似叶片的主脉；边缘呈锯齿状的后翅，一部分从前翅下方伸出，很像枯叶的

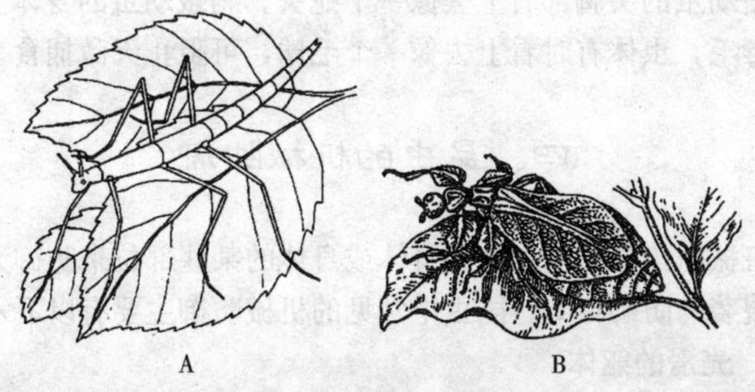

图 7-2 竹节虫的拟态
A. 枝型竹节虫 B. 叶型竹节虫

边缘。

(3) 仿刺拟态　角蝉喜欢在树上生活，它的角不是长在头上，而是由前胸背板延伸而成。不同种类的角蝉，角的式样也有所不同。三刺角蝉的角贴着腹背向后伸出，就像是一根尖刺，与蔷薇的刺一模一样，停在蔷薇枝条上的三刺角蝉让人难辨真伪。高冠角蝉停栖在枝条上时，它头上的那顶“高冠”，很容易让人误以为是一截枯树杈。难以置信的是，当十几头角蝉停栖在同一根枝杈上时，它们还会等距离排开，看上去就如同真正的小树杈一样。用这样逼真的拟态伪装，角蝉就可以轻易地骗过天敌，保存自己。

(4) 仿花拟态　生活在马来西亚热带雨林中的兰花螳螂 *Hymenopus coronatus* Olivier 跟其他螳螂一样，采用守株待兔的方式捕食猎物，但是它的长相酷似淡雅的粉红色兰花，在兰花中栖息狩猎时，不会被猎物或天敌发现。

(5) 仿鸟屎拟态　一些凤蝶的低龄幼虫身体上有淡色斑纹，似鸟屎状。例如，玉带凤蝶 *Papilio polytes* Linnaeus 柑橘上常见害虫之一，其 1～3 龄幼虫均有此类拟态。

(6) 其他拟态　一些天蛾和凤蝶的幼虫或蛹有大大的眼斑。例如，凤蝶 *Papilio troilus* Linnaeus 高龄幼虫的胸部有 1 对大眼斑，使幼虫的头胸部看上去像一个蛇头。刺蛾幼虫的身体上有枝刺和毒毛，虫体有时看上去像一个毛球，可阻止天敌捕食。

四、昆虫的机械防御

机械防御是指昆虫利用身体或身体的某些部位来防御天敌捕食或侵袭的防御行为。昆虫中常见的机械防御主要有以下六类。

1. 光滑的躯体

生活在水生环境中的甲虫（如龙虱、水龟甲等）有流线型和光滑的身躯，不易被捕食者牢牢抓住，逃生机会大增。

2. 鳞片护身

蝴蝶翅上的图案由鳞片构成，其中大多数眼斑被认为是起防御作用的“目标区”，能吸引鸟类等捕食者去捕捉。即使受损，仍不会危及蝴蝶的生命。衣鱼身体上也布满了鳞片，但是这些鳞片容易脱落，被捕食者抓住时，衣鱼可以脱鳞逃跑。

3. 刺毛护身

昆虫身体上的刺和毛在一定程度上能阻止天敌的取食。这些天敌吃到一口的毛时，感觉极差，无暇继续取食猎物，这样一来，后者就赢得了足够的时间，以便将卵产出。有些毛毛虫在化蛹前，将身体上的毛织入蛹的丝茧中，这样，蛹就得到了保护，可免遭天敌的捕食。

4. “假头”护身

灰蝶科的许多种类在后翅内角处有眼斑，形成一个“假头”。翅的这一部分常延伸出小尾突。栖息时，它们的翅合拢，并摩擦引起尾突振动，好像头部的触角在活动。如果捕食者所攻击的目标是“假头”，那么，灰蝶就能逃之夭夭。

5. 以身为战

昆虫中有些种类具有领地行为，在其生活领域内，它们占领特定的空间作为繁殖场所，不准其他昆虫入侵，并将入侵者驱赶出去。领地主人首先采用威武的姿势、特殊的气味、鸣叫等方式，警告来犯的敌人。如果警告无效，双方的对峙就升格为肉搏战，用口器、触角或螯针攻击对手。通常战斗对双方不会造成太大的伤害，弱势的一方往往知趣而退。蟋蟀就常因领地之争而产生攻击行为。雄性锹甲有健硕的体型、特别发达的上颚，看上去十分威武。它们生性勇猛好斗，经常打得四脚朝天（见图 7-3）。蚂蚁也是好战的昆虫，蚂蚁之间的战斗会导致成员的伤亡。两个蚁群势均力敌时，双方会混战成一团，杀得天昏地暗，尸横遍野，一方伤亡惨重，溃不成军，另一方则越战越勇，乘胜追击，捉获俘虏，抢掠食物，然后凯旋而归。

图 7-3　争斗中的雄性锹甲

6. 附肢自断保身

有的昆虫在遭遇危险时，其附肢会自动断裂，从而获得了逃生的机会。

断“足”保身：一些足较长的昆虫，如大蚊、竹节虫、蝗虫等，常常出现断“足”保身的现象。这些昆虫的胸足有一个特点，那就是腿节与转节之间有缝，在遇到危险时，其足自动断裂，然后逃生。许多竹节虫的若虫在断足后，经蜕皮，还能重新长出新的足，只不过再生足比正常足要短一些。但是，竹节虫的成虫断足后，则无法再生新足。

断“尾”保身：衣鱼的尾须有 3 条，长而分节。休息时，衣鱼总是不停地摆动尾须，诱使天敌将注意力集中到尾须上来。当尾须被抓住时，尾须从基部自动断裂，身体可趁机逃脱。

五、昆虫的化学防御

化学防御是指昆虫利用各种化学物质，尤其是有毒化合物，进行防御的行为。昆虫体内的有毒物质包括类固醇、生物碱、斑蝥素、氰化氢、组胺、乙酰胆碱等。这些物质中，有的是昆虫自己合成的，有的则来源于食物。昆虫应用化学防御的方式多种多样，包括口吐弃物、反射性流血、腺体分泌活动等。

1. 口吐弃物

叶甲类、叶蜂类、蝗虫类、蛾类和蝴蝶类的一些种类在遭遇危险时，口吐液体，以阻止天敌的攻击和取食。口吐弃物御敌的行为在蝗虫中极为常见。在英格兰有一种叶甲 *Timarcha tenebricosa* (Fabricius)，跟绝大多数的叶甲不一样，身体没有艳丽的色彩，全为黑色，具金属光泽，无翅，行走缓慢。受攻击或干扰时，便从口中吐出红色液体，故称为流鼻血的甲虫，该红色液体可阻止鸟儿的攻击。澳大利亚桉树上的一种叶蜂 *Perga dorsalis* Leach 属筒腹叶蜂科 Pergidae，其幼虫营聚集生活，一旦受干扰，幼虫腹部翘起来，口吐有毒物质，抗击来敌。

2. 反射性流血

遇到危险或受干扰时，有些昆虫能自动流血，这一现象称为反射性流血。反射性流血现象常见于瓢虫、叶甲、芫菁和萤火虫等甲虫类及叶蜂类昆虫中，一些沫蝉和几种襀翅目昆虫的成虫也会出现此现象。在流血处，表皮有细小的凹陷或缝隙，局部的血压一升高，血就一滴一滴渗出来。流血部位通常位于足的腿节与胫节的交界处，有的昆虫则从腹部或靠近头部的地方流血。反射性流血对小型的捕食者起到防御作用，这跟血液凝固有关。如果蚂蚁的上颚或触角碰到昆虫流出的血液，蚂蚁会停止攻击猎物，赶在血液凝固之前，及时将血液清理干净。有些昆虫的血液中含有取食抑制物质或有强烈的气味，如芫菁和萤火虫的血液分别含有斑蝥素和类固醇化合物（lucibufagins)，所以，它们的反射性流血对很多捕食性天敌都能起到防御作用。具有反射性流血习性的叶甲以亮丽的色彩和色斑作为警戒色，让捕食者敬而远之。一种襀翅目昆虫的成虫流血时，还产生“叭叭”的声响，喷出好几厘米远，这种大量流血方式对捕食者也有一定的震慑作用。

3. 腺体分泌物

有些昆虫身体上有特殊的腺体，能分泌有毒的物质，进而阻止天敌的攻击。

（1）蜂类和蚂蚁的螫针　蜜蜂、胡蜂、泥蜂等蜂类及蚂蚁的螫针由产卵器特化而成，是这些昆虫的自卫器官。据估计，全世界有20 000种蜜蜂、800 种有螫针的其他蜂类和9 000种蚂蚁。

蜜蜂的螫针是由两根坚硬的刺针相互钳合而成的，其基部与毒腺、毒囊相连（图 7 - 4）。蜂王也有螫针和毒腺、毒囊，但不如工蜂那样发达，而雄蜂没有螫针。螫针尖端生有倒钩，螫刺后不易拔出，所以只能使用一次。工蜂螫刺敌人后，螫针及毒囊从其腹部脱落，工蜂随即死亡。蜂毒是一种透明的液体，具有特殊的芳香气味，味苦，呈酸性，其主要活性成分包括蜂毒溶血肽、蜂毒明肽、MCD -多肽、透明质酸酶和磷脂酶 A2 等。人被蜜蜂螫刺后会出现局部反应，如红肿、疼痛等现象。只有受到大量蜂螫，才会引起严重的中毒反应。

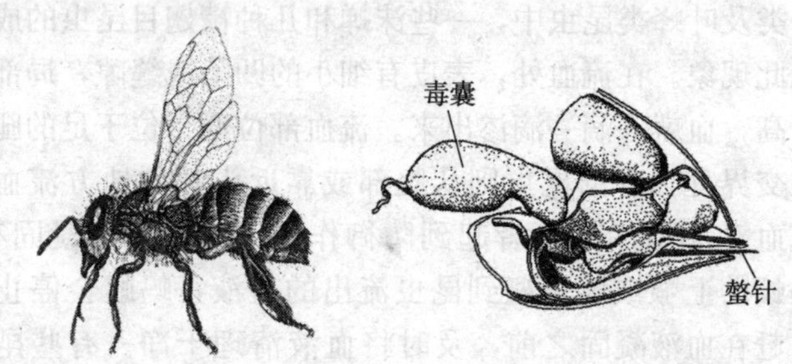

图 7 - 4　蜜蜂工蜂及其腹部的内部结构

胡蜂的螫针尖端没有倒钩，可反复螫刺敌人，但是，每次螫刺时所排出的毒液量比蜜蜂少很多。胡蜂的毒液中含有一种信息素，能吸引和召集其他同伴，共同攻击敌人。

在所有蚂蚁中，入侵红火蚁因极强的攻击性而著名。一旦遭受侵扰，蚁群涌出，快速蜂拥而上。只在受到人类干扰其活动时，入侵红火蚁才叮螫伤人。攻击时，先用上颚咬住皮肤，然后用螯针将毒液注射到人体内，并能更换地方，不断叮蛰，多者可达 7～8 次。红火蚁毒液中含有哌啶类生物碱毒素，此毒素具有局部组织坏死及溶血的特性。4 小时后，被螫处形成水泡状。脓包破掉，易引起细菌感染。体质敏感者则出现过敏性的休克反应，甚至会造成死亡。美国每年有 500 万人被入侵红火蚁咬伤，其中 2.5 万人到医院就医。因此，入侵红火蚁有“杀人蚁”的恶名。人被螫后，应抬高患处并用冰敷或冷敷，用肥皂和水清洗患处，局部涂搽类固醇药膏来缓解搔痒肿胀的症状。严重时应该立即去医院救治，千万不要挠破水疱！

（2）蝽类的臭腺　半翅目蝽科的昆虫俗称“臭蝽”或“臭大姐”，体内有臭腺，其腺体开口位于胸部腹面。用手抓住或触碰臭蝽时，它就会释放有臭味的物质，主要是一些醌类化合物。一旦沾到手上，臭气长久不散。同样的，臭蝽的天敌也会闻味而退。

（3）毛毛虫的毒毛　有些蛾类的幼虫用身上的毒毛作为自卫的武器。例如，刺蛾幼虫的身体上有枝刺和毒毛。毒毛与体内的毒腺相连，当毒毛的尖端折断或毒毛刺进皮肤时，毒液就释放出来了。当毒毛触及皮肤，立即引发红肿，痛辣异常，俗称“洋辣子”、“火辣子”。

（4）叶甲幼虫的腺体　某些叶甲的幼虫也能利用腺体分泌物御敌。例如，在柳叶甲 *Plagiodera versicolora*（Laicharting）幼虫的腺体分泌物中，两种萜烯类化合物（即 chrysomelidial 和 plagiolactone）具有防御作用，而杨叶甲 *Chrysomela populi* Linnaeus 幼虫的腺体分泌物中所含毒物为水杨醛。

（5）凤蝶幼虫的丫腺　某些凤蝶的幼虫在胸部有一个黄色至红色的丫腺。平常丫腺隐藏于体内。当幼虫受到刺激时，丫腺向外翻出，并分泌挥发性的化学物质，具有腐败的味道，对天敌起驱避作用。

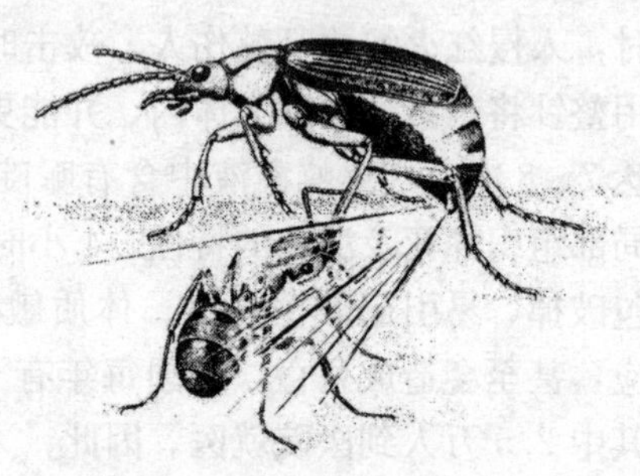
图 7-5　步甲喷射防御物质

（6）步甲的臀腺　步甲的化学防御极为特别，它们以喷射的方式释放防御物质（图 7-5）。步甲的后翅退化，不能飞翔，但行动敏捷。成虫的臀腺能喷射苯醌等防御物质，喷射物跟刚烧开的水一样烫，喷射时还产生“扑扑”的声响，宛如发射“毒气弹”，所以，步甲俗称“放屁虫”。步甲为何能放“毒气弹”呢？原来，它的臀腺由 2 个相连的袋囊组成。前方的一个作为贮藏室；后方的则为反应室，反应室的末端有 2 个喷嘴状的开口，作为臀腺孔。两袋囊的交接处有括约肌，该肌肉收缩时，贮藏室内的物质无法流入反应室。由细胞分泌的对苯二酚和过氧化氢，作为反应底物存放在贮藏室中，而反应所必需的过氧化物酶和过氧化氢酶则由另外的细胞分泌，释放到反应室中。当贮藏室受挤压时，反应底物大量涌入反应室，在酶的催化作用下生成苯醌，并大量释放热能，使反应室中混合物的温度达到水的沸点，其中有 20% 的物质变成蒸气。此时，括约肌收缩，使两室间的通道关闭，反应室的气压迅速升高，苯醌等物质从反应室的喷嘴喷出，喷出方式为脉冲式，其频率可达每秒 500 次，喷速为每秒 20 米。每喷一次有 70 个脉冲。由于喷嘴后面有挡板，步甲能从各个方位发射“毒气弹”。“毒气弹”能有效地防御天敌，使其失明或死亡。

4. 来自同伴的毒物

有些昆虫的雌虫或卵所需的有毒物质来自雄虫。在交配前，雌虫往往选择能献出大量有毒物质的雄虫作为自己的配偶，毒物太少的雄虫只能靠边站，正所谓“无毒不丈夫”。有一种灯蛾 *Utetheisa ornatrix*（Linnaeus）的幼虫取食猪屎豆，从中获得了有毒物质——不饱和吡咯烷生物碱。成虫羽化后，这类毒物转移到了雄虫的精包中，而精包重量约占雄虫体重的10%。交配后，精包进入雌虫的体内，精包内的"毒物"几分钟内传遍雌虫全身，并且还能转移至卵中，由此，雌虫和卵均能免遭蜘蛛等天敌的捕食。同样的，甲虫 *Neopyrochroa flabellata*（Fabricius）雄虫的头腺分泌物中含有斑蝥素。交配时，雄虫以头腺分泌物作为"彩礼"，供雌虫取食，这样，雌虫及其产下的卵不易被天敌捕食。

最毒的昆虫：一种红收获蚁 *Pogonomyrmex maricopa* Wheeler 毒液的LD50为0.12毫克/千克（老鼠静脉注射）。一只2千克重的老鼠如果被该蚁的螯针扎刺12下，就会立即毙命。若人被扎刺一下，则引起剧烈的疼痛，并持续4小时。

六、昆虫的行为防御

昆虫的某些行为能起到避敌或逃生的作用，诸如或静或动、或跑或飞、选择活动时间、集体行动、"父母"看护、聘请"雇佣军"等。

1. 静止不动

昆虫在遭遇危险时，保持身体呈静止状态，有时能躲过天敌的攻击，这是昆虫经常采用的御敌对策。

2. 假死

假死是昆虫的一种本能反应。当昆虫身体受到碰触、振动或其他刺激时，刺激信号传入中枢神经，会激发神经系统的全面抑制，肌肉处于收紧状态，足收拢或身体蜷缩，此时昆虫便会从植物上掉落下来，呈“死亡”状，稍后又恢复常态而离去。例如，金龟子、叩头虫、象甲、叶甲、瓢虫、竹节虫和椿象的成虫以及黏虫的幼虫等均有假死习性。

3. 恫吓

有些昆虫在受到惊扰时，能做出各种威胁姿势或鸣叫来防御，如蝗虫、螳螂、蛾类等昆虫突然展现警戒色，恫吓来敌。

4. 逃遁

许多昆虫采取快速逃跑的方式来躲避敌害。例如，蟑螂尾须上的感觉毛对外界刺激非常敏感，能感受身边移动物体所产生的气压变化，并以每秒 3 米的速度将信号传送到胸部的神经节，在不到 50 毫秒的时间内，蟑螂抬足逃跑。家蝇的逃跑反应也同样敏捷。拍打家蝇时，它能在 30～50 毫秒内，迅速跳起来，并振动翅膀，逃之夭夭。

5. 夜间活动

很多昆虫为夜出性，即夜间活动，白天休息。由于光线不足，这些昆虫不易被天敌发现，幸存的机会大增。

6. 圆圈布阵

在群居动物中常见的圆圈防御也被昆虫所采用。例如，萤叶甲、龟甲、叶蜂和蝇类的一些种类，幼虫在休息或脱皮时常以圆圈布阵法来御敌。幼虫排列成一个圆圈，圆圈中间也有几头幼虫。布阵方式可分成头朝向圈外和头朝向圈内两种类型，视种类而定。天敌前来袭击时，幼虫一致行动，以某种方式驱赶来敌，如舞动上颚、口吐弃物、上翘腹部、反射性流血等。例如，星斑梳龟甲 *Aspidomorpha miliaris*（Fabricius）的幼虫采用头朝内圆圈阵形。幼虫的蜕挂在腹部的末端，蜕内还有黑色的分泌物。一旦有捕食性天敌或寄生性天敌靠近圆圈，幼虫全都翘起腹部，恫吓袭击者。*Perga* 属叶蜂的 1～3 龄幼虫也有圆圈布阵的习性。布阵时老熟幼虫排成圆圈，而低龄幼虫则在圆圈的中间。当低龄幼虫长大后，就从圆圈的中间转移到圆圈的位置，承担起保护其他低龄幼虫的责任。

7. “父母”看护

昆虫“父母”的看护行为给卵或幼虫提供了有效的保护，使其免遭天敌的攻击。例如，椿象、蠼螋、某些蝼蛄等昆虫的雌虫有孵卵护幼习性。还有一些昆虫则具有双亲护幼的习性，过着一夫一妻式的生活，如隐尾蜚蠊科 *Cryptocercidae* 隐尾蠊属 *Cryptocercus* 的食木蜚蠊，幼虫和成虫均取食朽木的黑蜣科 Passalidae 昆虫，以及小蠹虫和蜣螂的部分种类。有一种埋葬甲 *Nicrophorus orbicollis* Say 的雄虫全程参与雌虫的护幼活动，一旦雌虫死亡，雄虫将独自承担起抚养子女的责任。

8. “雇佣军”防御

蚜虫等昆虫与蚂蚁建立了共生关系，前者为蚂蚁提供食料，而蚂蚁则成为“雇佣军”，负责驱赶它们的敌人。有了蚂蚁的保护，它们能过上悠然自得的平安生活。

七、社会性昆虫的防御

白蚁、蚂蚁、蜜蜂等社会性昆虫拥有完备的防御体系。该体系有以下三大特点。

一是群体防御。社会性昆虫组建了自己的“军队”，由兵蚁或职能上负责保卫工作的工蚁或工蜂组成。战斗方式为“虫海战术”，依靠特定的报警信息素和攻击信息素指挥和调配“军队”，使作战有序、高效。群体作战的另一个好处是，即使作战失败了，少数繁殖个体仍有机会逃生，留下“革命”的火种，以求东山再起。

二是巢穴防御。除行军蚁外，社会性昆虫都会建造永久性或半永久性的巢穴，巢穴有重兵把守，固若金汤，宛如坚不可摧的“城堡”。一旦有敌人靠近巢穴，巢群内的成员表现出强烈的护巢行为，群体攻击入侵者。例如，一头胡蜂 *Vespa mandarinia ja-*

ponica Radoszkowski 进入了东方蜜蜂 *Apis cerana japonica* Fabricius 的巢内，立刻就有 500 多头的工蜂围了上来，它们极力振动翅膀，产生大量的热能，使温度升高到 47℃，胡蜂因无法忍受如此高温，很快死掉。

三是社会性昆虫拥有多样化的物理防御和化学防御。在所有社会性昆虫中，以白蚁的防御体系最复杂，其物理防御和化学防御手段极为多样、丰富。白蚁的物理防御包括：①钳咬：兵蚁用上颚咬住敌人。②敲打：歪白蚁 *Capritermes nitobei* Shiraki 兵蚁的上颚左右不对称，挤压上颚产生反弹力，敲打敌人。③堵住：堆砂白蚁属的兵蚁用栓状头紧紧地封住圆柱状的洞口，借以抵御外敌的入侵。④撕裂：有的白蚁具有细长、顶端向内弯曲的上颚，防御时，先用顶端刺，然后撕开伤口。⑤自爆：南美的无兵蚁属 *Anoplotermes* 工蚁强烈收缩肌肉，使腹部爆裂，将入侵者浸没。白蚁的化学防御也有三种类型，其一是叮注，兵蚁先叮咬，再把化学物质涂抹在被咬破的体表伤口上。其二是涂抹，某些鼻白蚁科兵蚁的上唇扩大成短硬的刷，将有毒物涂撒在入侵者的体表上。其三是胶喷，象白蚁科兵蚁在头部的前端有一个小孔，称为囟。从囟孔分泌出的、黏稠的酸性乳液奇臭无比，可以防御蚂蚁、蜘蛛等捕食性天敌的攻击，如台湾乳白蚁的兵蚁就有非常发达的囟（图 7-6）。

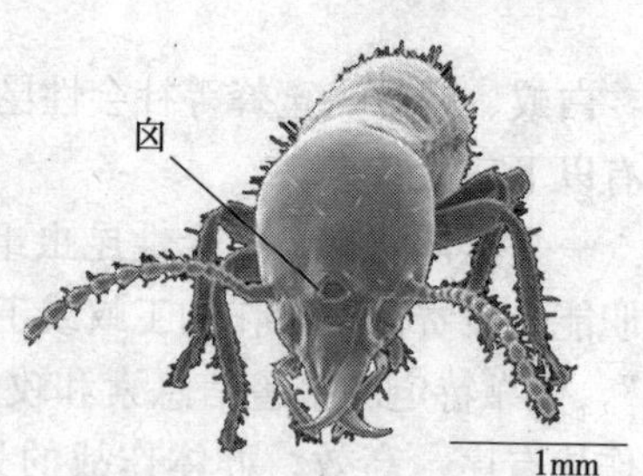

图 7-6　台湾乳白蚁兵蚁头部上的囟

［第八章］

昆虫的信息交流

每种昆虫都有自己的通讯系统以满足各自特定的需要，使同种昆虫个体间在一定空间内协调发展，同时通讯信号对昆虫种间关系也有一定的影响。昆虫的通讯方式主要有视觉通讯、听觉通讯、触觉通讯、化学通讯等。通常，一种昆虫不是孤立地使用某种通讯方式，而是综合地使用两种或两种以上的通讯方式来完成同种个体间通讯或种间通讯。

一、昆虫的触觉通讯

触觉通讯是指昆虫靠身体的互相接触传递信息的通讯方式，只有当同种或不同种的个体相遇时才能发生。

1. 昆虫的触感器

触感器是感受体内外机械刺激的、直接接触的感受器。昆虫中常见的触感器有两类。一类是毛状触感器，其体表部分为毛状突起，感觉神经细胞的端突连接在毛状表皮突的基部，轴突延伸入中枢神经系统内。这类触感器主要分布于昆虫体躯、附肢和翅的表面等。另一类为钟状触感器，其体表部分为下陷薄表皮形成的钟形体或卵形体，直径为 5～30 微米，感觉神经细胞的端突顶接于钟形体或卵形体的下面，轴突延伸入中枢神经系统内。昆虫的附肢、平衡棒和翅基部翅脉上均分布有钟状触感器。

2. 触觉通讯的特点

触觉通讯的优点：瞬时反馈；局部有效；信号接收者为单一个体；在暗处有效，如洞穴、木材内的坑道。

触觉通讯的缺点：长距离无效；昆虫必须保持直接的接触；信号必须重复传递，每一个体才能接收到；振动信号能被捕食者拦截。

3. 昆虫触觉通讯的意义

许多昆虫的视力不好，而且听力也很差，触觉通讯在它们的日常生活中起重要的作用，一方面用于同种个体间的信息交流，另一方面还可用于不同种个体之间的信息交流。

(1) 同种个体间的触觉通讯　蚂蚁和白蚁常常用触角进行触觉通讯（图 8-1)。这两类昆虫的“前后跑”现象十分有趣，前面的一头蚁领着后面的一头蚁向食物源跑，后面的蚁常常用触角轻拍前面的蚁的后足，所传达的信息是“咳，我没有掉队”。如果触角轻拍不再进行，前面的蚁会本能地回头，到处寻找曾经的跟随者，直到找到它为止，并恢复正常的“前后跑”。在寻找跟随者期间，双方都会调整自己的行走速度，逐步缩小相隔的距离，这是一个双向反馈过程。正是触觉通讯或信息素控制了它们的运动速度和路径。

图 8-1　蚂蚁同伴间的触觉通讯

触觉通讯在很多昆虫的求爱过程中起着非常重要的作用。芫菁雄虫用触角轻拍雌虫身体的两侧，若雌虫伸开自己的鞘翅，就意味着雄虫的求爱成功，然后，雄虫爬到雌虫的背上，准备交配。生活在水面上的豉甲能感受水面小波纹产生的触觉信号，由此判断附近其他豉甲所在的位置，避免相互撞在一起，同时也可确定附近有没有捕食者或猎物。有的角蝉使植物组织产生振动，振动所发出的触觉信号能被同一植株上的其他角蝉接收。

蜜蜂生活在漆黑的蜂巢中，只能利用触觉和听觉信号来传递信息。蜜蜂的舞蹈主要是一种触觉通讯。蜜蜂能跳 20 多种舞蹈，其中最常见的是“圆舞”和“摇摆舞”（图 8-2）。蜜蜂以快而短的步伐在同一位置上绕圈，一次向左，一次向右，并重复多次。约经半分钟后，转移到另一位置，重复这种动作，这种蜂舞就是“圆舞”。跳“摇摆舞”时，舞蹈蜂先朝一边绕一狭小的半圆，然后急转弯呈直线爬向起点，再转向另一边绕另一个半圆，随后又沿开始时走过的直线爬行。当舞蹈蜂沿直线爬行时，其腹部向两边极力摆动，同时发出一连串清脆的短音。当一只侦察蜂发现离巢 100 米内有蜜源时，返巢后，它就在巢内的垂直面上跳起“圆舞”，“圆舞”只表明蜜源的距离，但不表明蜜源的方向。如果侦察蜂返巢后所跳的舞蹈为“摇摆舞”，说明蜜源在离巢 100 米以外的地方，同时，“摇摆舞”的舞姿还能表明蜜源的实际距离和具体方位。它是如何做到这一点的呢？原来，侦察蜂借助太阳给蜜源定位。蜂巢与太阳的连线跟蜂巢与蜜源的连线之间有一定的角度。在蜂巢内垂直的巢卑上跳“摇摆舞”时，侦察蜂按此角度偏离垂直线，即可确定摇摆爬行的方向。如果在蜂巢外的水平面上跳“摇摆舞”，侦察蜂沿直线摇摆爬行的方向总是指向蜜源。舞蹈蜂跳“摇摆舞”时，沿直线摇摆爬行的时间决定了蜜源与蜂巢之间的距离，每 1 秒钟代表 1 千米。假如它爬行了 5 秒，那么，蜜源离蜂巢有 5 千米远。巢内的采蜜蜂用触角抚摸正在跳舞的侦察蜂，根据后者所提供的“舞蹈语言”信息，以及振翅发出的"嗡嗡"声，就能够准确无误地找到蜜源。

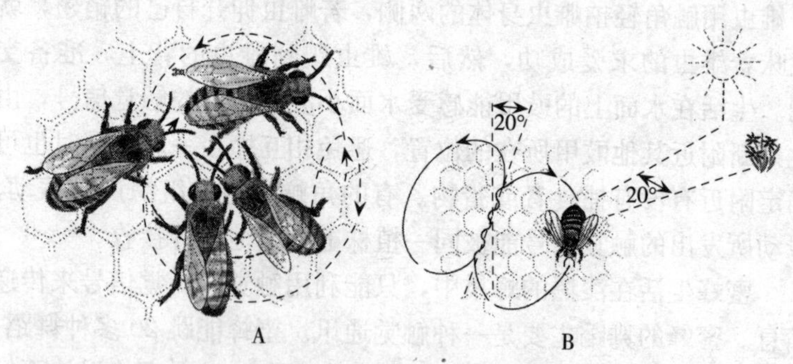

图 8-2 蜜蜂的两种主要舞蹈语言
A. 圆舞 B. 垂直面上的摇摆舞

（2）不同种个体之间的触觉通讯 蚂蚁用其触角拍打蚜虫等同翅目昆虫的腹部，可使对方分泌出自己喜食的蜜露。寄生蜂识别寄主时也会用到触角，触觉通讯在这一过程中起到了重要作用。

二、昆虫的视觉通讯

视觉通讯是以视觉信号作为媒介的通讯方式。此方式在昆虫中普遍存在，而且变化较大。昆虫对外界光的变化做出反应，进行觅食、求偶、定向、休眠、滞育等活动。少数昆虫还能自己发出光，称为发光昆虫。它们所产生的光信号也可被同种昆虫的其他个体或者其他种类的昆虫接收。发光昆虫的视觉通讯主要用于求偶、觅食和防御。

1. 昆虫的视觉器官

昆虫的视觉通讯是由位于头部的复眼和单眼来完成的。除一些低等昆虫、穴居昆虫及寄生性昆虫复眼常退化或消失外，昆虫的成虫和不全变态类的若虫一般都有 1 对复眼，头顶上还有 1～3

个背单眼。全变态类的幼虫则在头部的两侧各有1～7个侧单眼。

复眼：多数昆虫的复眼呈圆形、卵圆形或肾形。复眼由若干个小眼组成，小眼表面的部分称为小眼面，一般呈六角形。每个复眼内小眼的数目随昆虫种类而异。例如，有一种蚂蚁的工蚁只有一个小眼，丽蝇和龙虱分别有4 000和9 000多个小眼，蝴蝶有1.2万～1.7万个小眼，蜻蜓则有1万～2.8万个小眼。每个小眼好似一个小凸透镜。小眼表面为一个角膜镜，角膜镜的下面连接着圆锥形的晶体。角膜镜和晶体均有透光和聚光的作用。晶体下连着具有感光作用的、由视觉细胞围成的视觉柱，视觉细胞下边连接着视觉神经。小眼与小眼之间有暗色色素细胞相隔。

背单眼：其特点是没有晶体，角膜镜下面为一层透明的角膜细胞，再下面一层为几个或几百个视杆细胞群。在视杆之间和透镜的边缘通常围有色素细胞。

侧单眼：其构造多异，叶蜂幼虫和一些甲虫幼虫侧单眼的构造与成虫背单眼很相似，而鳞翅目幼虫侧单眼的构造类似于复眼中的小眼。

昆虫之最

拥有小眼最多的昆虫： 仲秋蜻蜓 *Sympetrum frequens* (Selys) 每只复眼有近10万只小眼。

2. 昆虫的视觉特点

复眼是昆虫的主要视觉器官。昆虫依靠复眼来分辨物体，特别是运动着的物体。背单眼不能成像，只能感受光线的强弱，能提高复眼的感光能力，对昆虫的飞行产生定位作用。侧单眼也只能感光和识别颜色，幼虫通过头部晃动来获得一个粗糙的影像。

（1）复眼的成像方式　昆虫的复眼有两种成像方式。昼出性昆虫小眼的晶体下端直接与视杆相连，视杆比较短，只接收射入本小眼内的光点，其他斜射光均被视杆四周的色素细胞所吸收，所有小眼光点并列镶嵌成像，称为并列像。夜出性昆虫小眼的视杆与晶体间有一段纤维状透明介质。视杆不仅能感受到通过本身小眼面的光线，还能同时感受到邻近小眼面折射过来的、来自同一光点的光线，物像由重叠光点构成，称为重叠像。对于兼有昼出性和夜出性的昆虫，其小眼的内部结构与夜出性昆虫相同，但色素细胞内的色素颗粒可随光线的强弱移动。当光线变弱时，色素向前移动，使各小眼的晶体后端没有色素相隔离，能充分利用有限的光量形成重叠像；当光线变强时，部分色素向后移动，每一小眼只能感受到其所属小眼面的光线，这样形成并列像。

（2）复眼的视力　昆虫的复眼无调焦能力，只能分辨近物，其视力约为人眼的1/80～1/60。不同种类昆虫的视力各不相同，蜜蜂和家蝇分别为0.4～0.6米和0.4～0.7米，蝶类为1～1.5米，蜻蜓为5～6米。一般而言，小眼数目越多，复眼造像越清晰，分辨力越高，其视力也越好。大多数昆虫，尤其是捕食性昆虫对于运动物体的反应非常敏捷。例如，蜜蜂对突然出现的物体，仅需0.01秒就能作出反应，而人眼需要0.05秒才能看清轮廓。

（3）复眼的色觉　昆虫的复眼可感受的光谱范围为240（紫外光）～700（黄、橙色）纳米，而人眼能感受到的光波波长大约为400～800纳米。不同种类昆虫之间感光范围存在差异。一般昆虫不能感受红色，但是蝴蝶能看见红色。蜜蜂不能区分橙红色与绿色；荨麻蛱蝶看不见绿色和黄绿色。蚂蚁、蜜蜂、果蝇和多种蛾类都能看见紫外光。有些夜蛾不能区别绿色，而金龟子不能区别绿色的深浅。

（4）复眼对图案的识别　蜜蜂的复眼能区分“×”、“□”、“//”和“Y”，但无法辨别圆形、方形、三角形和斜形带纹，只能把这4种图案同前面的4种分别开来。蜜蜂还能通过学习，提高对图案的识别能力。

（5）昆虫复眼的视野　多数昆虫复眼的视野比人眼开阔。蜻蜓目昆虫复眼的视野可达到 350°，而人眼的视野只有 180°。通常，捕食性昆虫的复眼明显凸出，其视野非常宽广。例如，螳螂是能扭头看后方的几类昆虫之一，其复眼的水平视野和垂直视野分别为 240°和 360°。所有昆虫中，豉甲和突眼蝇的复眼比较特别。豉甲生活在水面上，其复眼分为上、下两部分，成为“四眼”昆虫，因而，在猎食时既能发现水面的目标，又能发现水中的目标。突眼蝇的复眼长在头部两侧突出的眼柄上，水平和垂直的视野均达 360°，眼观六路，名副其实。蜻蜓目昆虫的稚虫探测猎物目标的方式与众不同，它们的下唇特化成可屈伸的面罩。不用时，面罩折叠于头、胸部之下；捕猎时，面罩突然向前伸出，用 1 对位于末端的活动钩子迅速钳住猎物。在捕猎的过程中，稚虫采用三角测量的方法，准确判定猎物是否已经进入攻击范围。它的两只复眼的视觉刚好交汇于面罩伸出后两钩子相合时的那一点。猎物进入此交叉点后，就清清楚楚地呈现在稚虫的面前（图 8-3）。

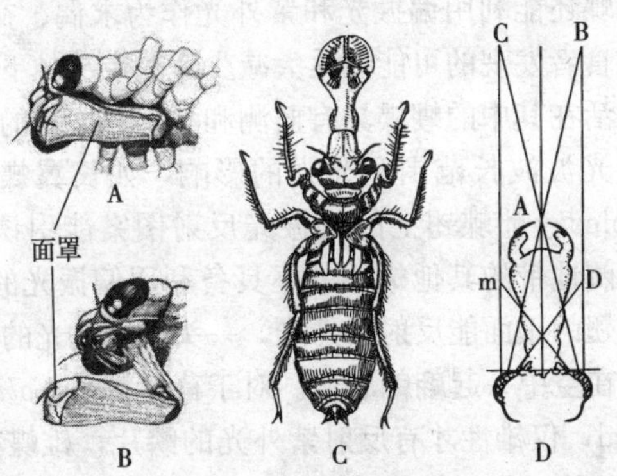

图 8-3　蜻蜓稚虫的捕猎方式

A. ～C. 面罩的伸出过程　D. 三角测量

3. 视觉通讯的特点

视觉通讯的优点：长距离有效；能在运动中接收信号；速度

快，以光速传送；全方位有效，不受风的影响；为被动信号，不耗能。

视觉通讯的缺点：要求视野清晰；视觉可能被捕食者拦截；仅在白天有效，但发光昆虫在夜间有效，发光是主动信号，需耗能。

4. 昆虫视觉通讯的意义

（1）同类识别和求偶　身上的眼斑和彩色图案是一种“免费广告”。在白天，这些被动信号在可视的范围内非常有效。视觉在许多昆虫的求爱行为中起着重要的作用。一些蜉蝣目、毛翅目、双翅目的雌虫通过视觉可以被吸引到上下飞舞的雄虫群体中。蝴蝶以“舞蹈语言”求偶，雄性蝴蝶靠视觉判别近距离飞舞的雌性蝴蝶。在野外常看到一对对蝴蝶在空中比翼飞舞，当雄蝶接近雌蝶时，雄蝶一边半开着翅膀，围绕着雌蝶做着半圆形飞舞，一边向雌蝶表示爱慕之情。飞舞几圈以后，雌蝶就会用自己的触角去抚摸雄蝶的翅缘，表示接受了雄蝶的求爱。

有些蝴蝶还能利用偏振光和紫外光作为求偶、交配的信号，这样，被捕食者发现的可能性大大减少。热带丛林下层环境中光线很弱，生活在其中的蝴蝶具有监测和利用偏振光的能力，它们的视觉不受光波波长范围和光强的影响，如长翼蝶 *Heliconius cydno* Doubleday 雌蝶翅上的偏振光反射图案能引诱雄性蝴蝶，而生活在开阔地带的其他蝴蝶就不具备利用偏振光的这种能力。雌性菜粉蝶翅的正面能反射紫外光，一头闪闪发光的雌蝶可吸引几头雄蝶，在空中一起翩翩起舞。对于苜蓿粉蝶 *Colias eurytheme* Boisduval，仅雄性才有反射紫外光的鳞片，雄蝶在雌蝶面前展现闪亮的舞姿，期盼获得雌蝶的芳心。年老的雄性因鳞片的脱落，产生紫外光的能力减弱，往日的魅力已荡然无存。

（2）觅食和飞行定位　蝴蝶的觅食活动、产卵场所的选择和迁飞都要依赖视觉信号。蝶类在花丛中飞舞、选择花朵时，不是靠花朵的外形来分辨，而是从花朵的颜色来决定的。著名的君主斑蝶迁飞时，利用太阳来定位，当太阳落山后，则以偏振光定位。同样的，蜜蜂觅食回巢时，在阴天利用天空中反射的偏振光来确定方位，在晴天则利用太阳定位。

（3）防御 许多昆虫利用保护色、拟态、警戒色等欺骗或威吓捕食者。昆虫的色彩防御正是利用了视觉通讯对异种生物的影响。例如，雄性蝗虫的后翅有艳丽的色彩，一方面在短距离飞行中，展开的后翅能吸引雌性蝗虫，另一方面在遇敌时，突然闪现后翅的色块，可阻止天敌的攻击，从而赢得逃跑的时间。

5. 发光昆虫的视觉通讯

昆虫的发光有两种类型：一类是由于发光细菌的存在，如很多鳞翅目幼虫的发光；另一类是昆虫自身的发光，通常所说的发光昆虫即指此类。自身发光的昆虫隶属于弹尾目、同翅目、鞘翅目和双翅目，其中以鞘翅目种类最多。常见的有萤科 Lampyridae、光萤科 Phengodidae 和叩头甲科 Elateridae 昆虫（图 8-4）。萤科昆虫分布很广，全世界有2 000多种，其中很多种类能发光。成虫和幼虫均为捕食性。各个虫态都可以发光。成虫的发光器官在腹部腹面，雄性通常 2 节，雌性仅 1 节。发光波长为 538～582 纳米。不同种类萤火虫发光的颜色和亮度有所不同，如纹萤的光偏黄绿色，强度较弱；黄胸黑翅萤的萤光为黄色，强度较强。光萤科昆虫仅发现于美洲，雄性成虫有翅，雌性成虫则无翅，其体态呈幼虫状。发光虫态只限于雌性成虫和幼虫，其发光器官位于胸节和腹节背面，呈点状或带状。点状发光器官发光时如同夜间行驶的火车窗口，所以，本科昆虫被称为“铁路虫”。叩头虫科有 3 个属（即 *Py-*

图 8-4 夜幕下闪闪发光的萤火虫

rophorus、*Photophorus* 和 *Campyloxenus*）的昆虫能发光，其光波波长为 534～592 纳米。有些叩头虫的发光器官位于前胸背板后侧角，呈卵圆型点状，发出淡绿色光；有的则位于第 1 腹节，为心型发光器官，仅在飞行或鞘翅展开时才能被看见，所发光为橙色。

昆虫之最

发光最亮的昆虫：一种叩头甲 *pyrophorus noctilucus* Linnaeus 所发光的亮度为 45 毫郎伯。在夜间，将该虫靠近书本，人们就能看清书中的内容。

（1）昆虫的发光机制　发光昆虫为何能发光呢？发光昆虫所发出的光来自发光部位的许许多多的发光细胞。在发光细胞周围密布着小气管和密密麻麻的纤细神经分支，发光细胞的下面是反光层。发光过程是发光细胞内的一系列化学反应结果，可分成三步：第一步，荧光素和三磷酸腺苷（ATP）在荧光酶和 2 价镁离子的催化作用下，产生腺苷酰荧光素。第二步，腺苷酰荧光素和氧气发生氧化反应，产生激发态的氧化荧光素和一磷酸腺苷。第三步，激发态的氧化荧光素回到基态，并发出荧光。氧化荧光素在 ATP 提供能量的情况下，又被还原成荧光素，使得发光过程得以周而复始。发光昆虫所产生的荧光是一种冷光，发光反应释放的热量极少，其发光效率高达 95%，远高于其他发光系统，如太阳的发光效率仅为 35%左右。

有关发光反应的控制机理尚未完全了解，目前科学家们提出了多种理论。氧气控制理论基于通过控制发光细胞的氧气供给，来完成发光和不发光的切换。神经激活理论假设荧光虫具有一个神经控制结构叫做微气管末梢细胞，该结构在刺激下会在发光细胞中释放出神经信使分子，这个分子启动了化学反应的激活。最近的研究表明，氧气的供应由一氧化氮调控。

（2）昆虫发光的意义　发光昆虫的视觉通讯依赖于自身发出的萤光。萤光信号是一种主动信号，需要消耗能量，可在相对较远的距离发挥作用，而普通昆虫的视觉通讯只在近距离才有效。但是，发光昆虫的视觉通讯需要在夜间进行，白天就失灵了。这就是为什么夜行性萤火虫才拥有精确、复杂的闪光信号及交流系统，昼行性萤火虫则基本丧失了闪光交流能力。发光昆虫在受到刺激或交配求偶时发光，有时则在捕食猎物或遇敌时才发光。昆虫的发光主要有以下 3 个方面的意义。

昆虫发光的第一个作用是防御。同普通昆虫相比，发光昆虫看似被捕食的危险增加了，但是这些昆虫的味道不好，有的含有防御性类固醇，所以，发光对天敌具有警戒作用。发光昆虫突然发光时，有时可能会吓跑捕食者。另外，有些昆虫的发光还会起到报警的作用。萤火虫幼虫的发光被认为具有警戒、恫吓天敌的作用。

昆虫发光的第二个作用是求偶。在发光器的形状、光谱组成、发光时间和频率、萤光闪烁模式，以及发光轨迹等方面，每种萤火虫都有其特异性，一般只有同种的萤火虫才能相互辨认对方所发出的萤光信号。对成虫而言，萤光信号往往就是求偶的信号。利用特异性萤光信号，它们能准确地确定异性的位置，并找到满意的配偶。有的是雌性常静止或不动，并发出特异性信号吸引雄性；有的是雄性常在空中飞行过程中发出特异性的闪光信号，而雌性也以特定的信号应答于雄性，并将雄性吸引过来。萤火虫所发出的每一组闪光信号是由几个节奏组成的，每个节奏所含的信息包括闪光的次数、闪光的频率和每次闪光的时间。例如，*Photinus pyralis*（Linnaeus）雄性每次闪光为单一的“J”形光带，而雌性则每 2 秒钟闪 1 次；*Photinus consimilis* Green 雄性的每一组闪光信号由 3～5 个短光带组成，而雌性的每组信号有 2 个光带。闪光较快、较亮的雄性萤火虫对雌性才有较强的吸引力。“假的”闪光信号、月光和星光的反射都可能干扰闪光信号的交流，因此，很强的月光会限制一些萤火虫的夜间交配活动。

昆虫发光的另一个重要作用是诱捕猎物。多数萤火虫成虫不取食或仅食花粉及露水等，而 *Photuris* 属的雌性成虫例外，它们捕食近缘的萤火虫。这些雌性成虫能模拟 *Photinus* 属雌性成虫的闪光密码，吸引后者雄性成虫，并将其吃掉，从中获得名为 lucibufagins 的类固醇，作为防御性化学物质。在新西兰和澳大利亚的天然溶洞中生活着一类能发光的奇特昆虫，它们隶属于双翅目蕈蚊科 Mycetophilidae 萤火蚋属 *Arachnocampa*。常见的一种是发光蕈柄蚊 *Arachnocampa luminosa*（Skuse）。成虫外形似大型蚊子，但口器退化。成虫的唯一功能就是繁衍后代。每头雌虫大约能产 130 粒卵。20 天后幼虫孵出，老熟幼虫体长 3 厘米左右，6～9 个月后幼虫化蛹。再过 13 天，成虫羽化，完成一个生命周期。幼虫在溶洞顶上吐丝做巢，每个巢的周围垂挂有丝线，多达 70 根，每根丝线长约 30～40 厘米，丝线上有一串串的黏性液珠。夜幕降临，幼虫的尾部发出蓝绿光，蠓类、蜉蝣、石蛾、蚊虫等具有趋光习性的小型昆虫被引诱过来。一旦有猎物落入由丝线构成的天网陷阱，发光蕈柄蚊幼虫就将粘有猎物的丝线快速卷起，并分泌黏液将猎物粘住，然后将其吃掉。幼虫对光和干扰非常敏感。一旦受扰，就马上返回巢内，停止发光。发光蕈柄蚊要求无风、阴暗、潮湿的环境条件。因为风会使垂挂的丝线缠绕在一起，所以，发光蕈柄蚊一般栖息于天然溶洞和雨林深处等特殊环境中。

三、昆虫的声通讯

声通讯是以音频信号作为媒介的通讯方式。声通讯是昆虫的一种“语言”形式。昆虫不能用嘴发出声音来，但能充分运用身体上的各种器官来发音。昆虫的头部没有耳朵，但是，其身体上却有极为敏感的听觉器官。昆虫的特殊发音手段与听觉器官密切配合，就形成了传递同种之间各种“代号”的声音通讯系统。

1. **昆虫的发音**

在昆虫的34个目中，有16个目的昆虫能发出声音。不但成虫能发音，有些幼虫，甚至蛹也能发音。按发音方式可将发音昆虫分成三大类：一类是具有特殊发音器的昆虫；另一类是靠碰击发音的昆虫；还有一类是因自身活动而发音的昆虫。

（1）特殊的发音器　有些昆虫的发音器为鼓膜发音器，即依靠膜振动发音。仅为同翅目、半翅目、鳞翅目的部分种类所具有，是昆虫中效率最高的发音方式。雄性蝉能鸣叫，其鼓膜发音器位于第1腹节的两侧。该发音器有大小两室。大室内有褶膜与镜膜，小室位于体的内侧，内有鼓膜，当昆虫体内壁的肌肉收缩，鼓膜便振动、发音，加之镜膜的协助和共鸣室的反响，声音就分外响亮了。夜蛾总科、燕蛾科、天蛾科等蛾类的鼓膜发音器能产生超声波，例如，灯蛾的鼓膜发音器在后胸两侧，为薄几丁质膜状的皱缩条纹区域。灯蛾侦察到蝙蝠的回声定位信号后，鼓膜表面的胸骨肌肉收缩和松弛使发音器产生一连串相似的滴答声，最大波频率可达30～80千赫。

另一些昆虫的发音器则靠摩擦发音，即发音器的两部分相互摩擦而发音。这类发音方式普遍存在于昆虫中，如蟋蟀、螽斯、蝼蛄、蝗虫、猎蝽、蝽类的发音等均属此类。能摩擦发音的发音器多种多样，随昆虫的类别而异。

翅与翅的摩擦发音：蟋蟀和螽斯中只有雄性个体才能发音，其声音来自翅与翅的摩擦。它们的发音器由前翅上的音锉和刮器组成。在前翅反面的基部，有一条肘脉特化而成齿脉。齿脉上排列着许多锯齿，这就是音锉。前翅后缘有角质化的突起部分，作为刮器。前翅有两个大的翅室，较大的一个呈竖琴状，较小的为发音镜，均起共振器的作用。通常两前翅翘起，与虫体呈一定的角度，通过前翅张开、闭合，使音锉与刮器摩擦，从而使翅振动，再经过放大与共鸣，悦耳的鸣声就产生了。蟋蟀的左右前翅均有发育良好的音锉。不过，大多数情况下只使用右音锉，即右前翅的音锉与左前翅的刮器摩擦发音（图 8-5A，B)。蟋蟀的鸣声通常是相当纯的律音，频率范围 30～50 千赫，主能峰在 4～5 千赫，第二峰约 14 千赫。螽斯则刚好相反，发音时用的是左前翅的音锉和右前翅的刮器（图 8-5C)。螽斯的声音大都在前翅闭合运动时发出。不过，有些品种在前翅开启时也发音。螽斯的鸣声频率一般从几百赫兹到 110 千赫，但主能峰则随种类而异。例如，一种草螽的主能峰在 30～52 千赫附近；硕螽的主能峰在 10～20 千赫之间。由于蟋蟀和螽斯的不同种类在音锉的形状和大小、音齿的数目和排列、发音时双翅的开合角度和程度等方面都有差异，因而所发出的声音也各不相同。例如，迷卡斗蟋 *Velarifictorus micado*（Sausure）鸣声清澈嘹亮，声如“Ju，Ju，Ju，…”，长达几十分钟。黄脸油葫芦 *Teleogryllus emma*（Ohmschi & Matsumura）鸣声委婉动听，带颤音，声如“Ji，Lu，Lu，……”。此外，翅的厚薄和振动速度也影响鸣声的节奏和高低。通过改变音锉与刮器的摩擦角度、轻重程度和摩擦频率，它们就能发出不同含义的鸣声。

后足与前翅的摩擦发音：多数蝗虫采用此方式发音。蝗虫后足腿节的内侧表面有音锉，由一串小齿构成。后足上下有节奏地抖动时，音锉跟前翅上隆起的中径脉摩擦而发出“嚓啦、嚓啦”的响声。

腹部与后翅的摩擦发音：黑蜣科 Passalidae 成虫能以此方式发音。

结节与锤部的摩擦发音：红蚁属 *Myrmica* 蚂蚁的第 2 结节有一个刮器，而锤部的前方有音锉。

喙与胸部的摩擦发音：猎蝽科 Reduviidae 昆虫的喙有 3 节，不用时，其端部放置在前胸腹面的一条纵沟中。喙的端部还可作为刮器，与前胸腹面的纵沟摩擦发出吱吱的声音。

幼虫足与足的摩擦发音：锹甲科 Lucanidae 和黑蜣科 Passal-

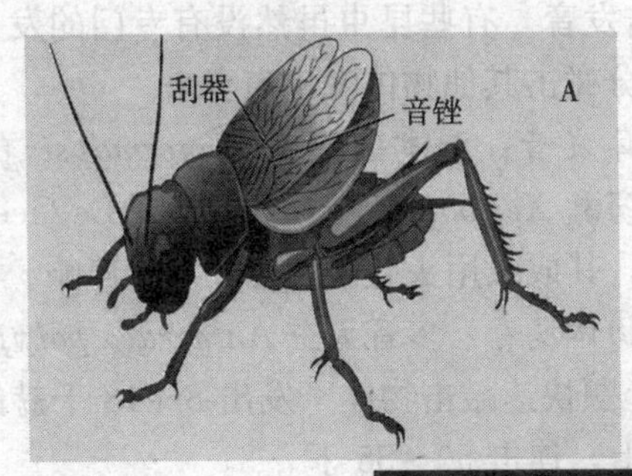

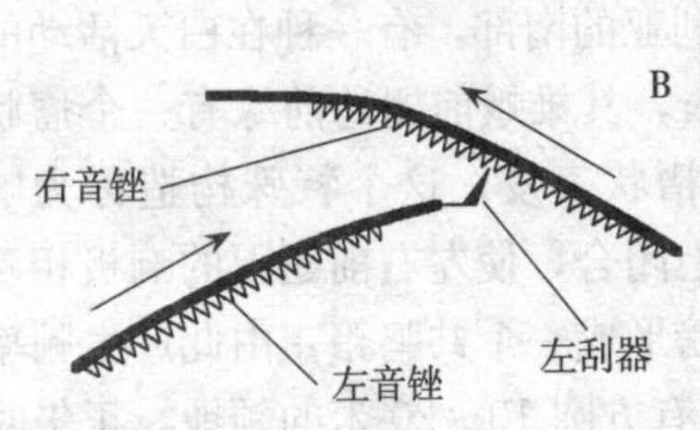

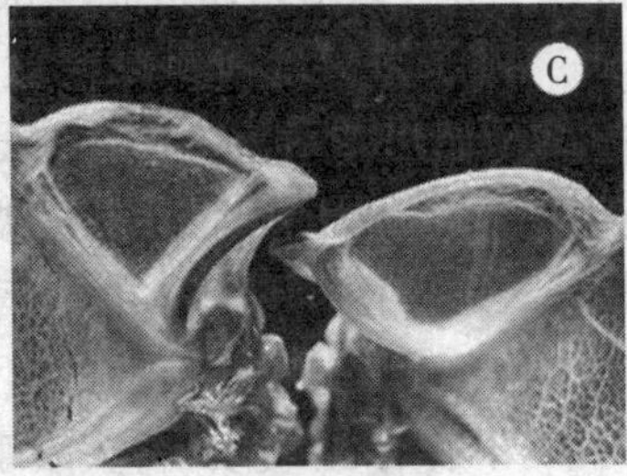

图 8-5　蟋蟀和螽斯的发音器

A、B. 蟋蟀以右前翅的音锉与左前翅的刮器摩擦发音

C. 螽斯用左前翅的音锉和右前翅的刮器摩擦发音

idae 的幼虫采用这一方式。如锹甲 *Lucanus cervus* Linnaeus 幼虫中足基节和后足转节分别有音锉和刮器，摩擦所发出的声音高达 11 千赫，每次发音持续 1 秒钟左右。

体表乳突与体壁的摩擦发音：灰蝶科 Lycaenidae 的幼虫与蚂蚁建立了共生关系。这些幼虫的体表上有能振动的乳突。乳突与幼虫体壁摩擦后，产生吱吱声或咕哝声，蚂蚁闻声便来。

昆虫之最

叫声最响的昆虫：非洲蝉 *Brevisana brevis* 发出召唤声时，在 50 厘米远处的声响高达 106.7 分贝。

（2）碰击发音　有些昆虫虽然没有专门的发音器，但能以身体的某一部分碰击其他物体发出声音来。

头碰击物体发音：湿木白蚁属 *Zootermopsis* 的兵蚁用头碰击蚁道。红毛窃蠹 *Xestobium rufovillosum* De Geer 生活在一些死的硬木树中，其成虫用头碰击坑道，发出声响。

上颚碰击物体发音：多音天蚕 *Antheraea polyphemus*（Cramer）幼虫用上颚快速敲击物体，发出 8～18 千赫的声响，每次持续 1 分钟以上，连击 50～55 下。

前翅碰击发音：在西澳大利亚的南部，有一种在白天活动的夜蛾 *Hecatesia exultans* Walker，其雄蛾前翅的前缘有一个瘤状突起物，其周围是柔韧的、皱褶状表皮，这个特殊构造称为响板。雄蛾飞行时，翅膀在体背上闭合，使左右前翅上的响板相互碰击，发出声响，闭合后的翅膀形成一个共鸣箱，由此产生频率为 30 千赫的超声波。每头雄蛾有方圆 10～20 米的领地，正午时分，雄蛾不时在空中飞行和鸣叫，引诱雌蛾。

腹部碰击物体发音：襀翅目昆虫求偶时，雌虫和雄虫均以腹部碰击物体发出的声音来相互交流。蚂蚁没有耳朵，但能用足来感受振动，如木蚁在蚁巢受干扰时，用其上颚和锤部碰撞蚁巢的内壁，每 50 毫秒发出 7 次撞击音。

（3）特殊部位的发音　有的昆虫尽管没有发音器，但在飞行、求偶、取食等过程中也会产生声响。

喙管发音：赭带鬼脸天蛾 *Acherontia atropos*（Linnaeus）喙管的基部内有一个内唇。喙管吸气时，内唇振动，气流达到咽底时，空气受阻而旋转，产生低频率的鸣声。喙管呼气时，内唇收起，发出较高频率的尖声。

腹部气门发音：马达加斯加发音大蠊 *Gromphadorhina portentosa* Schaum 成虫没有翅，体长 5～8 厘米。在求偶、受干扰或被攻击时，由第 2 腹节的气门发音，而其他腹节的气门均关闭。从 4 龄若虫起，所有个体均能在受干扰时发出声音，但只有雄性成虫在受到其他雄性成虫的挑衅时，才会发出战斗声。

声音来自鞘翅下：南美洲东北部的泰坦大天牛 *Titanus giganteus* Linnaeus 体长近 17 厘米，是全世界最大的天牛。在遭遇危险时，鞘翅下的空气被挤压出来，产生很大的响声，警告来敌。

振翅发音：昆虫飞翔时，翅的拍打、胸部骨片的振动以及左右翅互相拍击都会产生声音。昆虫振翅足够频繁，就会产生出一定高低的音调来。不同种类的昆虫飞行时的翅振频率有明显的差异。例如，携带着蜂蜜飞行的蜜蜂为 330 赫兹，蚊虫约 600 赫兹，家蝇为 147～220 赫兹，而蝶类一般在 7～13 赫兹，所以，我们只能听到蜜蜂、蚊和蝇的嗡嗡声，而听不到蝴蝶的飞行声。

2. 昆虫的听觉器

昆虫的听觉器是昆虫感受声波刺激的感受器，它们就是昆虫的“耳朵”。昆虫用不同类型的听觉器接收同种昆虫个体或异种所发出的各类音频信号，判别发音者的状态，并做出相应的反应。昆虫虽然不能区分音质，但它们可根据声音的频率和强度辨别不同的声音信号。昆虫对音频的感受范围比人要广，昆虫为 20～80 000赫兹，而人耳能听到的音频在 20～20 000赫兹。

昆虫的听觉器在虫体上的部位随种类而异。从内部结构上，可将所有昆虫的听觉器分成三种类型：听觉毛、江氏器和鼓膜听器。听觉毛是一种毛状触感器，是最简单的听觉器，其构造很简单，内部只有一个神经细胞与毛窝膜连接，当刚毛受到空气振动或压力而弯曲时，毛窝膜通过神经细胞将信号传至中枢神经，从而做出相应的反应。听觉毛所能感受的最适音波频率 400～1 500 赫兹。江氏器是昆虫触角梗节中较常见的一种弦音感器，如埃及伊蚊的雄蚊常用江氏器感受 400～650 赫兹的音频。鼓膜听器是普遍存在于发音昆虫中的一种弦音感器，由薄表皮形成的鼓膜、内气囊和具橛感器（1～1 000个以上）构成。

（1）触角上的“耳朵” 江氏器位于触角梗节。多数昆虫用它控制触角的方位和活动，但雄蚊和豉甲的江氏器成为了听觉器。雄性按蚊的江氏器约有 3 万个感觉细胞，对 350～550 赫兹低频率声波的反应最为灵敏，其灵敏度可与人耳朵媲美。婚飞时，雄性伊蚊靠江氏器寻找配偶，它能听到相距 36 米远的雌性伊蚊所发出的声音，并且能同时探测几个目标。

（2）前足上的“耳朵” 螽斯和蟋蟀的鼓膜听器位于前足胫节（图 8-6）。螽斯的鼓膜听器大约有 30 个感觉细胞，对 100 千赫以内的所有声音都有反应，但最敏感的频率范围则随种类而异。蟋蟀的鼓膜听器内的感觉细胞有 70 个左右，其中低频感受器对 4～5 千赫的声音敏感，而高频感受器能感受 10～15 千赫的声音。

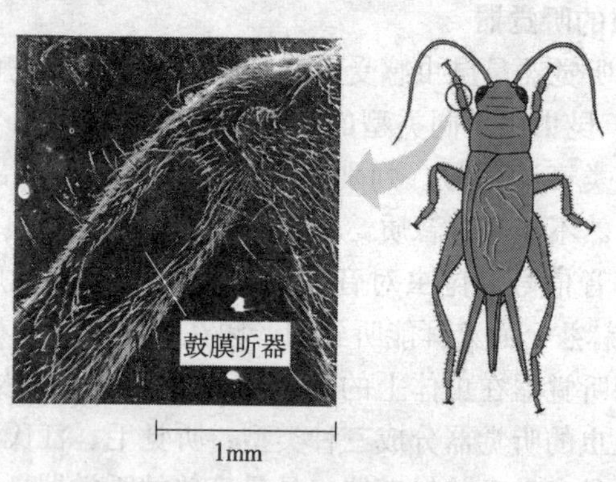

图 8-6 蟋蟀的鼓膜听器

（3）胸部上的“耳朵” 蛾类的鼓膜听器大多有一个椭圆形或圆形的鼓膜，鼓膜与内部的气囊或导管相连，听觉细胞与鼓膜或一个中间鼓膜相连。夜蛾科、舟蛾科和灯蛾科的鼓膜听器位于后胸侧表面，其鼓膜是胸部骨骼部分表皮形成的薄膜，对 20～50 千赫的高频声音反应最为灵敏，能识别食虫蝙蝠的回声定位信号。

（4）腹部上的“耳朵” 蝗虫的鼓膜听器位于第 1 腹节的两

侧，内有 60～80 个感觉细胞，直接与鼓膜相接触，整束鼓神经对 200～50 000赫兹的声音刺激都有反应。尺蛾总科、螟蛾总科和钩蛾科的鼓膜听器也位于第一腹节，其听觉的频率范围至少达到 100 千赫。蝉的鼓膜听器位于第 1 腹节的腹面，由较厚的鼓膜和1 500个具橛感器组成，但这些具橛感器像丝一样延长，所能感受到的声波非常有限，因此，其听力很差。

（5）嘴上的“耳朵”　天蛾科的某些种类具有感受超声波的听器。它们的听器由中空状的下唇须和位于喙两边的侧唇片组成，或者位于鳞片状的下唇须上，最敏感的频率在 20～30 千赫之间。

3. 声通讯的特点

声通讯的优点：不受环境障碍的限制；长距离有效，声信号能拐弯；信号变化快、变化大，故信息量大。

声通讯的缺点：信号发送者的位置有可能暴露给捕食者；在嘈杂的环境中无效，如海边；信号的产生可能耗能较多；远离发送者时，信号迅速衰弱。

4. 昆虫声通讯的意义

在直翅目、同翅目、半翅目、双翅目、鳞翅目等昆虫中，声通讯在它们的生殖活动、聚集、防御天敌、地域性活动中起着重要作用。

（1）求偶　鸣声是发音昆虫求偶的主要手段之一。两性个体都能发音的昆虫求偶时，雄虫和雌虫利用声信号来相互交流。有些昆虫的雌雄互动过程非常有趣。例如，襀翅目昆虫的雌虫一生只交配一次。在交配前的求偶过程中，雄虫和雌虫利用腹部碰击物体发出的声音来相互交流。对于雄虫的求爱声，雌虫给出应答声。每一次应答后，雄虫就靠近雌虫一点。经过多次交流，雄虫和雌虫终于相见和交配。交配完毕，雌虫对所有雄虫不再产生应答反应。再例如，褐色雏蝗 *Chorthippus brunneus*（Thunberg）雌虫听到雄虫鸣叫时，也发出类似于雄虫的鸣声，以示应答。之后，雌雄两性相向移动。当移至近距离时，它们便停止鸣叫，并相互搜索。直到雄虫看到雌虫时，再发出求爱的鸣声。在求偶鸣叫期间，雄性还做跳跃运动，最后跳到雌虫身体上，试图交配。若雌虫不接受雄虫的求爱，雄虫则继续鸣叫。若雌虫接受了雄虫的要求，雄虫发出交配鸣叫，这种鸣叫对雌虫有镇定作用。

对于只有雄性鸣叫的昆虫，声信号是雄虫求偶的杀手锏。最典型的例子是蟋蟀和螽斯的求偶声。在求偶至交配的过程中，伴随着求偶行为的变化，雄虫向雌虫传达不同含义的求爱声讯。雄虫独处、且不受干扰时，所发出的是召唤声，声音尖锐、响亮和久远，对远处的敏感雌虫有吸引力，人们平常听到的就是这种鸣声。一旦雌虫进入雄虫的领地，雄虫就发出欢迎声；如雌虫如约而至，雄虫发出音量很低的求爱声，唱“情歌”求爱。如果雌虫对雄虫的求爱置之不理，雄虫则发出催促声。

（2）领地性　对于具有领地习性的那些发音昆虫，鸣声成为它们守护领地、保护资源和配偶的主要武器。例如，雄性蟋蟀就有明显的领地守护行为。当另外一头雄虫闯入其领地时，所发出的是不同于正常鸣声的争斗声，往往有两头雄虫交替发出，清晰可分。雄虫首先向入侵者发出节奏无序、音量高低不一的警戒声，恐吓对方。如果入侵者仍不离开，则发出挑战声，此时鸣声较有序，节奏急促。如果对峙双方互不相让，两头雄虫就进行决斗，最后，获胜的一方还会发出胜利声。

（3）防御　昆虫的发音可用来报警御敌。例如，蚂蚁和白蚁中依靠碰击所发出的鸣声起报警作用，可告知同伴，逃离危险境地。在被捕捉或触摸时，蝉或螽斯会发出抗议声，是由不规则的单音节、音句构成。抗议声也能起到报警作用，经常导致雄性停止歌唱。某些蛾类能听到蝙蝠的回声定位信号，这种高超的反“雷达”能力使它们能发现 30 米远处的蝙蝠，并及时改变飞行方向或速度，躲避蝙蝠的捕食。不仅如此，还有的蛾类甚至能发出与蝙蝠的超声波频率相似的超声波，干扰蝙蝠的回声定位或起警戒作用。灰蝶等蝴蝶的幼虫发出摩擦声，是为了将蚂蚁招来。这些幼虫以分泌物为蚂蚁提供食物，而蚂蚁成为它们的守护神。

(4) 聚集 发音有时还是昆虫集合的“号角声”。雄蝉的鸣叫常引起雌蝉和雄蝉的聚集。某些蝗虫飞行时的翅振声可能具有某些社会效应。*Schistocera* 属蝗虫的翅振声可刺激其他分散的、尚未飞行的个体起飞，同时还有助于维持飞行群体的凝聚力。如果飞行群体中的某一个体想脱离原来的群体，就必须远离群体至少 5 米，这样才不至于受到飞行群体翅振声的影响。翅振声也能起相互排斥的作用，从而使飞行个体之间保持适当的距离。

(5) 其他作用 蚂蚁同时利用碰击声和化学物质时，可获得更佳的通讯效果。在搜寻受困的同伴时，蚂蚁发出的声信号比化学信号更有效。在蜜蜂巢中，蜂舞是触觉通讯和声通讯的结合。工蜂触摸跳舞蜂的胸部，感受其振动，这种振动与翅振声是密切相连的。蜂后的翅振声不同于工蜂的“嗡嗡”声。蜂后发音时，翅呈折叠状，胸部的快速振动产生尖声。分群前，蜂后才会发音，能使巢内处女蜂后的羽化时间推迟。

四、昆虫的化学通讯

化学通讯是指以信息化学物质作为媒介的通讯方式，为昆虫最常见和最有效的通讯方式。昆虫拥有许多能感受信息化学物质的感受器。用于昆虫化学通讯的信息化学物质可分成两大类，即信息素和他感化合物。昆虫的化学通讯在刺激生殖行为、觅食、召集个体聚集、调整种群密度等方面起着重要作用。对于行两性生殖、雌虫不能飞翔的昆虫而言，化学通讯尤为重要。在社会性昆虫中，化学通讯协调着群体中个体间的活动与行为，使整个群体有条不紊地生存和发展。

1. 昆虫的化感器

化感器是能感受体内外化学刺激的感受器，可分为嗅觉器和味觉器。感受气态物质的化感器称为嗅觉器，其形状为毛状、锥状、腔锥状和板状等，主要位于触角上，其次是下颚须和下唇须上。除蜕皮孔外，毛状嗅觉器还有化学物质进入的多个孔道。味觉器是感受液态或固态物质的化感器，常呈毛状、栓状或板状，主要位于下颚须、下唇须、唇瓣、口前腔壁、跗节以及产卵器上。毛状味觉器仅有1个孔开口于毛突的顶端。家蚕雄蛾的一根触角上约有1.6万个毛状感觉器，而蜜蜂一根触角上的感受器有3 000～30 000个。

2. 昆虫化学通讯的特点

化学通讯的优点：不受环境障碍的限制；长距离有效，信号能拐弯；无论白天还是夜间均有效；比视觉或听觉信号更持久；信号的产生耗能少，仅需少量的信号物质即可。

化学通讯的缺点：信息量小，仅表示有或无；在发送者的上风处无效。

3. 昆虫信息素的类型及意义

昆虫信息素是指由昆虫释放的、能引起同种其他个体产生特定行为或生理反应的信息化学物质。它们在调节昆虫性行为、社会性和亚社会性昆虫的生理和行为反应中起着重要作用。昆虫信息素的种类非常多，常见的有以下几类：性信息素、聚集信息素、警戒信息素、踪迹信息素、标记信息素和蜂王信息素等。有的信息素已应用于害虫防治实践中。

（1）性信息素　性信息素是指由成虫释放的，能被同种异性个体所接受，并引起异性个体产生一定的行为和生理反应（如觅偶、定向求偶、交配等）的微量信息化学物质。它能够保证昆虫在种内雌雄个体间性的联系及种的有序繁衍。

目前，人们所知道的昆虫性信息素大多是雌性性信息素，是由位于雌虫腹部末端节间膜的特殊腺体分泌和释放的，其中以蛾类昆虫的雌性性信息素研究最多。雌蛾性信息素通常是2种或2种以上化合物的混合物，其组分多为12、14或16个碳原子的直链不饱和乙酸酯。雌蛾性信息素在气流中扩散，引诱已成熟的雄蛾。雄蛾沿“之”字形轨迹逆风定向飞行，直到雌蛾的身旁，然后求爱、交配（图 8-7）。雌蛾性信息素具有物种的特异性，只能对同种的雄蛾才有吸引力。雄蛾的羽毛状触角能监测到含量仅为 10^{-16} 克的雌性性信息素。46％和 26％的雄蛾能分别监测到 4 千米和 11 千米之外的雌蛾。自 1959 年家蚕的雌性性信息素被发现以来，国内外已鉴定出了 300 多种昆虫的雌性性信息素，其中的一些已开发成为商品，应用于害虫的监测和防治中，如棉铃虫、小菜蛾等。人工合成的雌性性信息素被包埋在特定的诱芯中，诱芯可制成橡胶塞状、空心管状、绳索状。将诱芯挂在田间后，雌性性信息素缓慢地释放出来，引诱田间的雄蛾。诱芯的引诱作用可持续 100 天左右，田间应用时可采用诱捕法和迷向法等。诱捕法的方法是，把诱芯安置在水盆上，盆中加入少量洗衣粉，或者悬挂于三角纸板之内，板底涂上昆虫胶，这样制成诱捕器，然后将诱捕器挂在田间的植株上，每天检查诱捕器中的雄蛾数量。诱捕法主要用于害虫的监测和预报。迷向法是将大量的诱芯放置在田间，让雄虫找不到真正的雌虫，田间的雌虫无法正常交配，下一代的虫口数量大为减少。这一防治方法不但成本低，而且还可以避免滥用农药造成的环境污染。

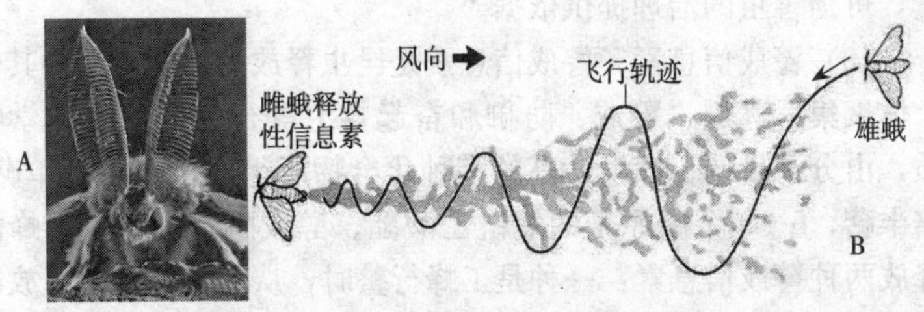

图 8-7　雄蛾利用雌性性信息素寻找雌蛾

A. 雄蛾的羽毛状触角　B. 雄蛾的飞行轨迹

某些昆虫的雄虫也会产生性信息素。有趣的是，雄性性信息素中的有效组分与花的常见芳香组分是一样的。至少某些蛾类的雄虫是带着“一束鲜花”同雌虫相会的。

(2) 聚集信息素　聚集信息素是由昆虫个体分泌，招引同种成员在一起进行取食、交配和繁殖的信息化学物质，主要成分多为烃、醇、醛、酮、酯、酸、酸酐、胺以及腈类化合物。这类信息素主要存在于蜚蠊目、直翅目、半翅目、双翅目以及鞘翅目昆虫中，其中以鞘翅目的种类为最多。多数昆虫的聚集信息素组分在同属中具有极大的相似性。雄性和雌性成虫以及幼虫均可以产生聚集信息素。例如，非洲沙漠蝗不仅成虫可以释放聚集信息素，而且 2～5 龄若虫也释放聚集信息素，但两者的成分完全不同。蜚蠊成虫和若虫聚集信息素的某些组分是相同的，但是，乳酸由幼蠊产生，仅能引起幼蠊的聚集反应。鞘翅目中绝大多数种类的聚集信息素由雄虫产生，但对两性成虫均具有引诱能力，如小蠹虫专门在长势较弱树木的树皮下为害，当少数个体找到合适的树木时，便从后肠释放出一种信息素，这种化学物质与寄主树的萜烯类化合物互相作用后，就能发出集合的信号，使远处分散的同类聚集飞来，集体取食为害。

昆虫聚集信息素主要应用于虫情监测和害虫的可持续治理。以昆虫聚集信息素作为诱捕器的诱饵，定期检查所诱捕的害虫数量，可为害虫的治理提供依据。

(3) 警戒信息素　警戒信息素是昆虫释放的，诱导同种其他个体聚集、逃避、警戒、防御和奋起自卫等行为的信息化学物质，由分子量低、挥发性高的多种化合物所组成，多数是单萜、倍半萜、5～9 个碳原子的短链乙酸酯、醇或酮。例如，蜜蜂能释放两种警戒信息素：一种是工蜂行螫时，从其螫针腺中释放出来的；成分比较复杂，能迅速传递告警信息，并激起其他工蜂的螫刺反应。另一种是由工蜂上颚腺分泌出来的。当工蜂利用螫针进攻时，常用上颚咬住敌人，并将一些化学物质留在敌人身上，以引导其他蜜蜂前去攻击。这种化学物质的主要成分是 2 庚酮。

这种警戒信息素除了标志攻击目标外，还能驱避企图入侵的其他昆虫。同样的，胡蜂蜇人时也会将警戒信息素留在人的皮肤里，其他胡蜂成员闻到这种气味后，即刻处于激怒的骚动状态，并能迅速而有效地组织攻击。对大多数种类的蚜虫来说，其警戒信息素的主要成分为（反）-β-法尼烯。受惊吓时，蚜虫会从腹管分泌警戒信息素，促使周围的同伴迅速逃逸。

（4）踪迹信息素　踪迹信息素是由蚂蚁、白蚁等社会性昆虫分泌的、表明个体活动踪迹的信息素，借以指引同伙寻找食物或归巢。

白蚁的踪迹信息素由位于腹部第 4 或第 5 背板下的腺体分泌，主要包括两种物质，即（顺，顺，反）-3,6,8-十二碳三烯-1-醇和一种二萜烯类 Neocembrene-A。踪迹信息素被涂抹在蚁路上，使白蚁沿特定路线有次序地行进。踪迹信息素的活性非常强，每厘米长的蚁路只需 10^{-14}克。

蚂蚁的追踪信息素化学结构比较复杂，且成分多样化。目前研究较多的是小黄家蚁 *Monomorium pharaonis*（Linnaeus）。该蚂蚁可以到离巢 10 米远处寻找食物。踪迹信息素对维持蚁群觅食系统的高效运转至关重要。觅食工蚁中大约 20%为探路工蚁。所有觅食工蚁都能释放长效性的踪迹信息素，但是，探路工蚁的释放量和释放次数要比其他觅食工蚁要多一些。长效性踪迹信息素由工蚁的毒腺分泌，是一些挥发性不强的多种化合物，现已分离和鉴定出的有厨蚁诱（Monomorines）1 号至 5 号。黎明后，探路工蚁离巢，沿着前几天留下的长效性踪迹信息素所指示的行走路线继续前进，直到找到食物。然后再沿原路返回，此时，探路工蚁沿途释放另一种名为 Faranal 的短效性踪迹信息素。Faranal 由探路工蚁的杜氏腺分泌，具挥发性，25 分钟后完全失效。除探路工蚁以外的其他觅食工蚁中 80%左右的个体能识别 Faranal。当这些觅食工蚁闻到 Faranal 气味后，就离开巢穴，沿着 Faranal 所指示的路线前进，来到食物处搬运食物。返回时，它们会沿路释放踪迹信息素。食物质量愈好、数量愈多，那么，释放到路上的踪迹信息素浓度愈高，所招来的觅食工蚁也就愈多。

（5）标记信息素　标记信息素是昆虫在产卵场所或其他活动场所留下的、具有提示作用的信息化学物质，常常是萜类化合物或14～18个碳原子的长链脂肪酸。标记信息素常见于鳞翅目和双翅目昆虫中，主要功能是调节昆虫的产卵行为，通过阻止自身或同种其他个体在已标记的寄主上产卵，或者通过减少产卵量来减少后代之间对寄主资源的竞争。标记信息素的产生和贮存部位一般与外分泌腺、消化系统或生殖系统有关，杜氏腺、毒腺、前胸腺、腹腺、下唇腺、后产卵管、卵巢、中肠和后肠等是产生或贮存寄主标记信息素的常见部位。例如，苹果实蝇 *Rhagoletis pomonella*（Walsh）雌虫从中肠的后半段分泌产卵标记信息素。

标记信息素可用来防治害虫。据报道，将樱桃实蝇 *Rhagoletis cerasi*（Linnaeus）的标记信息素喷到樱桃树上，虫害果的数量可减少90%。

（6）蜂王信息素　蜜蜂蜂王通过释放蜂王信息素，来统治整个巢群，并维持其“唯我独尊”权势。蜂王信息素主要由蜂王的上颚腺分泌，至少包括9种化合物，其主要成分为反-9-氧代-2-癸烯酸。蜂王信息素有多种功能。婚飞交配时，蜂王利用蜂王信息素引诱雄蜂。在巢内，通过交哺作用，蜂王所释放的蜂王信息素在巢群中迅速地传播开来，促使工蜂聚集到蜂王周围，抑制工蜂卵巢的发育，刺激新分蜂群采集花粉、培育幼虫，推迟工蜂从巢内活动到巢外活动的行为转换，阻止工蜂培育新蜂王。当蜂群发生自然分蜂时，老蜂王暂时减少蜂王信息素的分泌，允许产生新的蜂王，形成新的蜂群。

4. 昆虫他感化合物的类型及意义

他感化合物是某种生物释放的、能引起其他生物产生特定行为或生理反应的信息化学物质，其中跟昆虫有关联的就称为昆虫他感化合物。这类化合物种类较多，一般分为四类，即利他素、利己素、互利素和非生源协同素。

(1) 利他素　利他素是指接受者受益而释放者不受益的信息化学物质。对按蚊而言，人汗是我们人体的利他素，人汗中的两种主要成分是氨水和乳酸，均能吸引按蚊。植物释放的挥发性次生物质，如绿叶气味物、果实的气味物等，就是植物的利他素，对植食性昆虫具有引诱作用。例如，稻螟之所以专门以水稻为食，是因为稻株能释放一种被称作稻酮的引诱物质；菜粉蝶喜欢在十字花科植物上产卵，也因为这类植物释放芥子油，引诱雌蝶产卵。植食性昆虫的利他素多存在于卵毛、卵巢组织、幼虫表皮、蜕、虫粪、血淋巴、成虫鳞片、蛹和各种腺体的分泌物中，它们对其寄生性天敌有益。但是，在这些物质中，有些并不是昆虫本身所产生的，而是寄主植物中的化学物质被昆虫肠内或排泄物中微生物改造后所得到的产物，或者直接来自寄主植物。例如，美洲棉铃虫粪便对红足侧沟茧蜂有很强的引诱作用，而其活性成分反-叶绿醇则是植物中的一种常见成分。

(2) 利己素　利己素是指释放者受益而接受者不受益的信息化学物质。食虫植物所释放的腐肉气味物是这些植物的利己素，被诱骗的昆虫成为食虫植物的“盘中餐”。有的瓢虫在受到天敌攻击时会释放一种气味难闻的生物碱，以驱避天敌，免遭侵害，这种生物碱就是瓢虫的利己素。3，5-二甲氧基-4-羟基肉桂酸是白菜上鳞翅目幼虫粪便中的一种化合物，也是一种利己素，对白菜种蝇的产卵起抑制作用。

(3) 互利素　互利素指释放者和接受者均受益的信息化学物质。互利素的例子也很多。蚜虫腹部分泌的蜜露是一种互利素，能吸引蚂蚁来取食，而蚂蚁则保护它们免遭天敌危害，并帮助它们迁移，寻找食物。植物释放的某些挥发性次生物质，如绿叶气味物、花的芳香物质，以及叶片受伤后的气味物等，可作为互利素引诱植食性昆虫的天敌。例如，番茄天蛾、烟草小盲蝽和烟草跳甲为烟草上的食叶性昆虫，它们的取食活动能诱导烟草产生和释放某些挥发性物质，这些气味物有利于眼长蝽捕食这三种害虫的卵。

（4）非生源协同素　非生源协同素是由已死亡的生物体释放出来的信息化学物质，对接受者有利，但是对生活在死亡的生物体表面和体内的生物可能有害。非生源协同素包括微生物产生的气味物质、腐烂果实的气味物质等。例如，某些寄生蝇能利用腐肉释放出的气味，找到腐肉中的昆虫。

近年来，他感化合物是昆虫学、化学生态学和行为学研究的一个热点，其研究成果对于阐明害虫与植物、害虫与天敌、害虫与植物和天敌之间的相互关系有着极其重要的意义。

[第九章]

昆虫与环境

直接或间接影响昆虫生活的环境要素，叫做环境因子。各种环境因子互相作用、互相联系，形成一个影响昆虫生活的总体，这就是环境。昆虫的生活与环境有着密切的关系。昆虫生活在一定的环境中，环境围绕着昆虫。环境因子影响昆虫的生长发育、繁殖、存活、分布、行为和种群数量动态等。在漫长的进化过程中，昆虫对环境的变化拥有极强的适应能力。昆虫是生态系统的重要组成部分，它们在地球生态系统的正常运行中起到了至关重要的作用。

一、环境对昆虫的影响

环境因子可分成非生物因子和生物因子两大类。非生物因子主要由气候的变化和土壤的性质构成；生物因子包括植物的种类和生长情况，以及人类和其他动物的活动。

1. 气候因子对昆虫的影响

对昆虫有影响的气候因子包括温度、湿度和降雨、光照、风等。这些因素在自然界中常相互影响，并共同作用于昆虫。气候因素可直接地影响昆虫的生命活动和数量动态的各个方面，也能通过昆虫的食物或天敌间接地影响昆虫。

（1）温度对昆虫的影响　温度影响昆虫的生长发育、繁殖、存活、活动和分布。在一定的温度范围内，昆虫才能进行正常的生命活动，适温区一般为 8～40℃。一旦环境温度超过此范围，昆虫的生长发育将受到抑制，或者昆虫无法存活。

昆虫的生长发育：昆虫是变温动物，其新陈代谢是在各种酶和激素的作用下进行的一系列生物化学反应，在一定的温度范围内，生物化学反应速度随温度的增高而加速。昆虫的发育时间与温度的这种关系常用有效积温法则来概括。昆虫和其他生物一样，完成其发育阶段需要积累一定的热能，即所需要的热能为一常数，称之为积温常数。但是，昆虫各发育阶段都有相应的发育起点温度，只有当环境温度超过发育起点温度时，昆虫才开始发育，这样，积累在发育起点以上的温度后所得到的积温，称为有效积温常数。有效积温法则的数学表达式为：$K=D\times(T-C)$，式中 K 为有效积温常数，单位为日度；D 为昆虫的发育时间，以天为单位；T 为环境温度；C 为发育起点温度。通过实验观测法获得不同温度条件下某种昆虫的发育时间，可求出该昆虫的 K 和 C。利用这两个生物学参数，就能预测该昆虫在某一地区的发生代数、发生期、地理上的分布界限。同样的，如果知道了某种天敌昆虫的 K 和 C，根据释放时间，就能确定该天敌的饲养温度。

昆虫的繁殖：昆虫的繁殖要求一定的适温范围。在此范围内，昆虫的繁殖力随温度的升高而增加。温度过低时，成虫虽能生存，寿命也较长，但其性腺不能发育成熟，无法正常交配产卵；在过高的温度条件下，成虫寿命短，特别是雄虫精子不易发育形成，或失去活力，影响交配行为，而雌虫产下的卵多为未受精卵。例如，小地老虎成虫产卵的适宜温度为 15～22℃，当平均温度高于 26℃时，其交配率下降 22.3%～50%；当平均温度达 30℃时，成虫不能产卵。

昆虫的存活：高温和低温对昆虫的存活均产生不利的影响。高温可以抑制昆虫的发育，使其体重减轻，死亡率增加。

在40～48℃的停育高温区，高温持续时间过长时，昆虫进入热昏迷状态或死亡；在48～60℃的致死高温区，昆虫经过较短的时间后便死亡。与之对应的是昆虫的停育低温区和致死低温区，其温度范围分别为8～10℃和10～40℃。然而，昆虫的耐热或耐寒能力随种类和虫态而异。例如，生活在温泉中的水蝇科幼虫能忍受55～65℃的高温，而黏虫的初孵幼虫在35℃下即全部死亡，在30℃时死亡率达44%。

昆虫的活动：昆虫的活动也会受到温度的影响。在18℃以下的低温条件下，蜜蜂工作不积极，适宜于春、夏季露地为农作物授粉，而壁蜂较耐低温，气温达到12℃时即开始访花，因此，壁蜂在早春能为果树授粉。日本弓背蚁 *Camponotus japonicus* Mayr的活动跟温度有关，地表温度为30℃时，离巢活动个体数最多；地表温度过高或过低，离巢活动个体数均减少。

昆虫的分布：昆虫对温度的适应能力决定了该虫的地理分布范围。例如，菜粉蝶不能忍受26℃以上的高温，26℃就是这种昆虫分布的南部极限。白蚁不耐低温，所以，仅分布于热带、亚热带。

(2) 湿度和降雨对昆虫的影响 湿度实质上就是水的问题。水分是昆虫维持生命活动的介质。昆虫和其他生物一样，身体需要一定的水分来维持正常的生命活动。不同种类的昆虫和同种昆虫的不同发育阶段，都有其一定的适湿范围，高湿或低湿对其生长发育，特别是对其繁殖和存活的影响较大。同时，湿度和降水还可通过天敌和食物间接地影响昆虫的发生。

湿度对昆虫生长发育的影响远不如温度明显，主要是因为昆虫的血液具有调节代谢水的功能，以及在昆虫发育期间食物含水量比较充足。只有在湿度过高或过低，而且持续一定时间的情形下，湿度的影响才比较明显。例如，东亚飞蝗的卵在30℃时，土壤含水量在15%～18%范围内发育正常，一旦土壤含水量下降至4%时，卵延迟孵化，且孵化率降低。

湿度对昆虫的繁殖有显著的影响。一般来说，昆虫的繁殖要求较高的相对湿度。例如，在16～30℃范围内，湿度愈大，黏虫成虫产卵愈多；在25℃条件下，相对湿度90%时的产卵量比相对湿度小于60%时的产卵量增加1倍左右。同样的，米象虽耐干旱，但须在相对湿度60%以上才能产卵，其产卵量随湿度的增高而增加。然而，蚜虫的大量繁殖却出现在干旱的气候条件下，这是因为干旱使寄主植物体内的水解酶增加，为蚜虫提供了更加丰富的营养物质。

湿度对昆虫存活的影响也很显著。环境湿度较低时，昆虫体内不能形成足够的液压，使一些在卵内已完成发育的幼虫不能孵化，一些在蛹壳内已形成的成虫不能羽化，一些已羽化的成虫不能正常展翅。例如，在23℃条件下，黏虫卵的孵化率随湿度的增加而提高。此外，大雨或暴雨对一些小型昆虫起到冲刷、黏着等机械致死作用。

在自然界中，温度和湿度互相影响，综合作用于昆虫。对不同昆虫或同种昆虫的不同发育阶段，适宜的温度范围因湿度的变化而变化，反之亦然。人们常用温湿系数或温雨系数来评价温湿度对昆虫的综合作用。温湿系数是平均相对湿度与平均温度的比值。温雨系数是温度与降雨量的比值。例如，在我国华北地区，当5天的温湿系数为2.5～3.0时，棉蚜就会大发生，造成猖獗为害。

(3) 光照对昆虫的影响　光的波长、强度和光周期均直接影响昆虫生命活动的许多方面，如趋性、滞育、行为等。

光波长的影响：昆虫可见光的波长范围在250～700纳米之间。昆虫对紫外光敏感，但看不见红外光。昆虫的趋光性与光的波长关系密切。许多昆虫都具有不同程度的趋光性，并对光的波长具有选择性。大多数趋光性昆虫喜好波长为330～400纳米的紫外光和紫光，特别是鳞翅目和鞘翅目昆虫。黑光灯光波的波长主要在360～400纳米，所以，这种灯的诱虫效果比白炽灯好。

蚜虫对银白色有负趋性，故可采用“银膜驱蚜”防治蚜虫。黄色对蚜虫的飞行活动有突然抑制作用，类似某些物理刺激而引起昆虫的假死行为，据此可采用“黄板诱蚜”的方法，来监测和防治蚜虫。

光强的影响：光强主要影响昆虫昼夜的活动和行为，如交配、产卵、取食、栖息等。按照昆虫生活与光强的关系，可以把昆虫分为白昼活动、夜间活动、黄昏活动和昼夜活动等四类。例如，夜间活动的一些蛾类自傍晚起开始交配、产卵，暗光是产卵的必要条件。不少蛾类在黑夜扑灯最多，有云的月夜次之，强月光下最少。对于同种昆虫的不同发育阶段，光强的作用也有所不同，如家蚕成虫主要在白天交配，但在暗光下产卵最多，强光有抑制产卵的作用；其幼虫则昼夜均可取食。

光周期的影响：光周期是指光照时数有年和日的周期变化。光周期的变化影响昆虫的地理分布、形态特征、年生活史、滞育特性、行为以及蚜虫的季节性多型现象等。光周期是诱导昆虫滞育的主要环境因素。昆虫的体色也受光周期的影响，如菜粉蝶的蛹在长日照下呈绿色，在短日照下则呈褐色。一些迁飞性昆虫的行为跟光周期的变化有关，例如，夏季长日照和高温引起稻纵卷叶螟向北迁飞，而秋季短日照和低温促使该虫向南迁飞。棉蚜在短日照、低温和食物不适宜的条件下产生有翅性蚜。

(4) 风对昆虫的影响　风对昆虫的主要影响体现在昆虫的扩散迁移、迁飞及地理分布等方面。许多昆虫能借风力传播到比较远的地方。一些蚊、蝇类可被风带到 25～1 680千米以外，蚜虫借风力迁移的距离可达1 220～1 440千米。暴风雨不但影响昆虫的活动，而且常常导致昆虫死亡。在常刮大风的地区，很少见到能飞行的昆虫。风力越强的地区，飞行的昆虫种类也越少。

风对昆虫的生长发育也有间接的作用。一方面，风改变环境的温度、湿度，另一方面，风促进虫体内水分和周围热量的散失，从而影响昆虫的体温。

2. 土壤因子对昆虫的影响

昆虫与土壤的关系也是相当密切的。有些昆虫一生均在土壤中度过，另一些昆虫则在土中化蛹或越冬。据估计，95%的昆虫种类与土壤环境有或多或少的直接关系。土壤的温度、湿度和理化性质对土栖昆虫均会产生影响。

（1）土壤温度对昆虫的影响　土表层的温度昼夜变化很大，甚至超过气温的变化。但是，土层愈深，土壤温度变化愈小。在地面向下1米深处，昼夜温差极小。土壤温度在一年内的变化也是表层大于深层。土温的高低受土壤类型、物理性质以及土表植被情况的影响。土栖昆虫在土中的活动，常常随着土层温度的变化而呈现出垂直方向的变化。在秋季，土壤表层的温度随气温下降而降低时，昆虫向土壤下层移动，气温愈低，潜伏愈深；春季天气渐暖，土表温度也逐渐回升，昆虫则逐渐向上层移动。在秋末，表层土温为1.5℃时，沟金针虫 *Pleonomus canaliculatus* (Faldermann）潜到23～27厘米土层越冬；翌年初春，土壤温度回升至6～7℃时，该虫又开始上升活动和为害。在温带和寒带，入土越冬的昆虫种类甚多。这些地方冬季土温比气温高，因而有利于它们安全地度过严寒的冬天。

（2）土壤湿度对昆虫的影响　土壤湿度包括土壤水分和土壤空隙内的空气湿度，这主要取决于降水量和灌溉。

土中昆虫的生长与存活受土壤湿度的影响。在土中，许多昆虫卵的发育要求吸收水分。如蝗卵、金龟子卵等不吸水，就不能完成发育。弹尾目昆虫和许多昆虫的幼虫可以通过体壁从土中吸水。然而，土壤含水量过高（如淹水），土中昆虫会因缺氧或罹病而死。所以，实行水旱轮作可以显著减少地下害虫的数量。

土壤湿度还影响土栖昆虫的分布。例如，细胸金针虫 *Agriotes fuscicollis* Miwa和小地老虎多发生于土壤湿度大的地方或低洼地；而沟金针虫多发生于旱地高原。

（3）土壤理化性质对昆虫的影响　土壤类型、团粒结构、土壤的酸碱度、含盐量、有机物含量等理化性质对地下害虫的发生影响很大。

土壤的类型和结构与地下害虫的分布和活动关系密切。华北蝼蛄 *Gryllotalpa unispina* Saussure 主要分布在淮河以北的沙壤土地区，而东方蝼蛄 *Gryllotalpa orientalis*（Burmeister）则主要分布在土壤较黏重的地区。同样的，对于体型较大的金龟甲幼虫，疏松的沙土和壤土对其活动有利。但是，有些昆虫则喜欢生活在黏土内，如黄守瓜在黏土中的化蛹率和羽化率均较高。

土壤的酸碱度对一些昆虫的生活影响也很大。沟金针虫喜欢在酸性缺钙的土壤中生活，而细胸金针虫则喜欢生活在碱性土壤中。小麦红吸浆虫的幼虫多在 pH7～11 的土壤中生活，在 pH3～6 的土壤中则不能存活，所以，该虫主要发生在偏碱性的土壤中。

土壤含盐量是影响东亚飞蝗发生的重要因素之一，含盐量达 0.8%以上的土壤不适合该虫产卵，也不利于卵的存活。有一种蠓 *Culicoides impunctatus* Goetghebuer 喜食牛血，其幼虫的数量除受土壤酸碱度和含水量的影响外，还跟土壤有机质含量有关，土壤有机质愈多，土中的幼虫愈多。

3. 食料因子对昆虫的影响

跟其他动物一样，昆虫必须利用植物或其他动物以取得生命活动过程所需要的能源。食物的质量和数量影响昆虫的分布、生长、发育、存活和繁殖，从而影响其发生数量。

每种昆虫对自己的食料有明显的选择性和适应性。例如，为害白菜的菜粉蝶不会去吃玉米；玉米螟不会去吃小麦；松毛虫不会去吃柳树的叶子。虽然杂食性和多食性的昆虫可取食多种食物，但它们仍都有各自最嗜食的植物或动物种类。取食嗜食的食物时，昆虫的生长快，死亡率低，繁殖力高。同一种植物的不同器官对昆虫的影响也有所不同。例如，棉铃虫幼虫取食锦铃时，发育最好；取食嫩叶则次之；取食蕾又次之；大叶最差。由于棉花的繁殖器官含水量和含糖量高，对幼虫取食有强烈的助长作用，所以，该虫最喜欢吃棉花的繁殖器官。

然而，没有一种植食性昆虫能取食所有的植物，也没有哪一种植物被全部植食性昆虫所取食，其原因有两个：其一，植食性昆虫对寄主植物有选择性；其二，植物具有抗虫能力。植物的抗虫性可归为三类，即不选择性、抗生性和耐害性。不选择性是指植物的某些特性能阻止昆虫在植株上栖息、产卵或取食，如黄瓜的葫芦素含量愈低，黄瓜十一星跳甲 *Diabrotica undecimpunctata howardi* Barber 的为害愈轻。抗生性是指有些植物或品种含有对昆虫有毒的化学物质，或缺乏昆虫生长发育所必要的营养物质，或虽有营养物质而不能为昆虫所利用，或由于对昆虫产生不利的物理、机械作用等，而引起昆虫死亡率高、繁殖力低、生长发育延迟或不能完成发育的一些特性，如抗虫玉米中的 DIMBOA（2,4-二羟基-7-甲氧基-1,4-苯并噁嗪-3-酮）能抑制欧洲玉米螟 *Ostrinia nubilalis*（Hübner）幼虫的取食和生长发育。耐害性是指植物受害后，具有很强的增殖和补偿能力，而不致在产量上受到显著的影响，例如，一些禾谷类作物品种受到蛀茎害虫为害时，被害茎枯死，但植株可产生新的分蘖，减少虫害所造成的损失。

4. 天敌因子对昆虫的影响

在生长发育过程中，昆虫常常因其他生物的寄生或捕食而死亡，这些生物称为昆虫的天敌，主要包括致病微生物、天敌昆虫和食虫动物等，它们是影响昆虫种群数量变动的重要因素。

（1）致病微生物　昆虫的致病微生物主要有细菌、真菌、病毒和线虫等。

细菌：昆虫病原细菌已知 90 余种，研究和应用较多的是芽孢杆菌，如苏芸金杆菌（*Bacillus thuringiensis*）和日本金龟芽孢杆菌（Bacillus *popilliae*）等。细菌致病昆虫的外表特征包括：行动迟缓，食欲减少，死后身体软化和变黑，内脏常软化，带黏性，有臭味。

真菌：昆虫病原真菌已记载900余种，分布于真菌界各亚门的100多个属中。目前，生产上应用较多的是绿僵菌 *Metarhizium anisopliae* 和白僵菌 *Beauveria bassiana*，它们能分别感染100多种和700余种昆虫。但是，昆虫真菌病害的发生要求潮湿条件。

病毒：我国已知昆虫和蜱螨类病毒200多种。常见的昆虫病毒主要属于核型多角体病毒（NPV）、质型多角体病毒（CPV）和颗粒体病毒（GV）。在自然条件下，昆虫病毒主要通过带有病毒的食物、罹病昆虫、虫尸及昆虫排泄物传播。利用病毒防治害虫，很少的用量就可取得良好的效果，而且持效时间很长。

线虫：昆虫病原线虫是一类专门寄生昆虫的线虫。目前已知寄生于昆虫的线虫有数百种，其中主要是索线虫总科的索线虫科和小杆线虫总科中的斯氏线虫科、异小杆线虫科。索线虫总科线虫幼虫穿过体壁进入寄主体内，发育到成熟前脱离寄主、入土，寄主随即死亡。小杆线虫总科幼虫与细菌共生，线虫幼虫侵入寄主体内后，细菌被排至寄主血体腔内，最后寄主得败血病死亡，而线虫在寄主尸体内发育成熟。

（2）天敌昆虫　天敌昆虫一般分为捕食性天敌昆虫和寄生性天敌昆虫。捕食性天敌昆虫包括蜻蜓目、螳螂目、脉翅目的所有种类，以及半翅目、鞘翅目、膜翅目和双翅目的部分种类。寄生性天敌昆虫中绝大多数种类属于寄生蜂类和寄生蝇类。在自然条件下，天敌的数量常常是随着食物的多少而增减的。例如，当蚜虫大量发生的时候，许多种瓢虫、食蚜蝇、草蛉等天敌容易得到充足的食料，就会迅速繁殖起来，大量取食蚜虫。随后蚜虫的数量便会显著下降，蚜虫数量的减少又导致天敌数量相应的减少。因此，天敌与昆虫的生活是相互制约、相互作用、相互联系着的。

（3）食虫动物　食虫动物是指天敌昆虫以外的一些捕食昆虫

的动物，主要包括蛛形纲、鸟纲和两栖纲中的一些动物，如蜘蛛、螨类、益鸟、青蛙、壁虎和蝙蝠等。

5. 竞争因子对昆虫的影响

竞争因子对昆虫的影响包括两个方面的内容：种内竞争和种间竞争。

（1）种内竞争　在同一空间范围内，同一种昆虫的个体越多，种内竞争越激烈。例如，互花米草上有一种飞虱 *Prokelisia marginata* Van Duzee，在高虫口密度条件下，食料条件的恶化引发种内竞争，导致该虫的存活率下降、体重减轻、发育时间延长。如果同种昆虫所有个体平均分摊资源，每个个体所摊得的资源不足以维持生存时，死亡率将立即突升到100%。有人曾用1克重的公牛脑匀浆喂养不同密度的羊绿蝇 *Lucilia cuprina* (Wiedemann) 幼虫，低密度时，所有幼虫均能发育为成虫，当密度为200头或更多时，因分摊的食物资源不足，幼虫均不能正常发育而全部死亡。

（2）种间竞争　在自然界中，种间竞争普遍发生且处处存在，昆虫也不例外，每种昆虫都有自己的生态位。生态位 (niche) 是指一个物种所处的环境以及其本身生活习性的总称，包括该物种觅食的地点、食物的种类和大小，以及每日的和季节性的生物节律。生态位完全相同的两个物种不可能同时同地生活在一起，其中一个物种最终将另一个物种完全排除，如果两个物种实现了共存，那么它们的生态位必然会出现差异，这就是高斯竞争排斥原理。种间竞争可分为利用型竞争和干扰型竞争。

利用型竞争是指一个物种的个体比另一物种的个体获得更多的资源。利用型竞争的机制主要包括资源获取能力的差异、生殖能力的差异、搜寻能力的差异、资源的抢先占有，以及对劣质资源的策略和反应等。例如，B型烟粉虱 *Bemisia tabaci* (Gennadius) 在世界范围内迅速扩展，暴发成灾，并在很多地方取代了Q型、A型等其他生物型烟粉虱，主要原因在于B型烟粉虱与土著烟粉虱共存后，繁殖速度更快，同时还能抑制土著烟粉虱的繁殖率。B型烟粉虱雌性成虫与雄性成虫之间的交配更频繁，卵子受精率提高，产下更多的雌性后代。尽管B型烟粉虱雄虫不与土著烟粉虱雌虫交配，但是它们向土著烟粉虱雌虫求爱，干扰了土著烟粉虱雄、雌性之间的交配，导致混合种群中其他生物型的交配成功率降低，因而生殖率下降。

干扰型竞争是指一种生物限制或者不允许另一种生物接近或利用资源。干扰方式包括身体打斗、竞争配偶等。例如，阿根廷蚁 *Linepithema humile*（Mayr）入侵新地域后，替代了很多土著蚂蚁，成为新栖息地中的严重害虫，导致生态系统出现较大的变化。与土著种蚂蚁相比，阿根廷蚂蚁具有更强的攻击性，在传入地能聚集更为庞大的蚁群，能更快地找到食物，且搜寻食物的时间更长。在遇到其他种类的蚂蚁时，阿根廷蚂蚁会首先发动战斗，干扰了其他蚂蚁的觅食活动。

种间竞争的结果导致每个物种都有自己独特的生态位，这一现象称为生态位的分化，如熊蜂的喙长度与所访花朵的花冠长度之间有高度的一致性，喙较长的熊蜂访长花冠的花，而短喙的熊蜂只能在短花冠的花上采集花粉和花蜜。

6. 人为因子对昆虫的影响

人类对昆虫的影响是巨大的、多方面的，主要包括四个方面：一是生境的人为破坏使昆虫生物多样性下降；二是人为传播促进了昆虫分布区域的扩大；三是各种防治措施对害虫的发生数量和为害的控制作用；四是全球变暖间接地影响昆虫的数量动态和分布。

（1）对昆虫生境的破坏　人类对栖息地的过度开发使昆虫的生境遭到破坏，昆虫的种类组成发生极大的变化，其物种多样性下降。生境的破坏有两个层面，即生境丧失和生境污染。昆虫生境的丧失主要发生在森林生态系统和草原生态系统。乱砍滥伐和毁林开荒导致森林生态系统的退化和毁坏，而毁草开荒和过度放牧造成草地荒漠化、沙化，昆虫的类群、物种种类和种群数量均会大大减少，某些珍稀昆虫走向灭绝的边缘。昆虫生境的污染来自工农业和人类生活的废气、废水和废物，这些污染物干扰和破坏昆虫及其他生物赖以生存的生态系统，使昆虫的多样性下降。

（2）昆虫的人为传播与扩散　由于人口持续增长、农村城镇化、传统农业多元化、农产品贸易增长、国际交往和旅游业发展等，许多昆虫在过去难以扩散到达的地区，都可以借助人类有意或无意的帮助而扩大分布区。如果被引入的昆虫是害虫，由于没有天敌的自然控制，极易暴发成灾，并造成巨大的经济损失。据初步统计，目前入侵我国的外来物种至少有 200 多种，其中有一些是危害性极大的害虫，如美国白蛾、松突圆蚧 *Hemiberlesia pitysophila* Takagi、湿地松粉蚧 *Oracella acuta*（Lobdell）、稻水象甲 *Lissorhoptrus oryzophilus* Kuschel、马铃薯甲虫 *Leptinotarsa decemlineata*（Say）、美洲斑潜蝇 *Liriomyza sativae* Blanchard、椰心叶甲 *Brontispa longissima*（Gestro）等。我国 11 种危害较大的农业入侵生物每年所造成的经济损失超过 574 亿元人民币。

有的时候，人们还专门引进某种昆虫，来改善特定生态系统的健康状况，或者对付某种有害生物。澳大利亚引进蜣螂，解决了牧场牛粪大量堆积的难题。从原产地引进天敌昆虫是控制外来入侵生物的有效措施之一，国内外在这方面已取得很大成就。例如，1880 年美国自澳洲引入澳洲瓢虫 *Rodolia cardinalis*（Mulsant）至加利福尼亚防治吹绵蚧 *Icerya purchasi* Maskell 取得显著的成功。在我国，20 世纪 80 年代末引进了花角蚜小蜂 *Coccobius azumai* Tachikawa 防治松突圆蚧；1986 年引进莲草直胸跳甲 *Agasicles hygrophila Selman* et Vogt 来防治水花生。

（3）害虫防治　对于农业和林业上的害虫，可采用植物检疫、农业防治、物理机械防治、生物防治、化学防治和有害生物综合治理等措施，压低其数量，控制其危害。

植物检疫：根据国家颁布的法令，设立专门机构，对国外输入和国内输出，以及国内地区之间调运的种子、苗木及农产品等进行检疫，禁止或限制危险性病、虫、杂草的传入和输出，可在传入以后限制其传播、消灭其危害。

农业防治：根据栽培管理的需要，结合农事操作，有目的地创造有利于作物生长发育而不利害虫发生的农田生态环境，以达到抑制和消灭害虫的目的。农业防治的优点在于，一般不伤害天敌，能控制多种害虫，作用时间长，经济、安全、有效。但是，该法存在一定的局限性，诸如防治效果慢，对暴发性害虫的防治效果欠佳，同时农业防治地域性较强，受自然条件的限制较大。

物理机械防治：利用各种物理因素和机械设备防治害虫，如人工捕杀、毒饵或灯光诱杀、色板诱杀、果实套袋、高温或低温灭虫、缺氧处理等等。此法简单易行，经济安全，很少有副作用，但有的措施费劳力，或者效果不理想。

生物防治：利用有益生物及其代谢产物防治害虫的方法，其优点是对人畜安全，不污染环境，控制害虫作用比较持久。主要措施包括以虫治虫、以菌治虫、其他有益生物治虫和应用昆虫激素治虫。

化学防治：应用化学杀虫剂来防治害虫的方法具有见效快、施用方便、受地区性和季节性影响小等特点。自 20 世纪 40 年代 DDT 问世以来，有机化学杀虫剂的研制和应用得到了空前发展。人们把防治害虫的希望过多地寄托于化学杀虫剂，逐渐形成了“农药万能”的思想，化学农药的生产和销售量逐年上升。然而，好景不长，化学防治的弊端很快暴露出来。长期大量使用化学杀虫剂带来了害虫的“3R”问题，即抗性（resistance）、再猖獗（resurgence）和残留（residue）。害虫抗药性的产生导致化学杀虫剂的浓度和用量越来越大，而治虫效果却越来越差。化学杀虫剂大量杀伤天敌，破坏生态平衡，造成目标害虫再猖獗和次要害虫上升为主要害虫，使害虫大发生的频率增加。一些化学杀虫剂具有化学性质稳定、不易自然降解的特点，易残留在农产品上。此外，化学杀虫剂还造成环境的严重污染。1962年美国女海洋生物学家雷切尔·卡逊在《寂静的春天》一书中，列举了DDT污染环境所带来的种种恶果。从此，环境污染问题愈来愈受到人们的普遍关注。化学农药污染空气、土壤和水体，就连人迹罕至的南极和北极也在劫难逃。在非目标生物（如野生动物）的体内，化学农药被富集起来，导致这些生物营养不良和繁殖受阻。在人类日益强调可持续发展的今天，人们应该调整化学防治的策略，研发出高效、低毒、低残留、选择性强的农药，科学合理使用农药，尽量减少农药的使用次数和使用量。

IPM：即有害生物综合治理（Integrated Pest Management)，是指从农业生态系统整体出发，全面考虑作物整个生育期的主要害虫，结合地区特点和耕作栽培制度，因地制宜地制定农业的、生物的、化学的防治措施，并协调运用，最大限度地发挥自然控害因子的作用，将虫害控制在经济允许水平之下，保证农作物优质、高产、稳产，提高经济效益、生态效益和社会效益。IPM所倡导的是一种“容忍”哲学，这是人类害虫防治史上的一次巨大飞跃。人们不再强调“消灭害虫”，而是树立“人虫和谐共处”的新理念。IPM已成为农业生态系统可持续发展的关键举措。

（4）全球变暖 人类活动引发的温室效应造成全球变暖，一些昆虫的种群数量呈现快速增长，而高山寒冷地带生息的昆虫在短时间内适应不了这种温度变化，正面临灭绝的威胁。据观察，随着全球气温的不断上升，蝴蝶、蜻蜓等昆虫的分布北限持续向北扩展，以昆虫为媒介的那些传染病蔓延成灾。例如，温室效应已使蠓的活动范围向北拓展，羊和马的蓝舌病有蔓延的趋势。同样的，疟蚊、热带斑蚊等蚊类的生息地也向外扩展，疟疾、登革热的流行将在所难免。

二、昆虫对环境的适应

面对生存条件的恶化，昆虫能通过生理机能和行为的调整，提高抗逆能力，避开或减少不良条件的影响。长期的进化使昆虫形成相应的生态策略，以适应栖境稳定程度的变化。昆虫与其他生物因子的相互适应，以及人为控制措施下害虫抗性的形成与提高展现了昆虫对环境变化的极强适应能力。

1. 昆虫对不良的气候或食料条件的适应

为了安全度过严寒的冬天或酷热的夏天，昆虫通过调节体内的生理生化过程，提高其抗寒或抗热能力。某些昆虫具有休眠、滞育或迁飞的习性，使它们有效地避开了极端气候或食料条件恶化的不良影响。

（1）抗寒性　冬季到来前，昆虫往往在体内积累充足的营养物质。进入越冬期后，昆虫便降低代谢水平，提高低温代谢的调节能力，因而增强了耐寒性。一些越冬昆虫的体内大量合成抗冻蛋白质和甘油等抗冻物质，如甘油可占虫体干重的20%～25%，这样，其体液能忍受0℃以下的低温而不结冰，此现象称为过冷却现象。有些昆虫入土越冬，而水生昆虫（如蜻蜓等）则以幼虫在池塘和溪流中越冬，由此它们就能免遭寒冷天气的影响。蜜蜂抗寒方式很特别，工蜂大量聚集在蜂巢内，振动翅膀，产生热量，使巢温维持在合适的水平上。

（2）抗热性　昆虫提高抗热能力的途径包括遗传适应、长期适应和快速高温锻炼。目前，对昆虫抗热性了解最多的是热击蛋白。在短时间的高温作用下，昆虫会产生热击蛋白，这种蛋白和RNA相连，可以帮助修补高温胁迫损伤的蛋白和脂肪，从而提高昆虫的抗热性。在撒哈拉沙漠生活着*Cataglyphis*属的一种嗜热蚂蚁，能在70℃的沙漠表面上行走和觅食，此时，它们的体表温度高达50℃。该蚂蚁的生存之道有三条：其一，在最炎热的日子里，75%左右的时间内，它们歇息在干枯的树枝下避暑；其二，觅食时，行走如飞，尽量减少在阳光下暴晒的时间；其三，它们拥有较长的足，使虫体离地表有 4 毫米高，这样一来，虫体表面的温度比地表温度要低 6～7℃。

（3）抗水分不足　昆虫虫体的含水量受昆虫的年龄、发育阶段、性别，以及食物、季节等因素的影响。昆虫获得水分的方式多种多样，主要包括从食物中获得水分、利用虫体内的代谢水、通过体壁或卵壳从环境中吸水，以及直接饮水。黄粉虫以谷糠为食，为了获得水分，所摄食的食物中 80%未经消化，以粪便形式排出体外。在非洲西南的纳米比亚沙漠，*Stenocara* 属的甲虫能用自己的背部采集雾气中的水分。收集水时，甲虫迎风而立，身体与地面呈 45°斜角。由于鞘翅的表面由一层疏水性基底和一些在其上间隔排布的亲水突起组成，随雾气吹拂而来的小水珠便附着在鞘翅上，并逐渐凝聚成大的露珠。然后，这些露珠沿着鞘翅表面的凹槽顺势流动，最后流入甲虫的口中。

在遭遇水分不足时，昆虫可采取多种方式调节水分，控制水分的散失，使体内维持一定水平的含水量，诸如增强体壁的不透水性；增加直肠垫回收水分的作用，避免在排泄粪便时大量失水；关闭部分气门，减少呼吸通道；寻找湿度适宜的栖境等。

昆虫之最

最耐热的昆虫：一种生活在撒哈拉沙漠的蚂蚁 *Cataglyphis bicolor* Fabricius 能耐 55℃±1℃的高温。

最耐冷、最耐干燥的昆虫：室内测试表明，来自尼日利亚北部和乌干达的一种摇蚊 *Polypedilum vanderplanki* Hinton 幼虫能耐液氦（即－270℃的低温），并能在湿度<3%条件下存活。

（4）休眠与滞育　长期的进化使某些昆虫对严寒或酷热、

不良食料条件有特别的适应能力，表现出活动停止、代谢降低、生长发育停止等现象。根据适应机制的不同，可将昆虫的这种适应性反应分成两种类型：休眠和滞育。

休眠：是昆虫在个体发育过程中对外界环境条件变化的一种适应性生理反应。当环境不利时，昆虫新陈代谢速度显著下降。一旦不利因素被解除，昆虫马上恢复正常的活动与发育，如一些昆虫的冬眠、夏蛰。

滞育：是昆虫在系统发育过程中对外界环境条件变化的一种内在的、比较稳定的遗传性反应。昆虫一旦进入滞育后，即使给予最适宜的环境条件，也不能马上恢复其生长发育。滞育能使温带地区的昆虫安全越冬，也使热带地区或沙漠地带的昆虫平安度过干旱或食物短缺的季节。滞育主要由体内激素的作用而引起，而外界环境条件，如日照长度、温度等往往是在滞育虫态之前起作用。光周期的变化是引起滞育的主要因素，昆虫感受光周期的虫态往往是滞育虫态的前一虫态。滞育虫态随昆虫的种类而异，有卵滞育（如家蚕）、幼虫滞育（如大蜡螟）、蛹滞育［如麻蝇 *Sarcophaga crassipalpis*（Macquart）］和成虫滞育（如马铃薯甲虫）。滞育的昆虫必须经过一段时期的滞育代谢后，才能解除滞育。解除滞育最适的温度比其正常发育所需的温度低，但一般在0℃以上，如解除家蚕卵的滞育时的最适温度为7℃。

（5）迁飞　在严寒或酷热来临之前、或食料条件恶化之前，有些昆虫采取主动离开的策略，进行长距离的迁徙，寻找新的适宜生境，这就是昆虫的迁飞，东亚飞蝗、黏虫、小地老虎以及多种蚜虫等农业害虫均具有迁飞特性。迁飞是这些昆虫在进化过程中长期适应环境所获得的遗传特性，是一种时空适应性。正是此特性使它们有效地避开了不良环境的影响，对其种族的生存和繁衍具有极其重要的意义。

2. 昆虫对生境的适应

在进化过程中，昆虫适应环境、并朝着有利于其繁殖的方向发展，进而获得对不同生境的适应方式，即生态对策。昆虫的生态对策反映在昆虫身体的大小、世代数、生殖力、寿命、躲避天敌能力、迁飞扩散能力、分布范围等方面，使其最大限度地适应环境和合理地利用能源。跟其他生物一样，昆虫在能量分配上有一定的协调性。如果在生殖上耗去的能量较多，那么在生存机能上耗去的能量相对较少，反之亦然。例如，昆虫迁飞型个体具有远距离迁飞能力，其繁殖能力相对较小。

有些昆虫属于K—对策者（K代表环境容量）。它们具有以下特征：一般个体较大，世代周期较长，一年发生代数较少，寿命较长，繁殖力较小，死亡率较低，食性较为专一，活动能力较弱，常以荫蔽性生活方式躲避天敌。其种群水平一般变幅不大，当种群数量一旦下降至平衡水平以下时，在短期内不易迅速恢复。金龟类、天牛类、麦叶蜂、十七年蝉、舌蝇等昆虫就是典型的K—对策者。

另一些昆虫则为r—对策者（r代表种群的内禀增长率），其数量经常处于不稳定状态，变幅较大，易突然上升和突然下降。一般种群数量下降后，在短期内易迅速恢复。这些昆虫个体较小，世代周期短，一年发生代数较多，寿命较短，繁殖力较大，死亡率较高，食性较广，特别是活动能力较强。强大的活动能力（如扩散、迁飞）不仅有利于昆虫摆脱种群因密度过大而造成的食源不足，去寻找新的食源，而且还有利于躲避天敌。其中较典型的有蚜虫类、非洲沙漠蝗、棉铃虫、小地老虎、家蝇等昆虫。

昆虫的生态对策从K—对策到r—对策是一个连续的系统。除极端的K—对策者和极端的r—对策者外，昆虫还存在许多过渡的中间型。例如，蚜虫属于极端r—对策者，但在各种蚜虫中，杏蚜和松蚜的体型大，繁殖力小，就倾向于K—对策者。

3. 昆虫与植物、天敌的协同进化

协同进化是指一个物种的遗传结构由于回应另一个物种遗传结构的变化而发生的相应改变，协同进化的现象是普遍存在的。

共栖、共生等现象都是生物通过协同进化而达到的互相适应。在昆虫与植物、天敌的协同进化过程中，昆虫展现出超强的适应能力。

（1）植食性昆虫与植物　大多数植食性昆虫为专食性，它们只取食某一科中的一种或数种植物，而取食不同科多种植物的广食性昆虫仅占很小比例。因此，不少生物学家认为昆虫与植物协同进化使昆虫从广食性向专食性演化。广食性的昆虫必须在行为和生理上适应植物多样的化学防御，而这种投入的代价很高；而专食性的昆虫则正好相反，寄主专一性给昆虫带来了生理和生态上的补偿。

在昆虫与植物协同进化的过程中，植物的次生物质起决定性作用。植物对昆虫的防御依赖于植物体内的各种次生物质，如萜类、酚类、生物碱、糖苷等，这些物质对某些昆虫有毒，能阻止其取食活动。面对昆虫的取食刺激，有的植物还能快速启动其应急防御体系，被取食的植株提高次生代谢物含量，或者发出信号，让临近的植株也采取相应的防御措施。例如，蝶类和蛾类幼虫的取食可诱导烟草、萝卜、黄瓜、甘蓝、玉米、山杨等植物产生挥发性化合物或次生代谢物。

然而，任何一种植物都不可能阻止所有植食性昆虫的取食。长期的进化使某些昆虫形成了相应的防御机制，以对付植物的次生物质。植食性昆虫对摄入体内的毒物有以下四种处理方式。其一，昆虫利用解毒酶，将毒物分解。例如，香豆素是伞形花科植物的主要次生物质，对很多昆虫有毒。但是，北美黑凤蝶 *Papilio polyxenes* Fabricius 则发展了以细胞色素 P450 氧化酶为主的解毒机制，该酶可打开毒素内的呋喃环。其二，昆虫以某种特别的行为方式，不让毒物发挥作用，避免中毒。如织叶蛾 *Depressaria pastinacella*（Duponchel）在取食前先将叶片卷起，然后躲在叶包内取食，以避免紫外线对毒素毒性的诱导。其三，昆虫把毒物快速排出体外。如烟草天蛾 *Manduca sexta*（Linnaeus）

是烟草的一种主要害虫，其幼虫取食烟草叶片后，吸收了大量的尼古丁，但是，它们能在2小时内将93%的尼古丁排泄掉。其四，有的昆虫把有毒物质“封存”在体内，自己不但不会中毒，反而变毒为宝，把它们作为化学武器加以利用。例如，君主斑蝶成虫血液中所含的强心苷类化合物就来自幼虫，幼虫吃萝藦草后，将这类毒物“封存”在体内。

（2）传粉昆虫与植物的花　昆虫传粉是昆虫获得营养，而植物实现繁殖的过程。自然界中，80%的被子植物为虫媒植物。传粉昆虫并不是无代价地为植物授粉，而是为了取食花蜜和花粉；植物的花朵以鲜艳的颜色和芳香的气味引诱传粉昆虫，这些昆虫的传粉活动使植物的杂交顺利进行。植物的花与传粉昆虫协同进化的最终结果是，不同的植物需要不同的昆虫传粉，而不同的昆虫也以不同的植物为传粉对象。一方面，传粉昆虫的活动导致花的特化，如花瓣呈筒状等；另一方面，漫长岁月的自然选择促使传粉昆虫类群在形态构造、生理机能和行为习性上发生改变，使其更适合于取食、传粉。植物的花和传粉昆虫协同进化的高级阶段是双方建立了专一的互惠共生关系。例如，榕属与榕小蜂科Agaonidae昆虫的共生关系，全世界的榕属 *Ficus* 植物已知750多种，每种植物只能由一种小蜂来传粉。另一个著名的例子是，龙舌兰科丝兰属 *Yucca* 植物与丝兰蛾科 Prodoxidae 昆虫的互惠共生关系。如果没有丝兰，丝兰蛾便无法生存；同样的，若没有丝兰蛾，丝兰也不能繁殖（图9-1）。丝兰蛾用其特化的口器采集和携带花粉。访花时，雌蛾将花粉团压在雌蕊的柱头上，以便让花粉达到子房内使其受精，发育成种子。然后雌蛾将几粒卵产入雌蕊的子房中。幼虫孵化后，以种子为食，但是它们只吃掉部分种子，还留下一些种子。这些种子将来可长成新的植株。

（3）昆虫与捕食性天敌　昆虫与捕食性天敌的相互适应并非一朝一夕形成的，而是长期协同进化的结果。捕食性天敌通常具锐利的爪，撕裂用的牙，毒腺或其他武器，以提高捕食效率；相

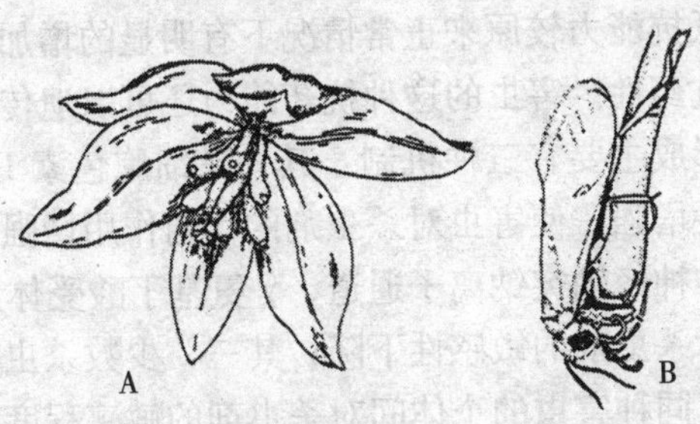

图 9-1　丝兰属植物与丝兰蛾的共生关系

A. 丝兰的花朵　B. 雌蛾在雌蕊的柱头授粉

反，作为猎物的昆虫常具保护色、警戒色、假死、拟态等适应特征，以逃避捕食。例如，蝙蝠的“捕食武器”是超声波，它们根据回声反射来确定猎物的位置；而一些蛾类能靠腹基部的“双耳”感受超声波，逃避蝙蝠的捕食（图 9-2）。不仅如此，灯蛾科 Arctidae 的某些种类能发出超声波对付蝙蝠的超声波，让蝙蝠无法准确定位。更有趣的是，为了对付蛾类这种“先进”的防卫系统，蝙蝠还能改变频率，避免发出蛾类最易接受的频率，或者停止回声探测而直接接受蛾所产生的声音以发现猎物。捕食者与猎物的相互适应是一场真实的“军备竞赛”。

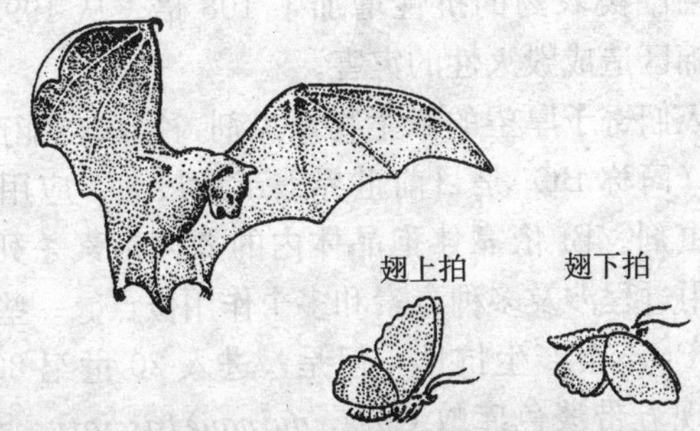

图 9-2　蝙蝠与蛾类的协同进化

4. 害虫对防治措施的适应

（1）对杀虫剂的适应　连续多次使用某种杀虫剂后，害虫对该杀虫剂的抵抗能力较原来正常情况下有明显的增加，这一现象就是害虫的抗药性。害虫的这种抗药能力还可以遗传给后代。害虫抗药性的形成主要有三种机制：其一，细胞色素 P450 等多种解毒酶的活性增强，使害虫对杀虫剂的代谢作用增强；其二，乙酰胆碱酯酶、神经轴突钠离子通道、γ-氨基丁酸受体氯离子通道等作用靶标对杀虫剂的敏感性下降；其三，少数杀虫剂对害虫的穿透率下降。同种害虫的个体间对杀虫剂的敏感程度存在一定的差异。使用一次杀虫剂后，敏感个体被杀死了，存活下来的是相对抗药的个体，它们的后代也是相对抗药的。如果继续使用同样的杀虫剂，该害虫的抗药水平就越来越高。对于生活周期短的害虫，其抗药性的发展会更快。这是害虫以大量的牺牲来取得保存自己的对策。世界上第一种合成的有机化学杀虫剂 DDT 于 1939 年问世，1946 年就发现昆虫对 DDT 的抗药性。几十年以来，随着杀虫剂种类的增加和广泛使用，具有抗药性的昆虫种类不断增加。据联合国粮农组织统计，从 1954—1985 年，抗药性害虫由 10 种增加到 432 种。害虫抗药性的增加，造成了农药剂量的加大，防治次数的增加，高效剧毒农药的滥用，从而加速抗药性的发展，形成了恶性循环。例如，在 1980—1990 年的 10 年间，我国棉铃虫对菊酯类农药的抗性增加了 108 倍。从 1992 年开始，该虫给华北棉区造成毁灭性的灾害。

即便是人们寄予厚望的微生物杀虫剂，害虫也能产生抗性。苏云金杆菌（简称 Bt）是目前世界上产量最大、应用最为成功的微生物杀虫剂。Bt 依靠伴孢晶体内的 δ-内毒素杀死害虫。δ-内毒素的作用过程涉及多种毒素和多个作用位点。一些研究者原以为昆虫对 Bt 不会产生抗性。但是，进入 20 世纪 80 年代后，人们相继发现五带淡色库蚊 *Culex quinquefasciatus* Say、印度谷螟 *Plodia interpunctella*（Hübner）等多种昆虫对 Bt 产生了抗性。在田间，世界性蔬菜害虫——小菜蛾也对 Bt 产生了抗性。

（2）对抗虫品种的适应　种植抗虫品种是控制农业害虫的一

种非常有效的措施。然而，一种抗虫品种在同一地区连续种植多年后，害虫很容易产生新的致害性种群，即生物型，从而使该品种丧失抗虫性。例如，褐飞虱 *Nilaparvata lugens*（Stål）是水稻的重要害虫之一，该虫在我国和东南亚稻区已相继出现了 11 种生物型，这些生物型的产生使大面积种植的抗性品种水稻失去了抗性，给抗虫品种的选育和推广构成严重的威胁。

为了控制农作物害虫的为害，世界各地的科学工作者从 20 世纪 80 年代开始，应用分子生物学技术，尝试将外源抗虫基因转入农作物体内，以获得转基因抗虫品种。目前，转 Bt 基因抗虫棉和抗虫玉米已进入商业化种植阶段。在我国，2006 年 680 万小型农户种植了 350 万公顷的抗虫棉。转 Bt 基因抗虫品种大面积种植后，害虫也会产生抗性，且为隐性遗传或多基因遗传。例如，棉铃虫对转 Bt 基因抗虫棉也能产生抗性。据研究，转基因抗虫棉并未把苏云金杆菌的几种杀虫毒蛋白基因都转入植株体内，因此，棉铃虫对抗虫棉的抗性上升速度要明显高于对 Bt 制剂抗性的上升速度；同时，如果应用不当，棉铃虫对抗虫棉和 Bt 制剂都会产生抗性。为了减缓害虫抗性的形成，可采用以下三种对策：其一，培育转基因双价或多价抗虫品种；其二，培育多种类型的单抗品种，采用轮换种植或混合种植；其三，在转基因抗虫品种的种植区，设立面积约占 20%的非抗虫品种区，为害虫提供避难所，使敏感的害虫个体较易存活下来，从而抑制害虫抗性的形成速度。

抗药性最广的昆虫： 烟蚜 *Myzus persicae*（Sulzer）已对 71 种化学杀虫剂产生了抗性。

三、昆虫在生态系统中的地位与作用

1. 基本概念

(1) 食物链与食物网　植食性动物取食植物，肉食性动物取食植食性动物，另一种肉食性动物又取食前一种肉食性动物，这种以植物为起点，彼此依存的食物联系所形成的链状结构，称为食物链。“大鱼吃小鱼，小鱼吃虾米，虾米吃泥巴”就是食物链概念的形象描述。一般食物链是由4～5环节构成的，如草→昆虫→鸟→蛇→鹰。食物链主要有两种类型，即捕食食物链和碎屑食物链，前者是以活的动植物为起点的食物链，后者则以死的生物或腐屑为起点。

许多条食物链交错联系在一起，形成错综复杂的网状关系，称为食物网。一般而言，食物网越复杂，生态系统抵抗干扰的能力就越强，反之亦然。

(2) 生物群落、生态系统和农业生态系统　生物群落：是指一定地段或一定生境内各种生物种群构成的结构单元。

生态系统：是指在一定空间范围内，所有生物因子和非生物因子形成彼此关联、相互作用的统一整体，即生物群落与其环境条件所形成的统一体。人们根据研究的需要，来划定生态系统的具体范围。生态系统不是静止不变的，而是一个动态的系统，要经历一个从简单到复杂、从不成熟到成熟的发育过程。

农业生态系统：是在人类生产活动的干预下，农业生物群体与其周围的自然和社会经济因素彼此联系、相互作用而共同建立起的固定、转化太阳能和其他营养物质，获取一系列农副产品的、经过人工驯化的生态系统。跟森林、湿地等自然生态系统不同，农业生态系统是由社会、经济、自然生态系统组成的复合系统，其特点包括：植物单一，生物多样性低，营养层次简短，群落演替不连续，需要人工辅助能，因此，该系统的自我调节能力和稳定性均较差。

(3) 生态平衡　生态平衡指一个生态系统在特定时间内的状态，在这种状态下，其结构和功能相对稳定，物质与能量输入输出接近平衡，在外来干扰下，通过自然调节或人为调控能恢复原初的稳定状态。

2. 生态系统的结构与功能

(1) 生态系统的结构　生态系统的结构包含四个部分：非生物环境、生产者、消费者和分解者。

非生物环境：包括土壤、水等的理化性质和成分，构成植物生长和动物活动的空间；物质代谢的环境，如太阳能、二氧化碳、氧气、氮气、无机盐、水等；生物代谢的媒介物质，如无机元素、无机化合物和有机物质（如蛋白质、糖类、脂肪、腐殖酸等）；气候因子。

生产者：主要指绿色植物，也包括蓝绿藻和一些光合细菌，是能利用简单的无机物质制造食物的自养生物。它们在生态系统中起主导作用。

消费者：即异养生物，主要指以其他生物为食的各种动物，包括植食动物、肉食动物、杂食动物和寄生动物等。消费者可分成若干级。食草动物为一级消费者，直接以植物体为食；食肉动物称为二级消费者，是以草食性动物为食的动物；三级或三级以上的消费者均食肉动物为食。同时有些消费者是杂食动物，既食植物，又食动物。

分解者：也是异养生物，主要是细菌和真菌，也包括某些原生动物和蚯蚓、白蚁等大型腐食性动物。它们能分解动物尸体或植物枯死枝叶，吸收其中的一些分解产物，释放出能为生产者所利用的简单化合物或无机物。

(2) 生态系统的功能　能量流动、物质循环和信息联系是生态系统的三大功能。食物链和食物网是实现这些功能的主要途径和渠道。

能量流动：能量是生态系统的基础，一切生命都存在着能量的流动和转化。能量的流动和转化是服从于热力学第一定律和第二定律的。生态系统中能量流动是单向的，只能从食物链的第一营养级流向第二营养级，再流向其他营养级，不能逆向流动，也不能循环流动。能量在沿食物链流动的过程中是逐级减少的，相邻两个营养级间的能量传递效率大约10%～20%。生物呼吸过程所产生的热能散失到环境中，不能再回到生态系统参与流动。在一个生态系统中，营养级越多，在能量流动过程中消耗的能量就越多。因此，生态系统必须不断地从外界获得能量，其能量来自太阳辐射或者人工辅助能（如电能、风能等）。

物质循环：是指生态系统的一切物质，包括有机物、无机物、化学元素和水（作为介质）从周围的环境到生物体，再从生物体回到周围环境的周期性循环。在生态系统中，物质循环与能量流动同时进行，彼此相互依存。物质是能量的载体，能量是动力，以促使物质不断循环。系统的各个组分有机地结合在一起，共同构成极其复杂的能量流动与物质循环网络系统，从而维持了生态系统的存在。某种元素或难分解化合物在生物体中的浓度会随着营养级的提高而逐渐增大，这一现象称为生物富集或生物放大作用。这些物质多为有毒物质或污染物，如DDT等不易降解的有机农药。

信息传递：简称信息流，就是指信息的传递、交换和转化。生态系统的信息可分为物理信息、化学信息、营养信息和行为信息。系统内各个组成成员之间、各个成员的内部以及生物与环境之间都存在着信息的传递和交流。生物在信息的影响下作出相应的反应及行为变化。动物之间的信息传递是通过其神经系统和内分泌系统进行的，决定着生物的取食、居住、社会行为、防护、性行为等一切过程。整个生态系统中能量流和物质流的行为由信息决定，而信息又寓于物质和能量的流动之中，物质流和能量流是信息流的载体。信息的传递和反馈作用使生态系统有条不紊，维持其动态平衡状态。

3. 昆虫的地位与作用

据统计，所有昆虫中，植食性昆虫、腐食性昆虫、捕食性昆虫和寄生性昆虫分别占48.2%、17.3%、28%和2.4%，其余的是杂食性昆虫。植食性昆虫处于食物链的第二营养级，捕食性昆虫和寄生性昆虫则主要位于第三营养级，有的为第四营养级。腐食性昆虫为生态系统中的分解者。杂食性昆虫比较复杂，既属于第二级或二级以上的各营养级，也可充当分解者的角色。昆虫为鸟类、野生动物、鱼类以及人类提供食物。

植食性昆虫、捕食性昆虫和寄生性昆虫在维护生态平衡过程中起着重要的作用。在自然生态系统中，昆虫的种群数量波动较小，这主要得益于该生态系统拥有复杂的营养结构，各个营养级的生物种类较多，因而自我调节能力很强，能有效地抵抗外界的干扰。相反，在农业生态系统中，生物栖息地的破碎化和作物品种的单一化破坏了生物之间原有的联系，昆虫群落结构趋于简单，系统内部的自我调节能力很差，易造成某种或几种昆虫的大发生。所以，在进行农业害虫综合治理时，应采取作物间作、套种，打破单一的作物结构，提高农田生物多样性，充分发挥捕食性昆虫和寄生性昆虫对害虫的控制作用，从而使害虫的种群数量经常地维持在较低的数量水平。

腐食性昆虫在生态系统的物质循环过程中发挥了重要作用。一些腐食性昆虫，如白蚁和蚂蚁，分解枯死植株、落叶的纤维素，加速了物质循环。白蚁和蚂蚁的个体虽小，但它们的总生物量均占全球陆地生物的10%，所以，它们对生态系统中物质分解的贡献是极其巨大的。另外，动物尸体的分解也依赖许多腐食性昆虫的参与，有的以动物尸体为食，有的将尸体掩埋入土，如各种蝇类昆虫和一些甲虫。腐食性昆虫成为地球上最大的"清洁工"（图9-3）。很难想象，如果没有这些"清洁工"，我们这个星球将会变成什么样！

图 9-3　蜣螂的贡献：如果没有蜣螂，地球将变成一个“粪球”

[第十章]

珍稀濒危昆虫和奇特昆虫

一、珍稀濒危昆虫

珍稀濒危物种泛指珍贵、濒危或稀有的野生动植物，其中包括许多昆虫。所谓濒危物种是指由于物种自身的原因或受到人类活动或自然灾害的影响而有灭绝危险的野生动植物。栖息地的人为破坏和过度捕杀是导致昆虫处于濒危状态的主要原因。

1. 珍稀濒危昆虫的确定

各国政府或国际性机构组织相关的专家，按照特定的程序和方法，确定哪些昆虫处于珍稀濒危状态。许多国家已定出了本国的珍稀濒危昆虫名录。全球珍稀濒危昆虫的认定主要来自两个权威性的国际性组织机构，即濒危野生动植物种国际贸易公约（CITES 公约）和国际自然及自然资源保护联盟（IUCN）。

（1）我国珍稀濒危昆虫的确定　《国家重点保护野生动物名录》于 1988 年 12 月 10 日经国务院批准，1989 年 1 月 14 日由中华人民共和国林业部、农业部令第 1 号发布，自 1989 年 1 月 14 日施行。该名录将国家重点保护的野生动物划分为国家一级保护动物和国家二级保护动物 2 类，共列入陆生野生动物 330 多种，其中有 2 种昆虫为一级保护动物，二级保护动物中有 12 种和 1 个属的昆虫。此名录的颁布是为了进一步加强对国家重点保护野生动物的保护，如有人捕杀或倒卖名录内所列的野生动物，将受到法律的惩处。

为了进一步贯彻落实《中华人民共和国野生动物保护法》，加强对我国国家和地方重点保护野生动物以外的陆生野生动物资源的保护和管理，2000 年 8 月 1 日国家林业局发布《国家保护的有益的或者有重要经济、科学研究价值的陆生野生动物名录》。该名录列入的陆生野生动物包括 5 纲 46 目 177 科1 591种，以及昆虫 120 属的所有种和另外 110 种，其中昆虫纲有 17 目 72 科 120 属另 110 种。

（2）濒危野生动植物种国际贸易公约　1972 年，在瑞典首都斯德哥尔摩举行的联合国人类与环境大会上，与会各方提出签署一个保护濒危野生动植物种的国际公约，后定名为《濒危野生动植物种国际贸易公约》（Convention on International Trade in Endangered Species of Wild Fauna and Flora，CITES）。1973 年 2～3 月，88 个国家在美国华盛顿讨论、并签署了 CITES，故又称《华盛顿公约》。《公约》在得到 10 个国家批准后，自 1975 年 7 月 1 日起正式生效。至今已有缔约方共 172 个国家和地区，我国于 1982 年正式加入 CITES。该公约的宗旨是对其附录所列的濒危物种的商业性国际贸易进行严格的控制和监督，防止因过度的国际贸易和开发利用而危及物种在自然界的生存，避免其灭绝。

CITES 确立了国家协调的管理机制，成员国大会为该公约的最高权力机构。每两年召开一次成员国大会，重新修改受公约管理的物种名单，审议公约的执行和执法问题。CITES 公约的缔约国必须指定专门的管理机构和科学机构，管理机构负责日常许可证的签发以及与国内外相关部门的联络，而科学机构则负责根据贸易是否会危及物种的生存和资源状况，养殖或培植是否可能成功等提出科学咨询意见。CITES 对经选择的国际贸易物种标本给予特定的控制。受 CITES 控制的物种的所有进口、出口和海上引进必须具有许可证方可通过审定。依据物种保护程度的需要，CITES将其列入三个附录之一。附录Ⅰ为濒临灭绝的物种，只有在一些特殊的情况下（科研交换、繁殖研究等）才允许其标本的贸易。附录Ⅱ中不一定临近灭绝的物种，但贸易必须受到控制以避免对其生存不利的影响。列入附录Ⅲ的是至少有一个成员国提出要求、其他成员国予以协助控制贸易的物种。现行附录物种总数达到了33 000种左右，其中动物约5 000种，植物约28 000种。附录中包括7个种和6个属的昆虫。

（3）国际自然及自然资源保护联盟　IUCN是International Union for Conservation of Nature and Natural Resources的缩写，是一个国际组织，其总部位于瑞士的格兰德市。IUCN的前身为国际自然保护联盟（IUPN），成立于1948年10月5日，是世界上最早成立的环境组织。1956年更名为世界自然及自然资源保护联盟，1990年改为IUCN－世界保护联盟（IUCN-the World Conservation Union）。IUCN具有两个显著特点：其一是参加成员广泛，由政府机构、非政府组织和140个国家等980个成员组成，是世界上唯一的由国家、政府和非政府组织平等参加的国际环境组织；其二是组织严密，由会员代表大会、理事会、秘书处组成，并有来自180多个国家的1万多名国际知名的科学家和专家为其下属的6个全球性的委员会工作，其中一个委员会为物种存续委员会。该委员会和几个物种评估机构一起，每年评估数以千计物种的绝种风险，将物种编入9个不同的保护级别，即绝灭、野外绝灭、极危、濒危、易危、近危、无危、数据缺乏、未评估，并制定出世界自然保护联盟濒危物种红色名录。

2007年9月13日IUCN向全球公布了濒危物种红色名录。世界上受威胁物种达到41 415种，其中16 306种物种濒临灭绝，比上一次发布的红色名录中公布的16 118种增加了188种；已经灭绝的物种达到785种，另有65种仅以圈养和栽培的形式存活在地球上。四分之一的哺乳动物、八分之一的鸟类、三分之一的两栖动物和70%的已鉴定植物受到威胁。

2. 我国珍稀濒危昆虫

我国珍稀濒危昆虫见表10-1。

表10-1 《国家重点保护野生动物名录》（昆虫部分）

一级保护动物：

1）中华蛩蠊 *Galloisiana sinensis* Wang

2）金斑喙凤蝶 *Teinopalpus aureus* Mell

二级保护动物：

1）伟铗虮 *Atlasjapyx atlas* Chou et Huang

2）尖板曦箭蜓 *Heliogomphus retroflexus*（Ris）

3）宽纹北春蜓 *Ophiogomphus spinicorne* Selys

4）中华缺翅虫 *Zorotypus sinensis* Huang

5）墨脱缺翅虫 *Zorotypus medoensis* Huang

6）拉步甲 *Carabus*（*Coptolabrus*）*lafossei* Feisthamel

7）硕步甲 *Carabus*（*Apotomopterus*）*davidi* Deyrolle et Farmaire

8）彩臂金龟（所有种）*Cheirotonus* spp.

9）叉犀金龟 *Allomyrina davidis*（Deyrolle et Fairmaire）

10）二尾凤蝶 *Bhutanitis mansfieldi*（Riley）

11）三尾凤蝶 *Bhutanitis thaidina*（Blanchard）

12）中华虎凤蝶 *Luehdorfia chinensis* Leech

13）阿波罗绢蝶 *Parnassius apollo*（Linnaeus）

（1）中华蛩蠊　成虫体细长，长约10毫米，头宽3毫米。背面和头部棕黄色，较暗。腹面、足和触角琥珀色，较淡。体表有细毛，腹部两侧和足着生稀疏、深棕色刺状毛。头宽大，中央有一个模糊的黑斑。复眼黑色、较小。触角丝状，有34节。口器咀嚼式，上颚发达。无翅。跗节5节。雄虫肛上板不对称。尾须很长，9节。

该虫隶属蛩蠊目，其形态既似蟋蟀又像蜚蠊。本目现存种类仅知1科4属29种和亚种，中华蛩蠊是我国唯一的已知种，于1986年首次在我国发现，分布于吉林长白山海拔2 000米处，近湖沼、融雪或水流湿地带。这类昆虫白天隐藏于石下、朽木下、苔藓或土中及洞穴中，多于夜间活动，取食植物或小虫。一生经过卵、若虫、成虫 3 个阶段，幼期形态和生活习性与成虫相似。该虫发育缓慢，完成一个世代需 7～8 年。中华蛩蠊濒危的原因在于栖息地遭到破坏、分布区过于狭小。

(2) 金斑喙凤蝶　体型优美，色彩艳丽，素有“梦幻之蝶”、“蝶中仙子”之称（图 10-1）。雌雄异型。雄蝶体金绿色，翅展 110 毫米左右。前翅外缘有 2 条黑带，前缘至后缘近后角处有 1 条黄绿色的斜带。后翅中域有 1 大型金黄色斑，后翅外缘有 5 条尾状突，中央的 1 条特长。前翅反面颜色不同，斑纹大致相似，后翅同正面。雌蝶稍大，缺少碧绿色，前翅淡黑色，外缘带黑色，亚外缘有 1 条绿色的细带，从前缘经中室中部到后缘有 1 条白色斜横带。后翅中域为大型乳白色斑，后翅外缘 5 条尾状突中有 2 条特长，呈弧形伸出。

图 10-1　美丽的金斑喙凤蝶

金斑喙凤蝶生活在山地海拔千米以上的阔叶及新叶常绿林带中，飞翔迅速。我国分布于广东、广西、海南、江西、浙江、湖南、福建、云南等省区，越南、老挝等国家也有分布。目前，共有 5 个亚种，即指名亚种、广西亚种、武夷亚种、海南亚种和国外的斯金卡亚种。本种珍稀的原因包括：分布地区狭窄，仅限于东洋区的局部地区；阳盛阴衰，雌、雄性比相差悬殊（1∶50～200）；因为珍稀，蝴蝶研究者、收藏家及爱好者都竞相猎取，甚至有人不惜重金收购，谋利者则狂捕滥采。

(3) 伟铗虮　伟铗虮隶属双尾目。体长约 38～58 毫米。头部和足为黄色，头部呈梯形。胸部和腹部第 1～7 节的背面为灰色，而腹面为黄色。第 8、9 节腹部的背面为褐色，第 10 腹节和尾铗为深褐色，并布有稀疏的小毛。触角 48～49 节，无感觉毛。上颚强壮。在我国主要分布于西部的四川省境内。该虫喜阴湿的环境，一般生活在土表腐殖质层的枯枝落叶中、倒木下、腐烂的树干中以及石缝内。

（4）尖板曦箭蜓和宽纹北箭蜓　蜻蜓目的种类很多，广布于全球，已知5 000多种。在我国，尖板曦箭蜓与宽纹北箭蜓不仅分布区狭窄，而且数量稀少。

尖板曦箭蜓：在我国台湾被称为曲尾春蜓。复眼绿色。头顶、后头及后头后方均为黑色。前胸主要为黑色，具黄斑。合胸（即中胸和后胸）背面黑色，具一个黄色横纹和一个倒“八”字黄纹；合胸侧方主要为黄色，具黑色纹。足大部分为黑色。翅透明，翅痣和翅脉均为褐色。腹部黑色，具黄色斑点。第 2 节基部具横纹，背部中央具一个三角形黄斑，侧下方黄色，第 3 节背面基部具黄色横纹，而侧下方具纵向黄斑；第 4～7 节背面基部具横纹；第 8～10 节黑色。雄虫第 10 腹节基部有小黄斑，腹末端膨大，肛附器如牛角。雌虫第 10 腹节不具黄斑，末端不膨大。该虫在我国福建、台湾等地有分布，生活于低海拔山区，常在溪流上游的静水区活动。成虫善飞翔。雌虫将卵块排于腹末端，然后飞至溪水处投卵。幼虫水生，捕食水中小动物。

宽纹北箭蜓：又称棘角蛇纹春蜓，个头比尖板曦箭蜓稍大，雄性腹长 40 毫米，后翅长 35 毫米；雌性腹长 47 毫米，后翅长 40 毫米。头顶黑色，后头及后头后方黄色。前胸黑色，具黄斑；合胸和足大多红黄色；翅透明，翅痣红褐色。腹部红黄色，两侧各具一个黑色条纹，该条纹在第 9～10 节的基部和端部加宽，在背面基部接近愈合，构成长椭圆形黄斑；第 7～8 节两侧稍膨大。飞行时虫体呈现绿色。雄虫的上肛附器黄色，端部向下弯曲，内肛附器黄色，端部尖锐，向上钩曲。该虫在我国分布于河北、山西、甘肃、内蒙古、北京等省、自治区、直辖市，其生物学特征与尖板曦箭蜓相似。

（5）中华缺翅虫和墨脱缺翅虫 中华缺翅虫和墨脱缺翅虫均隶属缺翅目。全世界已知 1 科 1 属 27 种，多数分布在近赤道两旁的热带、亚热带地区。1973、1974 年我国才在西藏发现了这 2 种缺翅虫，为东半球分布最北的 2 个种类。

中华缺翅虫：缺翅型雄性成虫体长 3～4 毫米，深褐色。头部正面观近三角形，触角 9 节，念珠状。口器咀嚼式。胸部发达，前胸背板近方形，中胸背板的后缘稍扩大，呈梯形。3 对足都被毛，后足较粗壮。腹部前 8 节背板为窄横形，两侧有对称刚毛，第 9 节背板后缘中央有棒状突出，两侧有数根对称刚毛。腹部末端两侧有 1 对乳头状尾须，不分节。此虫为渐变态，单个或群聚生活，栖息在原始常绿阔叶林内的风折木或死树的树皮下。我国仅分布于西藏察隅、本堆。

墨脱缺翅虫：有有翅型和无翅型之分。有翅型成虫体长 2.5～3 毫米，暗黑色。头部近三角形，复眼近圆形，单眼 3 个。前胸背板近方形，中、后胸十分发达。2 对翅窄长形，密布短绒毛，翅脉简单，前翅稍长于后翅，几乎等于体长的 1.5 倍。本种缺翅型与中华缺翅虫极为相近，但本种雄虫第 8 腹节腹板后部中央 4 根毛的排列为梯形，阳茎先端延长，并逐渐尖锐；而后者第 8 腹板后部中央 4 根毛的排列呈弧形，阳茎先端不延长，并突然收缩成针状。墨脱缺翅虫在我国仅西藏墨脱、汉密有分布。

（6）拉步甲和硕步甲 拉步甲和硕步甲均属鞘翅目步甲科。

拉步甲：体长 45～55 毫米。体色变异较大，头、前胸背板及鞘翅外缘红铜色，有金属光泽。前胸背板心形，长宽近等长。鞘翅长卵形，后端窄缩，绿色带有蓝绿色光泽，鞘翅末端在鞘缝处有上翘的刺突，各鞘翅有 6 行黑色瘤突。国内分布于江苏、浙江、江西、福建等省。

硕步甲：体长 40～42 毫米。头黑色。前胸背板呈蓝绿色，有光泽。鞘翅深绿色或红铜色，具金属光泽。鞘翅长卵形，在后缘 1/8 处突然弯曲，外角尖锐，鞘翅末端钝圆。各鞘翅有 4 条黑色纵脊和3行黑色瘤突。在我国浙江、福建、江西以及广东等省区有该虫的分布。

(7) 彩臂金龟属所有种 彩臂金龟属昆虫隶属鞘翅目臂金龟科 Euchiridae，体形硕大，体色多样。体呈长椭圆形，背面隆拱。前足，尤其是雄虫的前足极度延长。我国江苏、浙江、江西、湖南、广东、广西、海南等省区均有分布。例如，格彩臂金龟 *Cheirotonus gestroi* Pouillaude 体长 63 毫米，体宽 35 毫米。体较短阔，体色墨绿，有金属光泽。唇基深深凹陷。前胸背板甚隆拱，有前狭后宽深的中纵沟，侧缘呈显著锯齿形。鞘翅黑褐色，有许多不规则黄褐色斑点。雄虫前足腿节的前缘中段呈角齿形扩出，由齿顶向齿端呈锯齿形；胫节匀称弯曲，末端延伸为一细长指状突，中段背面有较短刺1枚，外缘有小刺4～5枚。幼虫取食腐朽木材。阳彩臂金龟 *Cheirotonus jansoni* Jordan 雄虫46～60毫米，雌虫约50毫米。前胸背板绿色，有金属光泽，鞘翅棕色，基部和侧缘具棕黄色斑。

(8) 叉犀金龟 体长30～60毫米。雄虫背面深黑色，无光泽。头部角突的顶端对称地分叉，分叉的顶端与角突的中轴几乎是垂直的。前胸背板的角突向前弯曲，顶端扩大而分叉，其末端呈新月形。雌虫黑亮，头部没有角突，腹部的前面部分无光泽，呈天鹅绒状。雌虫的足比雄虫的明显地变宽。我国华中地区有其分布。

(9) 二尾凤蝶和三尾凤蝶

二尾凤蝶：又称二尾褐凤蝶，翅展65～77毫米。复眼上生有睫毛，为蝶中所稀见。翅黑褐色，前翅上半部有6条黄色或黄白色的斜横带，从基部数第1、2条伸至后缘，第4、5条在中间合并后伸到后缘，亚外缘区有1条从前缘直达后缘，使翅面黄白色与黑底色的比例几乎相等。后翅有蓝色眼点2个，淡黄色新月形斑4个，尾突2个。该虫为我国特有种，四川、云南有其分布。成虫多栖息于海拔2 000米以上、气候温和、冬季干旱晴朗、夏季较为潮湿的高山峡谷林地中。

三尾凤蝶：又称三尾褐凤蝶，翅展 86～92 毫米。体黑色，腹面有白色绒毛。翅黑色。前翅有 8 条横带，从基部数第 1、2、4、8 条伸到后缘，第 6、7 条在中部合并后伸到后缘，但是第 7 条上半部不十分明显。后翅近臀角处有一大红斑，红斑下面有 3 个蓝斑，外缘有 4～5 个橙黄色斑，其中有的呈弯月形，尾突 3 个。该蝶为我国特有种，分布于甘肃、陕西、四川、云南、西藏等省、自治区，其幼虫以马兜铃科的攀缘藤本植物为食。

（10）中华虎凤蝶 中华虎凤蝶隶属虎凤蝶属 *Luehdorfia*。本属是亚洲东部特有属，仅分布于中国、东西伯利亚、朝鲜和日本一带，迄今仅发现四种：中华虎凤蝶和长尾虎凤蝶 *Luehdorfia longicaudata* Lee 为我国特有种；日本虎凤蝶 *Luehdorfia japonica* Leech 为日本特有种；乌苏里虎凤蝶 *Luehdorfia puziloi*（Erschoff）分布在我国东北、东西伯利亚、朝鲜及日本北部。

中华虎凤蝶翅展 45～55 毫米。在黄色衬底的前翅上，自前缘向后翅延射着 8 根如虎斑的粗黑条纹。后翅外缘呈锯齿状，有一小尾突，外缘黑带上镶有弯月形黄斑，黑带的中间嵌有蓝色斑点，最里面一列弯月形红斑。卵呈馒头形。幼虫 1～3 龄时有光泽。老熟幼虫深紫黑色，无光泽，其体表有 6 行黑色刚毛丛。蛹粗短，粗糙不平，具金属光泽。该虫喜欢生活在光线较强而湿度不太大的林缘地带，一年发生 1 代，以蛹越夏、越冬。幼虫取食马兜铃科的杜衡和细辛，可人工繁殖该虫。本种有 2 个亚种，指名亚种分布于江苏、浙江、安徽、江西、湖北、河南等地；而华山亚种分布于陕西的华山、太白山等地。栖息地丧失和退化，以及寄主植物的人为过度利用是其濒危的主要原因。中国昆虫学会蝴蝶分会的会徽采用了中华虎凤蝶的图案。

（11）阿波罗绢蝶 本种以希腊神话中的太阳神“阿波罗”命名（图 10-2）。翅展 79～92 毫米。翅白色或淡黄白色，半透明。前翅中室中部及端部有大黑斑，中室外有2个黑斑，外缘部分黑褐色，亚外缘有不规则的黑褐带，后缘中部有1个黑斑。后翅基部和内缘基半部黑色；前缘及翅中部各有1个红斑，有时有白心，周围镶黑边；臀角及内侧有2个红斑或1红1黑斑，其周围镶黑边；亚缘黑带断裂为6个黑斑。翅反面与正面相似，但翅基部有4个镶黑边的红斑，2个臀斑也为具黑边的红斑。雌蝶色深，前翅外缘半透明带及亚缘黑带较雄蝶宽而明显，后翅红斑较雄蝶大而鲜艳。成虫于7～8月出现，分布在高山地带和高纬度地区，常在草甸上缓慢飞翔。卵灰白色，扁平，表面有许多颗粒状的微小突起。幼虫以景天属植物为食，老龄幼虫体黑色，前胸至第9腹节亚背线上的圆形斑呈红色。蛹暗褐色，有光泽，覆盖有灰白色粉。该虫分布于我国的新疆，以及欧洲各国、土耳其、蒙古。在欧洲，由于山区或山脉的隔离，阿波罗绢蝶形成大量不同的地方种群，其变异主要表现在黑纹的深浅及红斑点的大小与数量。濒危原因包括过分采集与贸易、酸雨、都市化、农业化、森林砍伐。在波兰和西班牙，该虫早已灭绝。为此，不少国家和地区都已采取了相应有效的保护措施，诸如划栖息地为保护区、人工助殖、重引、植树造林、设立专门公园保护等等。

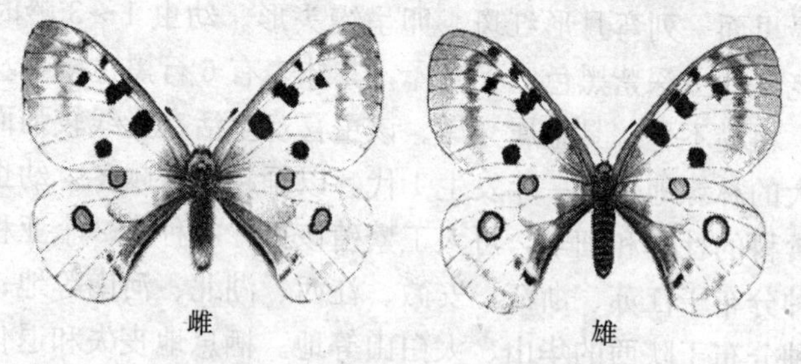

图 10-2 阿波罗绢蝶

3. CITES 公约珍稀濒危昆虫

(1) 附录Ⅰ濒危昆虫　所列入昆虫为4种濒临灭绝的蝴蝶

(见表 10-2)。女王亚力山大巨凤蝶分布于澳洲和亚洲的热带地区，是全世界最大的蝴蝶，雌虫展翅可达 250 毫米以上，幼虫以马兜铃类植物为食。吕宋凤蝶仅分布于菲律宾吕宋岛。荷马凤蝶在非洲有分布。科西嘉凤蝶分布于地中海的科西嘉岛。

表 10-2　CITES 公约中濒危昆虫名录

附录Ⅰ
女王亚力山大巨凤蝶 *Ornithoptera alexandrae* Rothschild
吕宋凤蝶 *Papilio chikae* Igarashi
荷马凤蝶 *Papilio homerus* Fabricius
科西嘉凤蝶 *Papilio hospiton* Géné
附录Ⅱ
阿波罗绢蝶 *Parnassius apollo* (Linnaeus) ★
斯里兰卡曙凤蝶 *Atrophaneura jophon* (Grey)
印度曙凤蝶 *Atrophaneura pandiyana* Moore
褐凤蝶属所有种 *Bhutanitis* spp. ★
巨凤蝶属所有种 *Ornithoptera* spp.
喙凤蝶属所有种 *Teinopalpus* spp. ★
乌凤蝶属所有种 *Trogonoptera* spp.
翼凤蝶属所有种 *Troides* spp. ★
附录Ⅲ
考锹甲属所有种 *Colophon* spp.

★　中国有分布记录

(2) 附录Ⅱ濒危昆虫　附录Ⅱ中共列入 3 个种和 5 个属的蝴蝶。阿波罗绢蝶分布要广一些，斯里兰卡曙凤蝶和印度曙凤蝶的分布范围有限，分别在斯里兰卡和印度南部有分布。

褐凤蝶属：又称尾凤蝶，该属分布于中国、不丹及印度。全世界已记载 7 种，我国均有分布，其中 5 种为我国特有种。本属所有种均为珍稀蝶类。除二尾凤蝶和三尾凤蝶外，还有不丹尾凤蝶 *Bhutanitis ludlowi* Gabriel、多尾凤蝶 *Bhutanitis lidderdalii* Atkinson、丽斑尾凤蝶 *Bhutanitis pulchristriata* Saigusa et Lee、玉龙尾凤蝶 *Bhutanitis yulongensis* Chou 和玄裳尾凤蝶 *Bhutani-*

tis nigrilima Chou。

巨凤蝶属：又称鸟翼蝶属，为大型凤蝶，雌雄异型。雄虫通常具有大面积的绿、蓝、红或其他颜色金属光泽，雌虫颜色较暗淡，翅型亦不相同。本属蝶种通常分布于海拔500～2 500米的热带雨林中，幼虫寄主植物为马兜铃属的各种植物。本属目前已知10余种，包括维多利亚鸟翼蝶 *Ornithoptera victoriae* Gray（7亚种，分布于所罗门群岛）；亚历山大鸟翼蝶 *Ornithoptera alexandrae*（Rothschild）（分布于新几内亚东南部）；欧比鸟翼蝶 *Ornithoptera aesacus*（Ney）（分布于欧比岛）；绿鸟翼蝶 *Ornithoptera priamus*（Linnaeus）（25亚种，分布于新几内亚及周边岛屿至澳洲北部）；红鸟翼蝶 *Ornithoptera croesus* Wallace（6亚种，分布于摩鹿加群岛）；王子鸟翼蝶 *Ornithoptera tithonus* De Haan（6亚种，分布于伊里安查雅）；罗氏鸟翼蝶 *Ornithoptera rothschildi* Kenrick（分布于伊里安查雅）；巨翅鸟翼蝶 *Ornithoptera chimaera*（Rothschild）（5亚种，分布于新几内亚与伊里安查雅）；极乐天堂鸟翼蝶 *Ornithoptera paradisea* Staudinger（5亚种，分布于新几内亚与伊里安查雅）；辉绿鸟翼蝶 *Ornithoptera goliath* Oberthuer（10亚种，分布于新几内亚与伊里安查雅）；南方天堂鸟翼蝶 *Ornithoptera meridionalis*（Rothschild）（2亚种，分布于新几内亚与伊里安查雅）。

喙凤蝶属：仅有2个种，除金斑喙凤蝶外，另一种为金带喙凤蝶 *Teinopalpus imperialis* Hope。金带喙凤蝶的形态与金斑喙凤蝶极相似，唯独后翅的金黄色斑呈带状。成虫翅展80～100毫米。身体、翅面大部分翠绿色，雌雄异型。雄蝶前翅基半部色深，以外侧黄绿色而内侧黑色的横纹分界。成虫飞翔力强且速度快，主要在阔叶常绿林带活动，幼虫取食木兰科的滇藏木兰。该虫分布于我国四川、云南、广西，以及缅甸、尼泊尔、不丹等国家。

鸟凤蝶属：又称红颈鸟翼蝶属，本属蝶种翅展约200毫米，雌雄异型，雄虫前翅狭长，翅底黑色，亚外缘具有整齐排列的三角形绿色金属斑，后翅狭小，于近中室或中室处具有单一金属绿色区域，反面有金属蓝条纹。雌虫色彩较暗淡。本属蝶种多分布于海拔500～1 500米的热带森林，雄虫有成群吸水的习性，有时甚至聚集于临海河床上吸水，但通常快速飞行于树冠层或在开阔的森林边缘穿梭。雌虫则多半访花。幼虫以马兜铃属植物为食。本属有2个种，即分布于马来西亚和印度尼西亚的红颈鸟翼凤蝶 *Trogonoptera brookiana*（Wallace）和菲律宾巴拉望岛上的巴拉望红颈鸟翼蝶 *Trogonoptera trojana*（Honrath）。

翼凤蝶属：又称裳凤蝶属，也为大型凤蝶，分布于亚洲和大洋洲，印度、中国南部、印度尼西亚、新几内亚岛的广大地区。全世界已记载20余种，其中我国已知3种，即金裳凤蝶 *Troides aeacus* Felder、裳凤蝶 *Troides helena*（Linnaeus）和荧光裳凤蝶 *Troides magellanus*（Felder et Felder）。金裳凤蝶雌蝶翅展150～170毫米，雄蝶翅展115～140毫米。体黑色，头、颈和胸部侧面有红毛，腹部侧面和腹面的大部分呈金黄色。前翅黑色，后翅金黄色。雄蝶后翅的各室有三角形黑色缘斑，雌蝶除缘斑外，各室中央另有一个三角形斑纹。位于雄蝶和雌蝶近臀角的3个翅室的三角形黑斑均向内扩散成黑晕。幼虫寄主为多种马兜铃属的植物。该蝶飞行较缓慢，姿态优美，后翅的黄斑在阳光照射下金光灿灿，显得华贵美丽，故命名为金裳凤蝶。在我国安徽、陕西、江西、浙江、福建、广东、广西、云南、西藏、台湾等省、自治区均有其踪迹，国外分布于印度、锡金、不丹、缅甸、泰国、斯里兰卡、马来西亚等国。裳凤蝶的形态与金裳凤蝶相似，但是其后翅近臀角的3个翅室均无扩散的黑晕，该蝶分布于我国海南、广东、广西、云南、香港，以及印度、印度尼西亚、新几内亚岛、尼泊尔、缅甸等国家。荧光裳凤蝶雌蝶翅展120～150毫米，雄蝶翅展100～130毫米。雄蝶前翅黑色翅脉两侧的灰白色鳞片明显，后翅金黄色，黑斑仅位于翅边缘，如从侧后方观察，后翅有荧光，其色彩随着光线角度而变，呈现青、绿、紫色变幻。幼虫取食马兜铃科的耳叶马兜铃和港口马兜铃。该蝶在我国台湾以及菲律宾有分布。

（3）附录Ⅲ濒危昆虫　列入附录Ⅲ的昆虫是锹甲科考锹甲属的所有种类，如好望角鹿角甲虫 *Colophon primosi* Barnard 等，它们仅分布于南非。

二、奇特昆虫

许多昆虫拥有艳丽的色彩、特别的外表特征，备受人们的关注。有些昆虫还成为昆虫爱好者的收藏对象或饲养宠物。以下列举了一些国内外的代表性种类。

1. 蝴蝶类

蝴蝶中以闪蝶科 Morphidae 和凤蝶科 Papilionidae 的种类最有美学价值和经济价值，其次为蛱蝶科 Nymphalidae、粉蝶科 Pieridae、绢蝶科 Parnassiidae、斑蝶科 Danaidae、环蝶科 Amathusiidae 等。有的种类被誉为国蝶（表 10-3）。除了前面所介绍的珍稀濒危蝴蝶外，还有许多美丽的种类。

表 10-3　不同国家的国蝶

国　家	国　蝶
不丹	多尾凤蝶 *Bhutanitis lidderdalii* Atkinson
印度尼西亚	皇帝凤蝶（绿鸟翼蝶）*Ornithoptera priamus* Linnaeus
印度	金带喙凤蝶 *Teinopalpus imperialis* Hope
马来西亚	红颈鸟翼凤蝶 *Trogonoptera brookiana*（Wallace）
美国	君主斑蝶 *Danaus plexippus*（Linnaeus）
秘鲁	光明女神蝶 *Morpho rhetenor helena* Staudinger
巴西	春神蝶 *Morpho rhetenor* Cramer
澳大利亚	天堂凤蝶 *Papilio ulysses* Linnaeus
日本	大紫蛱蝶 *Sasakia charonda* Hewitson

（1）闪蝶　闪蝶科学名来自希腊词“morph”，为美神维纳

斯的名字，意即美丽、美观。该科已记载80多种，仅分布于南美洲。最小的闪蝶翅展只有75毫米，最大的则超过200毫米。所有种类，不论是蓝色的、绿白色的，还是褐色的，在翅的反面或多或少都有成列的眼斑。部分种类的雄蝶和雌蝶具金属般的蓝色光泽，而某些种类仅雄蝶才有蓝色光泽。幼虫一般群集生活，取食各种攀缘植物，特别是豆科植物。例如，巴西的春神蝶 *Morpho rhetenor* Cramer 整个翅面呈蓝色，翅缘向内由紫蓝逐渐过渡，颜色随观察角度而变幻不定。春神蝶有多个亚种，其中一个亚种是光明女神蝶 *Morpho rhetenor helena* Staudinger，其前翅的蓝色由深蓝、湛蓝、浅蓝不断的变化，整个翅面犹如蓝色的天空镶嵌一串亮丽的光环，被誉为世界上最美丽的蝴蝶。蓝色多瑙河蝶 *Morpho cypris* Westwood 分布于秘鲁和哥伦比亚，其翅面犹如蔚蓝的大海上涌起朵朵白色的浪花。欢乐女神蝶 *Morpho nestira* Hübner 遍及南美雨林，从委内瑞拉到巴西均有分布。

(2) 凤蝶 我国台湾有三种著名的凤蝶，均为台湾特有种。台湾凤蝶 *Papilio thaiwanus* Rothschild 翅展80～100毫米。雄蝶翅黑色无纹，反面颜色较淡，后翅亚外缘及基部至内缘有大暗红色斑，斑内黑色部分呈圆形，后翅外缘呈锯齿状。雌蝶底色较淡，前翅中室基部有1个三角形红色斑，后翅有2个大白斑和多个红色圆环状纹，翅的正面与反面相似，唯白斑较大。雌蝶个体变异颇大。台湾宽尾凤蝶 *Agehana maraho* (Shiraki & Sonan) 展翅92～100毫米。前翅黑褐色，后翅中室附近有一白色大纹，外缘有一排红色弦月纹。尾突红色，特别宽大，内由第3、4翅脉贯穿。飞行速度极快，野外观察比较困难。双环翠凤蝶 *Papilio hoppo* Matsumura 后翅的反面有世界上独一无二的红色双重环状斑。

爱神凤蝶 *Papilio blumei* Boisduval 又称"琉璃凤蝶"，整个翅面遍布绿色微粒，左、右翅的中部各有一条蓝绿色的光带。爱神的传说就是源自这种蝴蝶。

天堂凤蝶 *Papilio ulysses* Linnaeus 翅内侧二分之一为纯净的天蓝色，外侧二分之一为黑褐色。后翅有黑色的尾突。全身在黑天鹅绒质的底色上闪烁着纯正蓝色的光泽。澳大利亚的土著人认为该蝶是来自天堂的使者。

天狗凤蝶 *Papilio euchenor* Guérin-Meneville 左右前翅各有一个对称的、仰着脖子和抬着双腿的可爱小狗，小狗上方好像是被它吃剩的月亮。巴布亚新几内亚有其分布。

锤尾凤蝶 *Atrophaneura coon*（Fabricius）尾突呈锤状，分布于广东、海南、印度尼西亚、泰国、缅甸、印度、马来西亚。

中非和墨西哥的长尾虎纹凤蝶 *Graphium androcles* Boisduval 是世界上尾突最长的蝴蝶，飞翔时长长的尾突飘飘扬扬，姿态非常优雅。

燕凤蝶 *Lamproptera curius*（Fabricius）和绿带燕凤蝶 *Lamproptera meges*（Zinken）均分布于我国华南地区。两者具有相似的形态特征，只是后一种的前、后翅的翅面有 1 条翠绿色斜带。这类蝴蝶是凤蝶科中体型最小的蝶种，也是所有蝴蝶中飞行技巧最高的蝶种，其飞行动作类似于蜻蜓。凭着它那振动频率特快的翅膀和后翅特长的尾突，它们能够空中停留、原地打转、左右平移、倒退飞行等，这些飞行动作是其他蝶种无法做到的。

（3）绢蝶　君主绢蝶 *Parnassius imperator* Oberthür 体大小仅次于阿波罗绢蝶，为我国特有种，分布于青海、甘肃、四川、云南、西藏。翅展 62～80 毫米。翅白色泛绿或淡黄白色，雌蝶色深。前翅中室中部及端部、中室外各有 1 条短的黑色横带；亚外缘有 1 条褐色横带，外缘黑褐色半透明，后缘中部有一黑斑。后翅基部、前缘及中部各有 1 个白心镶有黑边的红斑，臀角有 2 个镶有黑边的大蓝斑；亚外缘有 1 条弯曲的褐色带，翅基部及臀缘黑色，翅反面色淡，基部有 3～4 个镶有黑边的红斑。

（4）斑蝶　君主斑蝶 *Danaus plexippus*（Linnaeus）翅展 90～95 毫米。体黑色有细小白色斑点。翅正面橙红色，而翅反面色略淡，前翅的前缘、外缘及后缘有黑色宽带，前后翅外缘黑色宽带中缀有两列白色斑。雄蝶后翅的第 2 肘脉上有黑色斑。该种有迁飞习性，主要分布于美洲。

(5) 蛱蝶 紫蛱蝶属 *Sasakia* 共三种，我国都有分布。黑紫蛱蝶 *Sasakia funebris* (Leech) 和最美紫蛱蝶 *Sasakia pulcherrima* Chou & Li 是我国特有种。黑紫蛱蝶又称黑包公蝶，数量稀少，其翅基红色的部分分别为非常标准的数字"1"和英文字母"C"。大紫蛱蝶 *Sasakia charonda* Hewitson 分布于陕西、河南、湖北、浙江、台湾，以及日本。翅展 93～120 毫米。雄蝶翅基至中部紫色，有白色斑，其余部分暗褐色，有黄色斑。雌蝶全翅均为暗褐色，最内的斑纹白色（有的个体黄色），翅展时围成椭圆形，其他斑纹皆黄色。雄蝶后翅臀角有 2 个相连的红斑。

网丝蛱蝶 *Cyrestis thyodamas* Boisduval 翅展 45～50 毫米。翅上褐色或黑褐色斑纹纵横交错。国内分布于四川、西藏、云南、浙江、江西、广东、广西、海南、台湾等省、自治区，日本、南亚和东南亚也有分布。幼虫奇特，头部有两根细长的尖突，光滑的体表上有两条长的肉质突起，以榕树叶为食。

孔雀蛱蝶 *Nymphalis io* (Linnaeus) 后翅上有 4 个眼斑。受攻击时，会突然放下翅膀，露出眼斑，可以起到吓退捕食者的作用。

枯叶蛱蝶属 *Kallima* 的种类为拟态昆虫。例如，中华枯叶蛱蝶 *Kallima inachus* (Boisduval) 翅展 80 毫米。飞舞时，露出翅膀的正面，大部为绒缎般的黑蓝色，闪亮出光泽，点缀有几点白色小斑；横在前翅的中部，有一金黄色的曲边宽斜带纹线，宛如佩上了一条绶带；前后翅的外缘，均镶有深褐色的波状花边。停息在树枝或草叶上时，翅收合竖立，隐藏着身躯，展示出翅膀的反面，全身呈古铜色，色泽和形态均酷似一片枯叶。该蝶分布于我国的西南部和中部，以及缅甸、泰国、尼泊尔、不丹、锡金、印度。

有些蛱蝶翅上绘有数字和英文字母，故称为数字蛱蝶。它们多为中、小型蝶，分布于热带美洲海拔800米左右的山地，色彩均为鲜明的红、橙、黄、青、绿等彩色，后翅反面有89、88、98、80等数字的模纹。例如，秘鲁的黄纹数字蝶 *Callicore eunomia*（Hewitson）翅膀透明，仅后翅有一部分为鲜明的红色、橙色及蛇目纹，后翅反面的数字为“80”。

（6）环蝶　猫头鹰蝶 *Caligo teucer*（Linnaeus）后翅中央有2个大眼斑，“眼”由一个黑色的圆斑组成，其边缘仅有一圈白色的细线。眼斑十分醒目，恰似猫头鹰的神态，令其他动物逃之夭夭。哥斯达黎加至圭亚那、苏里南和厄瓜多尔均有其分布。

（7）雌雄嵌合体　蝴蝶是雌雄异体的昆虫，雌雄蝶有各自的第二性征。但是，在自然界中，也有个别的蝴蝶同时具备了雌雄两性的性征，这些个体称为雌雄嵌合体，也就是人们常说的“阴阳蝶”。狗脸蝶 *Zerene eurydice*（Boisduval）是美国加利福尼亚的著名蝶种，属小型粉蝶。前翅一半橙黄色，另一半黑褐色；黄色部分似小狗的脸，并有眼睛。后翅金黄色。该蝶就有雌雄嵌合体。同样的现象也出现在光明女神蝶和虎凤蝶 *Papilio glaucus* Linnaeus 中。

2. 蛾类

（1）天蚕蛾　乌桕大蚕蛾 *Attacus atlas*（Linnaeus）是世界上最大的蛾子。翅展180～210毫米。体翅赤褐色。前翅顶角显著突出，前、后翅的内线和外线白色；内线的内侧和外线的外侧有紫红色镶边及棕褐色线，中间夹杂有粉红及白色鳞毛；中室端部有较大的三角形透明斑；外缘黄褐色并有较细的黑色波状线；顶角粉红色，内侧近前缘有半月形黑斑一块，下方土黄色并间有紫红色纵条，黑斑与紫条间有锯齿状白色纹相连。后翅内侧棕黑色，外缘黄褐色并有黑色波纹端线，内侧有黄褐色斑，中间有赤褐色点。幼虫的寄主植物包括乌桕、樟、柳、大叶合欢、小蘗、甘薯、狗尾草、苹果、冬青、桦木等。该虫分布于我国江西、福建、广东、广西、湖南、台湾，以及印度、缅甸、印度尼西亚等国家。

尾蚕蛾属 *Actias* 的共同特征是后翅具长尾突。例如，绿尾天蚕蛾 *Actias selene*（Hübner）分布于中国、日本、印度等国，有多个亚种。*Actias selene ningpoana* Felder 是我国常见的亚种之一，体长 32～38 毫米，翅展 100～130 毫米，体粗大，体被白色絮状鳞毛而呈白色。胸背具暗紫色横带 1 条。翅淡青色，前翅前缘具白、紫、棕黑 3 色组成的纵带 1 条，与胸背紫色横带相接。前、后翅中部中室端各具椭圆形眼状斑 1 个。后翅尾突长约 40 毫米。足紫红色。

在马达加斯加也有一种长尾天蚕蛾，名为马达加斯加月亮蛾 *Argema mittrei* Guérin-Meneville，其雄蛾后翅的尾突长达 200 毫米。

（2）燕蛾　燕蛾科 Uraniidae 昆虫与一般的蛾子不同，为昼飞性。因其色彩鲜艳夺目，如彩虹一般，常被误认为蝶类。例如，马达加斯加的彩燕蛾 *Chrysiridia rhipheus* Drury 翅展75～90 毫米，翅黑色，有红色、蓝色和绿色的闪光色斑，这些艳丽色斑为纯粹的物理色彩。幼虫以大戟科的一种植物 *Omphalea oppositifolia* 为食，故身体有剧毒。

3. 甲虫类

（1）虎甲　虎甲科的一些种类有亮丽的色彩。例如，金斑虎甲 *Cicindela aurulenta* Fabricius 体长 18 毫米左右；头胸大部分铜红色，部分蓝绿色，前胸长宽近于相等，两侧平行；鞘翅底色深蓝，无光泽，侧缘绿色，每翅有 3 个大黄斑。该虫活动敏捷，常见于山路上。在我国华南、华东、西南地区均有分布。

（2）天牛　彩虹长臂天牛 *Acrocinus longimanus* Linnaeus 是腿最长的天牛。体长 7 厘米，而前足的长度是体长的 2 倍多。该虫在秘鲁有分布。

（3）棒角甲　棒角甲科 Paussidae 昆虫多生活于蚁巢中，幼虫捕食性。全世界已知 300 余种，我国 10 种左右。体长 5～13 毫米，多黑褐色。头部约与前胸等宽或稍窄。触角变异较大，有 2 节者，第 2 节片状膨大，也有 10～11 节者，第 3 节或第 4 节起到端部逐渐膨大。前胸基部窄、端部宽，明显窄于鞘翅。鞘翅两侧平行，端部钝圆。前足到后足逐渐变长，胫节多粗糙，跗节 5 节。腹部一般为 4 节。代表性种类有棒角甲 *Platyrhopalopsis mellyi* Westwood。

（4）琴步甲　琴步甲属 *Mormolyce* 的种类隶属步甲科 Carabidae，分布于东南亚热带原始森林中。成虫体型非常扁平，头部延长，鞘翅向两侧延伸，整个虫体类似提琴状，适应于在树皮下、土缝等狭窄空间内生活。幼虫生活在朽木里，以蕈类为食。常见种有 *Mormolyce hagenbachi* Westwood 和泰国南部的 *Mormolyce phyllodes* Hagenbach。

（5）象甲　马达加斯加的长颈象鼻虫 *Trachelophorus giraffa*（Jekel）是世界上最长的象鼻虫，体长可达 80 毫米。雄虫的头部极度延长，看似长颈鹿的颈状。该虫以野牡丹科的植物 *Dichaetanthera cordifolia* 叶片为食。

欧洲栗象 *Curculio elephas*（Gyllenhal）体长 6～9 毫米，体密被绒毛，喙细长且极度弯曲，雌虫的喙与身体一样长。该虫已被列入我国对外检疫对象的名单中。

三锥象为雌雄异型。喙长且直，触角不呈膝状，10 节，末节很长，无明显的棒状部，鞘翅狭长，刻点行列明显。全世界已知1 300种，我国不到 50 种。例如，甘薯小象甲 *Cylas formicarius elegantulus*（Summers）为重要的农业害虫，成虫和幼虫在田间和仓库为害薯块。

（6）紫茎甲　紫茎甲 *Sagra femorata purpurea* Lichtenstein 隶属叶甲科 Chrysomelidae，体长 30 毫米左右，有光泽，呈现紫色、古铜色及紫蓝绿的幻彩。雌性成虫的前、中足较短，后足腿节发达。雄性成虫的后足腿节粗长，其端部远远超过鞘翅末缘。幼虫以豆科和薯蓣科植物为食，钻蛀茎秆，形成肿瘤状虫瘿。该虫在我国南方有分布。

（7）叩头虫 叩头甲科 Elateridae 的部分种类具有艳丽的色彩。例如，虹彩叩头虫 *Campsosternus gemma* Candeze 又称朱肩丽叩甲，体长 33～36 毫米。全身发亮，前胸背面蓝绿色，其两侧各有 1 条红色纵纹。鞘翅金绿色，有铜色闪光。在我国江苏、安徽、湖北、浙江、江西、湖南、福建、台湾、重庆、四川、贵州等地有其分布。

（8）吉丁虫 吉丁甲科 Buprestidae 昆虫的体形与叩头虫相似，但前胸与鞘翅相接处不凹下，前胸与中胸密接而无跃起构造。成虫体色鲜艳，常有美丽的金属光泽，但幼虫奇丑无比，如分布于我国江西、安徽、浙江及湖南的橡树金吉丁 *Chrysochroa fulgidissima* Schönherr。

（9）金龟甲 花金龟科 Cetoniidae 的黄粉鹿花金龟 *Dicranocephalus wallichi*（Hope）体长 19～25 毫米。体被黄绿色粉层。头部有鹿角状角突，前胸背板中央的 2 条叉状栗色肋纹较短，鞘翅近长方形，肩部最宽，两侧向后渐收狭，缝角不突出。雌虫则无鹿角。该虫分布于辽宁、河北、河南、山东、江苏、江西、广东、重庆、四川、贵州、云南有 2 个亚种，即 *Dicranocephalus wallichi wallichi* 和 *Dicranocephalus wallichi bourgoini*，后一个亚种为台湾所特有。

犀金龟科 Dynastidae 又称独角仙科，全世界记载约有 1 400 种，我国记载约 33 种。雄性成虫的头部和前胸背板常有巨大的角突或凹坑，雌虫无角突或只有很低矮的角突。触角 10 节，鳃片部由 3 节组成。长戟大兜虫 *Dynastes hercules* Linnaeus 以希腊神话中的大力士 Hercules 来命名，为世界上体型最大的甲虫（图 10-3）。该虫分布于中南美洲各国，共有 13 个亚种，其中以指名亚种 *Dynastes hercules hercules* 体型最大，体长可达 170 毫米，除了粗大的胸部角突之外，头部角突末端的回勾较不明显，头部角突基部的齿突通常为2个，但有时为3～4个，与其他亚种相比较，鞘翅光泽较强烈，且体毛略呈黄白色。中美洲还有另一个相似的种类，即海神大兜虫 *Dynastes neptunus* Quenzel，雄虫体黑色或褐色，头部角突几乎与胸部角突一样长，胸侧还有2根稍短的犄角。南洋大兜虫属 *Chalcosoma* 的种类是亚洲最大的甲虫，分布于东南亚一带，雄虫体漆黑，前胸的1对角突呈牛角状，非常雄壮，常见的有3种，即亚特拉斯南洋大兜虫 *Chalcosoma atlas* Linnaeus、高卡萨斯南洋大兜虫 *Chalcosoma chiron* Olivier 和婆罗洲南洋大兜虫 *Chalcosoma moelenkampi* Kolbe。

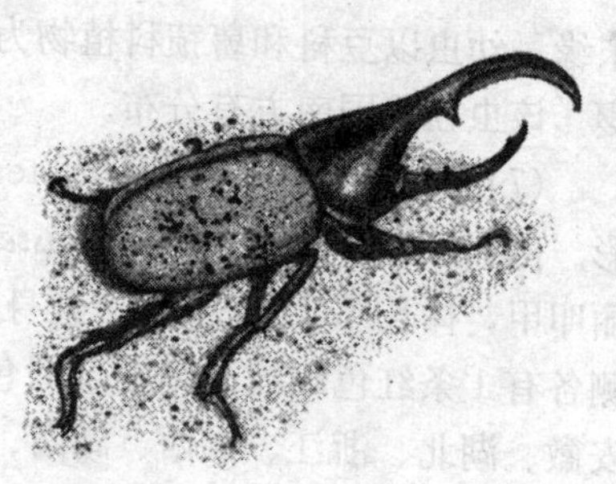

图 10-3　威武的雄性长戟大兜虫

(10) 锹甲　彩虹锹隶属锹甲科 Lucanidae，全世界仅1属1种，那就是分布于澳洲北部及新几内亚岛的澳洲彩虹锹形虫 *Phalacrognathus muelleri* (Macleay)，雌虫和雄虫全身均散发出虹彩般的光泽，且体色随着光线角度变换。该虫被誉为世界上最美丽的锹型虫。

印尼金锹 *Lamprima adolphinae* Gestro 头部及前胸背板具有绿中带红的金属光泽，鞘翅有绿中带黄的光泽，最特别的是6只足均有蓝色光泽。

智利长牙锹 *Chiasognathus granti* Stephens 全身坚硬，呈扁平状。雄虫具有非常长的呈锯齿状的上颚。该虫喜食腐熟水果及蜜糖，具趋光性。

4. 其他昆虫

(1) 突眼蝇　突眼蝇科 Diopsidae 昆虫为中小型蝇类。全世界已知13属150种。成虫体长4～10毫米，黑褐色或红褐色。

头部两侧突伸成长柄，复眼位于柄端，触角生于其内侧前缘。胸部粗壮，中胸背板有强大的刺突 2～3 对，小盾刺位于小盾片端部。翅狭长，前后缘略平行，前缘完整无缺刻。足细长，前足腿节粗大。腹部细长，而端部膨大如棒状或球状。

(2) 提灯蜡蝉　生活在中南美洲热带雨林中的提灯蜡蝉 *Fulgora laternaria*（Linnaeus）隶属蜡蝉科 Fulgoridae。成虫体长 80 毫米左右，体色极其绚丽，头部有奇特的角突，呈花生的形状。

(3) 角蝉　角蝉科 Membracidae 昆虫形态奇异，体小至中型。前胸背板非常发达，向后方延伸至腹部上方，常有各种形状的突起。它们主要取食乔木和灌木。全世界已知3 000多种，我国已知 300 余种。代表性种类有角蝉 *Membracis lunata* Fabricius 和四瘤角蝉 *Bocydium globulare*（Fabricius）。

(4) 叶足缘蝽　缘蝽科 Coreidae 的澳大利亚叶足缘蝽 *Leptoglossus gonagra*（Fabricius）体背黑褐色，后足胫节呈叶片状。身体腹面有许多黄色斑点。胸部前方有黄色新月形横斑。该虫群聚吸食苦瓜汁液。

(5) 叶型竹节虫　马来西亚有一种叶型竹节虫 *Phyllium giganteum* Hausleithner，其雌虫体长可达 127 毫米，是世界上最大的叶型竹节虫。

[第十一章]

昆虫与人类

昆虫与人类有着复杂而密切的关系。有些昆虫直接或间接危及人类健康或对人类的经济利益造成不利的影响，被称为有害昆虫，另一些昆虫则刚好相反，是有益昆虫，成为人类的“朋友”，有助于人类的生存和发展。然而，绝大多数昆虫是中性昆虫，对人类既没有好处，也不会产生明显的负面影响。但是，昆虫对人类的益与害也只是相对而言的，并不是一成不变的，往往取决于昆虫的种群数量。有些昆虫在种群数量较大时，就成为害虫；反之，则为益虫或中性昆虫。还有一些昆虫与人类的关系具有多重性，同时充当两种或多种角色，如苍蝇是令人讨厌的卫生害虫，而人工大规模饲养的苍蝇可用来提取抗菌肽和蛋白质，为人类服务。昆虫除了影响人类的物质生活外，还渗透到人类的精神生活领域，使之更加多姿多彩。

一、有害昆虫

有害昆虫包括危害动植物及其产品的种类，以及危及人们身体和生活的种类。前一类害虫与人类之间形成竞争关系，而后一类害虫则跟人类有更为直接的冲突。人类为了更好地生存下来，不得不采取多种措施来控制害虫，尽可能地减少其危害和损失。

1. 农作物、经济植物害虫

在人类栽培的植物中没有一种不遭受昆虫的为害。大面积栽培的农林植物和贮藏的各种农林产品为许多植食性昆虫提供了富足的食料。全世界有67 000多种有害生物危害农作物，其中9 000种为昆虫和螨类。在我国，水稻害虫约有300种，棉花害虫已超过300种，果树害虫1 000多种，玉米害虫50多种，仓库害虫300多种，森林害虫400余种。

害虫危害所造成的经济损失是相当惊人的。据估计，农作物的平均损失率为10%，而果树、蔬菜、药材等经济作物的平均损失率一般为15%～20%。如果不喷施杀虫剂，主要作物的产量损失率会更高，如小麦可达52%，水稻为83%，玉米为59%，马铃薯为74%，大豆为59%，棉花为84%。据联合国粮农组织统计，全世界5种作物（稻、麦、棉、玉米、甘蔗）每年因虫害损失高达2 000多亿美元。农产品收获后，在贮藏、加工期间也会受到害虫的侵害，如粮食在贮运过程中一般损失5%～10%。

树木或森林常常遭受松毛虫、天牛、小蠹等害虫的危害。在我国，仅松毛虫每年发生面积达200万～270万公顷，减少木材生长量270万～380万米^3。建筑物、桥梁、枕木、船舶、家具、衣物、书画等也常遭受白蚁等害虫的危害，其损失极为严重。

2. 植物病害的传播者

害虫不仅直接危害植物，而且还能传播植物病害。植物的真菌、细菌和病毒病害中均有以昆虫为传播媒介的病害，特别是植物病毒病。刺吸植物汁液的昆虫是植物病毒病最主要的传播者。据记载，由昆虫传播的病毒病有397种，其中170种由蚜虫传播，133种由叶蝉传播。小麦黄矮病、油菜和白菜上的芜菁花叶病毒均由蚜虫传播。小麦、玉米、水稻都有飞虱、叶蝉传播的多种病毒。郁金香碎色花瓣病又称郁金香白条病，由郁金香碎色病毒引起，靠桃蚜和其他蚜虫传播。榆枯萎病的病原菌是2种真菌，其传播由小蠹科昆虫完成。1930年该病随木材携带从欧洲传入美国，几乎造成了美国白榆的灭绝。榆枯萎病原菌被列为“全世界最具破坏性的100种入侵生物”之一，也被列入中华人民共和国进境植物检疫禁止进境物名录。害虫传播病害给生产上带来的经济损失远大于其取食或产卵等所造成的直接损失。因此，消灭媒介昆虫是防治许多植物病害的主要措施。

3. 直接危害人和其他动物的害虫

（1）体外寄生的吸血害虫　蚊子、跳蚤、虱子、蠓、蚋、牛虻、刺蝇、臭虫、锥猎蝽等体外寄生性害虫直接吸取家畜、家禽和人的血液，引发骚扰、奇痒、红肿、过敏等不良反应，人和动物的栖息与健康均受到影响。

（2）体内寄生的害虫　许多蝇类幼虫寄生于家畜的体内，造成蝇蛆病。例如，胃蝇蛆病为一种慢性寄生虫病，是由双翅目胃蝇科 Gasterophilidae 胃蝇属 *Gasterophilus* 的各种胃蝇幼虫寄生于马、驴、骡等动物胃肠道内所引起的。马胃蝇 *Gasterophilus intestinalis* De Geer 是我国常见的一种胃蝇。马胃蝇成虫外观似蜜蜂，飞行缓慢，产卵于马的前腿、肩部、胸部及腹部等处的毛上。幼虫的蠕行活动引起马的痒感和啃咬，从而经口感染。幼虫移行至马的胃后，以2对坚硬的口钩固着在胃壁上，获取营养，在胃中经过夏、秋、冬季，到明年春季排出体外，然后在土中化蛹，经3～5周成虫羽化。患病的马常表现慢性胃肠炎，消化不良，躯体瘦弱。严重感染时，马匹会衰竭死亡。

（3）毒性昆虫或攻击性强的害虫　蜂类、蚁类、毛毛虫、隐翅甲等一些有毒的昆虫对人、畜产生直接的伤害。全世界每年因蜂、蚁刺螫而伤者多达500万人次。人畜误食毒虫而中毒的现象也屡见不鲜。行军蚁、红火蚁等攻击性强的昆虫对人、畜的恐吓和攻击也会造成严重的后果。亚马逊河流域一带的行军蚁所到之处可以把所遇到的其他大小动物吃得仅剩白骨。

4. 传播人畜疾病的害虫

昆虫对人的间接危害之一是污染食品、粮食或用品。蟑螂和蝇类都有边吃、边吐、边排泄的习性，对食物造成严重的污染。蟑螂还能分泌和排泄出有异臭的物质，令人恶心或呕吐。蚂蚁侵入建筑物和居室也会造成食物污染，有些地方的食品厂、制药厂和医院等常受蚁害的困扰，造成食品、原料和医疗器械的污染。

传播疾病是昆虫对家畜、家禽和人类最主要的间接危害，如蝇类昆虫能传播霍乱、伤寒、副伤寒、痢疾等多种疾病。昆虫所传播的人类疾病中，危害最严重的是传染病。大约 2/3 的人类传染病是以昆虫为媒介的，主要由蚊、蝇等吸血昆虫传播。一部分虫媒传染病为虫媒寄生虫病，如疟疾是一种由疟原虫所引起的疾病，发生在热带和亚热带地区，其传播者为按蚊。在我国主要有 4 种按蚊，即中华按蚊 *Anopheles sinensis* Wiedemann、嗜人按蚊 *Anopheles anthropophagus* Xu et Feng、微小按蚊 *Anopheles minimus* Theobald 和大劣按蚊 *Anopheles dirus* Peyton et Harrison。还有一部分虫媒传染病为虫媒病毒病。国际上已发现 537 种虫媒病毒，其中 130 余种可引起人畜共患病，导致发热、皮疹和关节痛、出血热、休克等，严重的可以引起死亡。例如，登革热的病原体是登革热病毒，其传播媒介为埃及伊蚊 *Aedes aegypti*（Linnaeus）和白纹伊蚊 *Aedes albopictus*（Skuse），而流行性乙型脑炎又称日本乙型脑炎，在我国是由三带喙库蚊 *Culex tritaeniorhynchus* Giles 传播的。迄今，针对虫媒病毒病的特效药物尚未研究出来，预防的最好办法是注射疫苗，可是大部分虫媒病毒病目前也无可用疫苗。长久以来，虫媒传染病给人类造成了极为惨重的损失。例如，鼠疫曾是历史上危害最严重的疾病之一，跳蚤传播鼠疫杆菌，造成了鼠疫的流行。据记载，鼠疫有过 3 次大规模流行。第 1 次在公元 6 世纪，首先发生在地中海附近地区，遍及北非、中东、欧洲和亚洲，持续 50～60 年，导致 1 亿人死亡，罗马帝国也随之毁灭。第 2 次开始于 14 世纪 20 年代，1347 年起传入欧洲，其后 300 年鼠疫横扫欧洲，估计死亡 2 500万人，占整个欧洲人口的 1/4～1/3，其中 1664—1665 年，伦敦流行鼠疫，被命名为“黑死病”，造成10万人丧生。第3次世界大流行始于1894年，鼠疫从我国云南和缅甸交界处向全世界传播，10年期间就传播到77个港口，波及60多个国家，死亡人数多达数千万，其中我国死亡102万余人。这次世界性的大流行直到20世纪30年代才得以终止。迄今，由昆虫传播的病疫仍然威胁着人类的健康。在非洲，每年有1亿人患疟疾，80万人因此而丧生。

有些昆虫能传染家禽的疾病，如马的脑炎（病毒）、鸡的回归热（螺旋体）、牛马的锥虫病、焦虫病（原生动物）、犬的丝虫病（蠕虫）等，都是由各种吸血昆虫所传染的。

二、有益昆虫

人类利用昆虫或其产物（分泌物、排泄物、内含物等）已有数千年的历史。在人类的日常生活、医疗健康、食品、科学技术等诸多领域，都能看到昆虫的踪影。昆虫作为一类重要的资源，为人类创造了巨大的财富。资源昆虫的种类非常丰富，可分为工业用昆虫、药用昆虫、食品昆虫、饲用昆虫、天敌昆虫、观赏昆虫、传粉昆虫、环保昆虫、法医昆虫和科研用昆虫等类型。对某些昆虫而言，其产业价值涉及多个领域，因此，可以对这些资源昆虫进行多方位和多层次的开发和利用。

1. 工业用昆虫

工业用昆虫是一类具有重大经济价值的资源昆虫，主要包括绢丝昆虫、紫胶虫、胭脂虫、白蜡虫、五倍子蚜等，其产物为蚕丝、紫胶、白蜡、五倍子等。它们在各个行业中有着十分广泛的用途。

（1）绢丝昆虫　能吐丝的昆虫分属20个目，人工养殖的绢丝昆虫仅有鳞翅目的几种蛾类。

家蚕又称桑蚕，隶属鳞翅目蚕蛾科 Bombycidae，是一种以桑叶为食的泌丝昆虫（图 11-1）。5 000多年前，经长期家养，我们的祖先将野蚕 *Bombyx mandarina*（Moore）驯化成了家蚕。家蚕幼虫以桑叶为食，茧可缫丝。蚕丝主要成分为丝素和丝胶，均为由 18 种氨基酸构成的蛋白质。丝素是强韧又有弹性的丝心蛋白，为优质蛋白质纤维，而丝素是丝胶蛋白，易被温水除去。茧丝的色素一般存在于丝胶中，缫制后色素随丝胶溶失。每条蚕生成的丝蛋白质约有 0.35～0.60 克。养蚕业起源于我国的黄河流域，我国古代蚕丝的发展促成了对外通商和文化交流。早在公元 11 世纪，蚕种和养蚕技术已传入朝鲜，公元前 2 世纪传入日本，公元 6 世纪传入土耳其、埃及、阿拉伯及地中海沿岸国家。所以，蚕丝代表东方古代文明，小小的蚕儿成为文化使者，在东西方文化交流中起着非常重要的作用。在汉代（公元前 138 年至公元前 126 年），张骞出使西域，开辟了第一条“丝绸之路”，这条国际商渠的建立第一次郑重地沟通了我国与亚欧的联系，特别是经过中亚中转的丝绸源源不断地进入欧洲，从而建立起了真正意义上的国际丝绸贸易。后来又相继开辟了“草原丝绸之路”和“海上丝绸之路”，进一步促进了我国的对外贸易。目前，世界上有 30 多个国家发展蚕业，以我国为最多，浙江、江苏、四川、广东等地为家蚕茧的主要产区。我国生丝出口约占国际生丝贸易额的 90%，丝绸占 40%。仅中国丝绸就远销世界 100 多个国家和地区。现在，蚕丝已不再限于传统的丝绸工业，在轻工、国防、医用材料等方面也得到了应用。

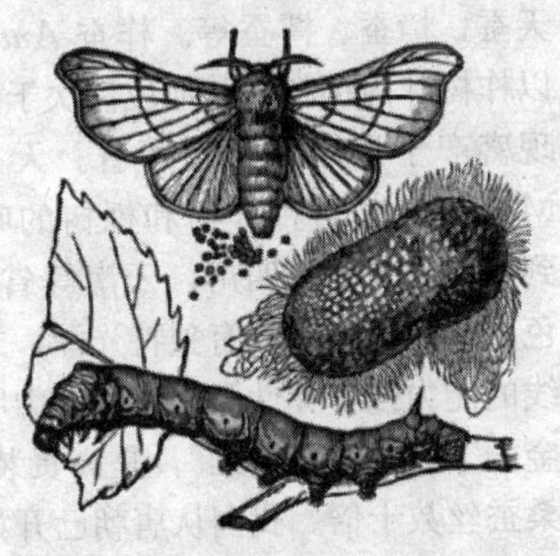

图 11-1　家蚕的生活史

除桑蚕外，我国人工养殖的绢丝昆虫还有天蚕蛾科的柞蚕、天蚕、樟蚕、樗蚕等。柞蚕 *Antheraea pernyi* Guérin-Meneville 以柞树叶为饲料，其地位仅次于桑蚕。最早见于公元前 1200 年，现盛产于辽宁、河南等省。天蚕 *Antheraea yamamai* Guérin-Meneville 以各种柞树和栎树的叶片为食，我国从东北向西南，到广西、贵州、四川、云南等省区都有分布。天蚕丝为天然绿色，不需染色，具有独特光泽，柔软性好，吸汗排湿和遮挡紫外线的能力强，弹性和耐酸碱能力明显优于桑蚕丝，被誉为“绿色金子”和“钻石纤维”，是高贵装饰品的原料，其商品价值高于桑蚕丝数十倍。我国从唐朝已开始利用天蚕，距今约1 300多年，而人工饲养至少开始于 17 世纪，约在 100 年前已向外国出口。

（2）紫胶虫　紫胶虫为同翅目胶蚧科 Kerriidae 胶蚧属 *Kerria* 昆虫，主要分布于热带和亚热带地区，全世界有 20 余种，已鉴定到种名的有 19 种。我国约有 10 余种，如中华紫胶虫 *Kerria chinensis*（Mahdihassan）等。紫胶虫寄生在豆科的黄檀属、桑科的榕属、田麻科的大叶子树和鼠李科的酸枣树等 40 多种乔灌木上。紫胶又名“火漆”，是雌性紫胶虫的紫色或紫红色分泌物，每 330 头雌性紫胶虫可产生 1 克紫胶。紫胶是一种纯天然树脂，其主要成分为羟基脂肪酸等物质。紫胶作为一种高档的涂料，对平滑的表面（如玻璃、金属、云母等）有强烈的黏附力，用于油刷高级家具和木制品以及装饰品，同时还是塑料、导电绝缘体、橡胶填充剂、防湿剂等重要工业产品的原料。紫胶虫的原产地在印度、斯里兰卡、泰国、越南、印度尼西亚、菲律宾等国家。在我国，云南、贵州、四川、西藏、广东、广西、福建和台湾等地均有出产。紫胶产区大多是贫困地区，紫胶对当地的经济发展有着十分重要的意义。

（3）白蜡虫　白蜡虫 *Ericerus pela*（Chavannes）隶属同翅目蜡蚧科 Coccidae。该虫寄生于木樨科的女贞属和白蜡树属的 20 多种阔叶树木上，其中白蜡树是它的主要寄主，故称白蜡虫。雄性若虫的分泌物称蜡花。白蜡是蜡花经加工熬制而成的精品。

白蜡属于高分子动物蜡，以虫蜡酸、虫蜡醇酯为其主要成分，具有质地坚硬、洁白，理化性能稳定等特点，熔点为80～83℃，较石蜡、蜂蜡等蜡类高，是军工、轻工、化工、手工和医药生产上的重要原料。虫白蜡为珍贵稀有的资源，是我国的特产，产区位于我国西南各省，尤以四川、云南产量最多。白蜡虫的利用有很长的历史，放养蜡虫始于9世纪前。

(4) 胭脂虫　胭脂虫 *Dactylopius coccus* Costa 为同翅目胭蚧科 Dactylopiidae 昆虫，原产于墨西哥和中美洲，寄生在仙人掌属 *Opuntia* 和 *Nopalea* 属的植物上。成熟的虫体内含有大量的洋红酸（即胭脂红），占虫体干重的19%～24%。洋红酸的优点是抗氧化，遇光也不分解。从胭脂虫的红色体液中提取得到的洋红酸是一种理想的红色天然染料，对人体安全，现已广泛地用于食品、饮料、生物医药、化妆品等多种行业。

(5) 五倍子蚜　五倍子蚜隶属同翅目蚜总科瘿绵蚜科 Pemphigidae 五节根蚜亚科 Fordinae，分类学上有6属17种，如角倍蚜 *Schlechtendalia chinensis*（Bell）等。五倍子蚜寄生在盐肤木、红麸杨和青麸杨等植物的叶片上，叶组织受刺激后，增生膨大，形成各种虫瘿，这些虫瘿称为五倍子。五倍子的生产还需要提灯藓属植物作为越冬寄主植物。五倍子主要用于提取五倍子单宁酸、没食子酸，在医药、纺织、化工、食品、环保和农业等行业中用途广泛。五倍子还含有大量的鞣酸，为制革的重要原料。五倍子是我国特产的传统出口商品之一，遍及国内19个省（区），主要集中于贵州、重庆、湖北、湖南、陕西、云南等地。

2. 药用昆虫

药用昆虫是指直接或间接利用昆虫全体或部分入药的类群。昆虫作为传统中药的重要组成部分具有悠久的历史，早在《周记》和《诗经》中就有用昆虫与其他中药材配制中药的记载。《神农本草》中已记载药用昆虫21种，李时珍的《本草约目》中有73种，加上《本草纲目拾遗》中的25种，共计近百余种。目前，我国已知可供药用的昆虫超过300种，其中常用的有40多种，如蚕蛹、蜜蜂、五倍子虫、冬虫夏草、土鳖虫、桑螵蛸、蝉蜕、螳螂、芫菁、蝼蛄、蚂蚁等，已被广泛地用来治疗人类疾病，而且有的已开发出许多药用昆虫制剂，如胶囊、粉剂、口服液等，为保护人类健康起着重要作用。

冬虫夏草是麦角菌科的真菌 *Cordyceps sinensis*（Berk.）Sacc. 寄生在虫草蝙蝠蛾 *Thitarodes armoricanus*（Oberthür）幼虫上的一种菌体。在夏至前后挖取，去泥土后晒干或烘干即可（图11-2）。冬虫夏草具有益肾补肺、止血化痰之功效，用于久咳虚喘、劳嗽痰血、阳痿遗精、腰膝酸痛等症。可单用浸酒服，也可以与鸡、鸭、猪肉等一起炖食，对病后体虚不复、自汗畏寒等有补虚功效。对肺癌等肿瘤也有一定的辅助治疗作用。冬虫夏草的产区分布在雪线以下、3 000米以上的海拔高度，这些地区气温低、昼夜温差大。质量最好的冬虫夏草来自西藏和青海。

图11-2 干制后的冬虫夏草

九香虫 *Aspongopus chinensis* Dallas 隶属半翅目蝽科，以瓜类植物为食。该虫具有理气止痛，温中助阳的功效，可用于治疗胃寒胀痛，肝胃气痛，肾虚阳痿，腰膝酸痛。

地鳖虫又称土鳖虫，为蜚蠊目鳖蠊科 Corydiidae 的几种昆虫，如中华真地鳖 *Eupolyphaga sinensis* Walker、冀地鳖 *Steleophaga plancyi*（Boleny）等，以干燥雌性成虫全体入药。地鳖虫性寒、味咸、有微毒。有活血化瘀、消肿止痛，续筋接骨功能。主治闭经、产后腹痛、乳汁不通、跌打损伤、瘀血肿痛、冠心病、老年性关节炎、腰痛、重症肝炎等症。另外，在我国南方，光蠊科 Epilampridae 的东方土蠊 *Opisthoplatia orientalis* (Burmeister) 也可入药，又称金边土鳖，分布于我国的福建、台湾、广东和广西，以及日本。

中药中“斑蝥”是指大斑芫菁 *Mylabris phalerata*（Pallas）和眼斑芫菁 *Mylabris cichorii* Linnaeus，它们隶属鞘翅目芫菁科 Meloidae，因其体内含有斑蝥素而具有重要的药用价值。该科昆虫广泛分布于世界各地，已知约2 500种，我国记述的有 130 多种。斑蝥素含量达到国家药典标准的斑蝥种类已知 20 余种。斑蝥外用时，能蚀死肌；内服时，则有功毒、逐瘀散结、抗肿瘤的作用。我国是世界上最早认识斑蝥药用价值的国家，在中医中应用已有2 100多年。

随着科学的发展，人们采用生物化学和有机化学等手段，从昆虫中提取一些药用活性物质，如毒素、特异蛋白、几丁质等。人工提取或合成斑蝥素及其衍生物、蜣螂毒素、蜂毒等昆虫毒素已应用于多种疾病的临床治疗。据统计，含毒素的昆虫种类已发现 700 多种，其毒素共有 60 多种。例如，蜂毒用于治疗风湿类风湿关节炎、红斑狼疮、脉管炎、高血压等疾病。采用物理的、化学的、生物的方法，在柞蚕、麻蝇等虫体细胞内诱导产生抗菌肽、抗菌蛋白、凝集素、免疫肽等，可用于生产广谱抗菌、抗病毒、抗肿瘤的生物制剂。

3. 食品昆虫

可作为人类食品的昆虫共有3 650余种，其中我国有 800 多种。昆虫含有十分丰富的营养物质，其中包括蛋白质、脂肪、碳水化合物、各种氨基酸和维生素等有机物质，以及钾、钠、磷、铁、钙等无机物质。昆虫是高蛋白质食品，其干制品中的蛋白质含量为 30%～80%，成为仅次于微生物和细胞生物的第三大类蛋白质来源。昆虫体内含有大量不饱和脂肪酸。昆虫血液中所含的游离氨基酸量是人体血液的数十倍，且多为人体必需的氨基酸，尤其以赖氨酸最为丰富。

昆虫的食用方法很多，烹饪工艺中的煎、炒、烹、炸、蒸煮、炖、浆卤、爆烩等方法均可应用于昆虫菜肴的制作，如油炸金蝉、烤螳螂、烤蝗虫、酸烩蚂蚁蛋等。另外，用昆虫制成的调味品、酒、饮料等，前景也十分诱人。

人类食用昆虫由来已久，3 000年前我国《周礼·天宫》中记载了用蚂蚁做菜。目前，蝗虫、蝉、蜂蛹及幼虫、蚕蛹、蚂蚁等已上到中国人的餐桌。湖南湘西一带喜欢吃炒、烤蜂巢。在广东、广西人们将龙虱、田鳖加工制成珍贵食品，并认为龙虱味道像火腿，田鳖味道似熟梨和香蕉。江苏、浙江一带是我国饲养桑蚕最发达的地区，大量蚕蛹经蒸熟、腌制和爆炒，或制成蚕蛹酱食用。在天津、北京两地，人们有吃油炸蝗虫的习惯。同样的，世界上其他国家或地区也有食用昆虫的风俗习惯。墨西哥是当今世界昆虫食品之乡，在那里可吃到370多种昆虫，有名的墨西哥鱼子酱不是鱼做的，是一种蝇卵做成的。印度、泰国、菲律宾、缅甸和印度尼西亚有食蚁的习俗。在美国，人们制作昆虫罐头，还以甲虫、蝶类幼虫、蜜蜂蛹做馅制成巧克力夹心糖，同时还用蚂蚁、蚕蛹、蜜蜂等做成蜜饯食品或油炸食品，颇受欢迎。在巴黎的“昆虫餐厅”可以吃到炸苍蝇、蚂蚁狮子头、清炖蛐蛐汤、烤蟑螂、蒸蛆、甲虫馅饼，以及蝴蝶、蝉、蚕等昆虫幼虫或蛹制成的昆虫菜100多种。

食用昆虫资源的优势在于，易饲养、生活周期短、繁殖力强、生物量大、食物转化率高、效益好，人工饲养不受土地及季节限制，非常适合于大量饲养和工厂化生产。开发昆虫食品大有前途，现已引起各国的重视。有些国家正在开展研究、筛选和养殖一些营养价值高的昆虫食品，作为补充人类食物的一个来源。

4. 饲用昆虫

昆虫可作为动物的饲料，其营养价值完全可以与鱼粉等饲料添加剂媲美。黄粉虫、蝇蛆、蟑螂、蚕蛹、蝗虫以及蛾类、金龟甲类等都是上等的饲料精品。

黄粉虫 *Tenebrio molitor* Linnaeus 的营养成分高居各类活体蛋白饲料之首，被誉为“蛋白质饲料宝库”，其幼虫、蛹和成虫的粗蛋白质含量分别为 51%、57%和 61%。饲养黄粉虫的最适温、湿度组合为 25～30℃、相对湿度 60%～75%。卵、幼虫、蛹和成虫应分箱分盒饲养。大规模饲养时，最好使用发酵饲料，其配方的主要成分包括麦麸、玉米粉（麸）、大豆粉、豆饼、食糖及饲用复合维生素，还有适量的蔬菜叶、瓜果皮。繁殖一代需 70 多天，每头雌虫能繁殖3 000头幼虫，每 1.25 千克麸皮可生产 0.50 千克黄粉虫。

蝇蛆粗蛋白质和必需氨基酸的含量分别为 60%和 40%左右，其营养价值超过豆饼和蚯蚓粉。家蝇的饲养在国内外均取得了很大进展。小规模饲养蝇蛆时，可用缸、盒等，大规模饲养则采用池养。池口应用塑料纱网罩住，以防外来带菌家蝇的侵入。饲料蝇蛆的食料主要是米糠、麸皮、鸡粪、猪粪、下脚料等。蝇蛆的生产周期只需几天，饲养要经过成蝇的饲养繁殖、收集蝇卵、蝇蛆饲养、幼虫收集等环节。幼虫生长的最适温度为 24～34℃，培养料含水量为 70%左右。幼虫晒干或烘干后粉碎，即成为蝇蛆粉。目前蝇蛆工厂化规模养殖试验也取得一定进展。例如，以家畜（禽）养殖场为基础，利用粪便生产蝇蛆。一方面有效地利用了粪便，另一方面蝇蛆又可以作为饲养家畜（禽）的饲料或饲料添加剂，由此形成良性的物质循环和能量流动。

随着畜牧业的发展，对蛋白饲料的需求越来越大。由于饲用昆虫具有繁殖快、吸收转化率高、易于管理、饲养成本低、生物量极大等特点，与其他饲料相比具有很强的竞争优势。因此，饲料昆虫的开发前景甚为广阔，世界各国都把饲用昆虫的研究作为开发饲料资源的主攻方向。

5. 天敌昆虫

天敌昆虫是指能够用于防治有害生物的昆虫，包括捕食性天敌和寄生性天敌两大类。捕食性天敌分属于 18 个目，近2 000个科内，其中效果较好而经常利用的主要有瓢虫、草蛉、食虫虻等。寄生性天敌分属 5 个目，近 90 个科内，但被广泛利用的种类主要隶属膜翅目和双翅目，即寄生蜂类和寄生蝇类。在自然界中存在着大量的捕食性和寄生性昆虫，它们广布于农田、森林和草原，对害虫起重要的控制作用，维护着自然界的生态平衡。保护与利用天敌昆虫是害虫生物防治及综合治理的基本措施，具有安全、简便、经济、有效的优点。在美国，天敌昆虫对农作物害虫的控制作用每年所带来的效益高达 45 亿美元。

天敌昆虫的保护与利用主要有两条途径：一是创造有利于天敌昆虫在野外的繁殖条件，以及人工繁殖和释放天敌，从而增加天敌的数量；二是从国外引进或从国内移殖天敌昆虫，以增加天敌的种类。利用天敌昆虫防治害虫在我国有悠久的历史。早在公元前 304 年，广州地区就沿用黄猄蚁来控制柑橘园的害虫，是世界上利用天敌昆虫的最早记录。靠引进天敌昆虫成功控制害虫的首个例子来自美国，1888 年美国加利福尼亚引进澳洲瓢虫防治柑橘上的吹绵蚧。迄今，有产业开发价值的天敌昆虫种类已超过 40 余种。在我国，中华草蛉、七星瓢虫、异色瓢虫等天敌昆虫的人工饲料饲养和利用取得很大进展；半机械化人工制卵技术为赤眼蜂和平腹小蜂的大规模繁殖铺平了道路。在欧美、日本等发达国家，草蛉、瓢虫、椿象等天敌昆虫的利用已实现了产业化。

6. 观赏昆虫

昆虫中的许多种类形态奇特、色彩艳丽、闪烁发光、鸣声悦耳、斗势威武，可供观赏娱乐，丰富人们的精神生活。绚丽多彩的各种蝴蝶深受人们的喜爱，被誉为“会飞的花朵”、“大自然的舞姬”。在自然界中蝶与花相映成趣，构成一幅幅五彩缤纷的美景。在我国，养鸣虫和斗蟋蟀活动已有2 000多年的历史。经历代鸣虫爱好者的广泛选择，30余种鸣声清脆、易喂养的鸣虫活跃于市场，如蝈斯、蟋蟀等。赏玩鸣虫成为人们的娱乐活动之一。蟋蟀的格斗精彩有趣，忽而昂首向前，忽而退后变攻为守，胜者昂首长鸣，败者落荒而逃。观看蟋蟀打斗的奇趣场面，给人们带来精神上的享受。

观赏昆虫的开发利用主要有两种方式。一种是将昆虫制成标本或工艺品，供观赏或收藏。例如，蝴蝶是世界传统贸易商品，每年成交额约1亿美元。在我国台湾，每年约有5亿只蝴蝶被加工成工艺品出售，年收入达2 000万～3 000万美元。但是，近年来人们肆意采捕，使不少珍稀蝶种濒临灭绝。人工饲养珍稀蝶类已成为一个迫切需要解决的课题。目前，有的蝴蝶已实现了人工繁殖，如金凤蝶等。另一种方式是开辟昆虫的观光园区，使观赏昆虫的饲养和利用同观光旅游业相结合，并形成规模化和产业化。我国的一些地方相继建成了蝴蝶谷或蝴蝶生态园，成为极具特色的生态景观，常吸引大批游人前来观赏。

7. 传粉昆虫

昆虫34个目中，15个目有访花习性，但真正能为植物传粉的只有6个目，即膜翅目、双翅目、鳞翅目、鞘翅目、脉翅目和缨翅目，如蜜蜂类、壁蜂类、熊蜂类、蝇类、甲虫、蛾蝶类、蓟马及蚊类等。目前，人类饲养和利用的传粉昆虫主要是蜜蜂科和切叶蜂科的部分种类。应用最广的是家养蜜蜂，包括两个常见种，即西方蜜蜂 *Apis mellifera* Linnaeus 和东方蜜蜂 *Apis cerana* Fabricius。它们能为许多农作物和园艺作物传粉，增产效果极为显著，如棉花增产12%～15%、油菜增产40%～60%、向日葵增产30%～50%、荞麦增产50%～60%、果树增产50%以上、瓜类增产50%～60%、温室大棚果蔬增产30%～70%等，同时还能改良种子，提高后代生活力，并使品种复壮。蜜蜂传粉使作物增产所带来的经济效益是蜂产品（蜂蜜、王浆、蜂蜡等）

价值总和的几十倍甚至上百倍。在美国，蜜蜂传粉使农业每年增收16亿～57亿美元。在一些国家，用蜜蜂为农作物传粉已被列为现代农业的重要措施之一，在作物开花季节，以一定租金租用蜂群为农作物授粉已制度化。此外，一些野生蜜蜂种类也日益受到重视，如切叶蜂 *Megachile* 为苜蓿等豆科牧草传粉，壁蜂 *Osmia* 为苹果、梨等果树传粉，熊蜂 *Bombus* 为三叶草传粉，均获得了显著的经济效益。

8. 环保昆虫

腐食性昆虫以动植物遗体或动物排泄物为食，是地球上的清道夫，加速了微生物对生物残骸的分解，在自然的物质循环中起着十分重要的作用。例如，蚂蚁、隐翅虫嗜食各种动物尸体；埋葬甲将动物尸体埋入土中；白蚁清理植物的断枝落叶；蜣螂等昆虫嗜食人畜及家禽粪便，清洁了环境。澳大利亚曾从我国和其他国家引进蜣螂，消除牧草的粪便，收到了很好的效果。在美国，蜣螂每年为牧场主挽回的经济损失达3.8亿美元。

9. 法医昆虫

在昆虫学研究中，有一门科学是应用昆虫和其他节肢动物的研究来解决谋杀、自杀、强暴、物理性伤害及非法毒品买卖等法律事件，人们称之为法医昆虫学，亦叫医学犯罪昆虫学。昆虫学家可借由尸体上的昆虫种类、幼虫成长情形及长度等来推测死者的死亡地点、死亡时间和死亡方式。在死者死亡3天至2个月内，均可得到精确估算。

法医昆虫“破案”的秘密在于，从人尸体的出现至腐烂和分解的不同阶段，侵食尸体的昆虫在种类组成和数量方面会发生变化。尸体腐烂过程可划分为3个阶段，即侵入期、分解期和残余期。侵入期以蝇类为主。进入分解期后，仍有蝇类出现，更重要的是各类甲虫开始侵入，而且种类和数量逐渐丰富。到了残余期，尸体上的昆虫数量一般极少。此外，昆虫的种类和侵食尸体的时间顺序也会受到其他因素的影响，如地理区域特点、季节与温度、环境条件、尸体有否受伤或裸露等。很多蝇类都具有栖所专一性，会喜欢在特定地方产卵，所以，根据蝇卵或幼虫的种类，即可推知尸体的死亡地点。再根据昆虫的生活史特征值，即可估算出死亡时间。昆虫的侵入和繁殖位置跟死亡方式有关，例如，蝇类产卵时常常选择鼻子、眼睛、耳朵、肛门或生殖器等部位，如果死前有伤口或遭毁损时，伤口处的昆虫数量则比人体的自然开孔更多。

10. 科研用昆虫

以昆虫作为科研材料，人们从中揭开了许多自然之谜。突出的例子就是果蝇 *Drosophila melanogaster*（Meigen），其唾腺是巨型细胞，染色体的变异和行为比较容易观察。该虫长期被作为遗传学研究材料，为遗传学的发展作出了贡献。人们在研究无脊椎动物的很多生理问题时，也往往以昆虫为试验材料，如昆虫生理学的发展同采用热带长红锥蝽 *Rhodnius prolixus*（Stål）作为试验材料是分不开的。

在高新科技领域，有一门学科叫做仿生学，即模仿生物系统的原理来建造技术系统，或者使人造技术系统具有或类似于生物系统特征的科学。昆虫的结构精巧而完善，功能多样而奇妙，使昆虫成为仿生学研究的主要对象，包括昆虫的形态仿生、体表微结构的仿生、感觉器官的仿生、运动功能的仿生以及其他特异能力的仿生等。例如，现代化的飞机是模仿昆虫翅膀的原理而建造出来的。直升机在空中停留、倒飞就是模仿蜻蜓和蚊子的飞行动作。最新式隐形飞机的隐形功能来自昆虫翅膀体色的变化、鳞片折光和吸收雷达波的原理。蜻蜓翅膀前缘上的翅痣起消除翅膀“颤振”的作用，人类套用此法，在飞机的两翼各加一块平衡重锤，消除了有害的“颤振”，从此，剧烈振动导致机翼断裂的现象不再出现。模仿蝴蝶的花纹图案和色彩，人类研制出了迷彩服。模仿蜂巢构造，用各种材料制成的蜂巢式夹层结构板成为建筑及制造航天飞机、宇宙飞船、人造卫星等的理想材料。在日本，研究人员利用昆虫形态及特性研制出了六足机器人等工学机器，以及建筑物的新构造方式。

三、昆虫与人类文化

随着人类社会的不断发展，昆虫除了与人类的生产、生活相关联外，还影响着人们的精神生活，形成了丰富多彩、源远流长的昆虫文化现象。20 世纪 80 年代，C. L. Hogue 提出了文化昆虫学（Cultural Entomology）。1990 年，《文化昆虫学汇集》（Cultural Entomology Digest）在美国创刊；1992 年，文化昆虫学因特网站点设立。昆虫对人类文学、语言、音乐、艺术、历史、宗教、民俗、娱乐等文化领域的影响日益受到人们的广泛关注。

1. 昆虫字词

（1）虫字部的汉字　虫字部的汉字共有 300 多个。但是，带有“虫”旁的汉字不一定都是昆虫。商务印书馆出版的《新华字典》中，属于动物“虫”旁汉字有 126 个，其中 72 个属昆虫。青蛙、蜥蜴、蛇等都不是昆虫。体型小的不一定是昆虫，如蜗牛、马陆、蚯蚓。有很多只足的也不一定是昆虫，如蜘蛛、蜈蚣。

（2）与昆虫有关的姓氏　姓氏是人类原始社会母系氏族制的产物，进入父系社会后即改随父姓。我国有5 600多个姓氏，其中以虫字部为姓者有 46 个，包括单姓 35 个，复姓 11 个，如蝉、蚕、蛾、蝈、蚁、蜚等。在国外，与虫有关的姓氏有 12 个，按字母顺序依次为 Ant、Bee、Beetle、Boatman、Fliege、Fly、Hopper、Looper、Mothes、Scales、Schnake 和 Worm，这些姓的英语或德语单词作为昆虫时的含义分别为蚂蚁、蜜蜂、甲虫、划蝽、蝇、苍蝇、跳虫、尺蠖、蛾子、蚧壳虫、大蚊和蠕虫（包括部分鳞翅目幼虫）。

(3) 与昆虫有关的成语　我国丰富的成语宝库中，有近1%与昆虫有关，约有130多条。例如，“金蝉脱壳”原意是指蝉若虫最后一次蜕皮后变成了成虫，常比喻巧施伎俩逃离出来，使人难以及时察觉。“噤若寒蝉”意为像晚秋的蝉那样一声不响，比喻不敢说话。“螳臂挡车”中的螳臂是指螳螂的捕捉式前足，小虫之“臂”岂能挡车，比喻不自量力。“螳螂捕蝉，黄雀在后”意指螳螂正要捉蝉，不知道黄雀在后面正想吃它，比喻只看见前面有利可图，不知祸害就在后面。“作茧自缚”是指蚕吐丝作茧，把自己包在里面，比喻人做事时原以为对自己有利，结果却弄巧成拙、适得其反，将自己困于其中，只好自作自受，也比喻自己束缚了自己的手脚。“朝生暮死”意为早上才出生，晚上即死亡，比喻寿命很短。该成语的原意是指蜉蝣成虫的寿命很短，但是，蜉蝣一生所经历的时间并不短。

(4) 诗词中的昆虫　昆虫诗是咏物诗的一种，约有1万多首。诗人通过咏昆虫，以叙事、抒情、借物托喻、渲染意境，进而增加诗歌的艺术感染力。昆虫诗所涉及的昆虫类群不多，主要是一些与人类活动关系密切的种类，如蝉、蝴蝶、萤火虫、蟋蟀、蚕、蝗虫、蚊、蝇、蜂、蜻蜓等昆虫。

最早的昆虫诗出现在距今约2 500年的《诗经》中。《诗经》收录了305首诗歌，其中涉及昆虫的有15首。例如，《诗经·草虫》中写到“喓喓草虫，趯趯阜螽。未见君子，忧心忡忡。亦既见止，亦既觏止，我心则降。”这是一首情诗，其大意是，蝈蝈唧唧鸣叫，蚱蜢蹦跳跳。见不到情郎，忧愁得心神不宁。一旦见到他，一旦与他相会，我的心就放下了。蝈蝈和蚱蜢分别是螽斯和蝗虫。

诗歌中昆虫的引入增强了野趣和生活气息，体现了诗歌的自然美。杜甫在《曲江二首》中写到：“穿花蛱蝶深深见，点水蜻蜓款款飞。”他采用对比的手法，描写了蝴蝶在花丛中飞舞觅食和蜻蜓点水产卵的情景。明代著名画家沈周想请吴僧月洲题画，故意骗他说，“这里有一位名妓，请你来观赏”。月洲立即赶来，到后才知道上了当，便在沈周的“菜边蝴蝶图”上题了一首诗：“桃花结子菜生苔，细雨蛙声出草来。一段春光都不见，却教蝴蝶误飞来。”近代著名诗人徐志摩在《再别康桥》中，将自己融入康河的绚丽景色时，与昆虫达到了心灵相通的境界，故有“但我不能放歌，悄悄是别离的笙箫，夏虫也为我沉默，沉默是今晚的康桥”的诗句。

在彰显悲秋情怀的昆虫诗中，蝉、蟋蟀等鸣虫的鸣声与草木凋零的氛围相呼应，营造出强烈的悲凉气氛，表达离愁别恨及感叹人世无常、时光流逝等忧郁的心情。古人错误地认为蝉“饮露而不食”，蝉也就成为悲凉心绪和高洁不俗的形象大使。有人曾对50 836首唐诗统计，“蝉”字出现 920 次，以蝉为题的诗 77 首。例如，李商隐的《蝉》：“本以高难饱，徒劳恨费声。五更疏欲断，一树碧无情。薄宦梗犹泛，故园芜已平。烦君最相警，我亦举家清。”作者以蝉自喻，抒发壮志难酬的悲愤之情。

因“丝”与“思”谐音，蚕事有时也用于表示恋情。李商隐《无题》中的诗句“春蚕到死丝方尽，蜡炬成灰泪始干”以春蚕吐丝为喻，表达情意缠绵、至死不渝的坚贞情感，成为千古传诵的爱情绝唱。

苍蝇、蚊子、蚂蚁等昆虫在诗歌中常反映卑鄙与渺小的内涵，表达作者鄙视与不屑的感情。伟人毛泽东的诗词气势恢弘、立意雄奇、风格豪放，写下了许多咏物的佳句。他在《满江红·和郭沫若同志》中写到，“小小寰球，有几个苍蝇碰壁。嗡嗡叫，几声凄厉，几声抽泣。蚂蚁缘槐夸大国，蚍蜉撼树谈何易。正西风落叶下长安，飞鸣镝。”蚍蜉即大黑蚂蚁，通过苍蝇、蚂蚁的渺小，反衬出五洲四海风雷激荡的气势。

2. 昆虫与哲学

我国古代文学史上有 3 个著名的梦，其中 2 个梦与昆虫有关，即庄周梦蝶和南柯梦。

庄周梦蝶的故事出现在《庄子·齐物篇》中，其原文是，“昔者庄周梦为蝴蝶，栩栩然蝴蝶也，自喻适志与！不知周也。俄然觉，则蘧蘧然周也。不知周之梦为蝴蝶与？蝴蝶之梦为周与？周与蝴蝶则必有分矣。此之谓物化。”这段话的大意就是，有一天，庄子在做梦，梦见自己变成了蝴蝶，梦醒之后发现自己还是庄子，于是他不知道自己到底是梦到庄子的蝴蝶呢，还是梦到蝴蝶的庄子。在这里，庄子提出一个哲学问题——真正的人生是什么？究竟梦是人生，还是人生是梦？

南柯梦又叫槐安梦，出现在《唐人笔记小说》里，说的是一个读书人在书房发奋读书。他的书房向南开有一扇窗，窗外有一棵分杈的老槐树，每个树杈上各有一个蚂蚁窝。看书看累了的时候，他就看窗外的蚂蚁爬来爬去。有一天，这个读书人看书非常疲劳，很快就睡着了。在睡梦中，他自己去考功名，结果考取了状元，并成为皇帝的女婿，然后出将入相，就这样过了几十年。有一天，外国军队打了过来，他带兵迎敌，结果吃了败仗，国破家亡，自己也被杀。一刀砍下来时，他的梦醒了。他朝窗外一看，树上的蚂蚁正在打仗，有一队蚂蚁全被打死。原来，自己做梦变成了蚂蚁。南柯梦实际上是一个寓言。

3. 昆虫与神话、宗教

在科学不发达的古代，人们崇拜各种各样的神，将生活或生命的期望寄托于神灵的保佑。有的神跟昆虫有关。

在古代男耕女织的农业社会经济结构中，蚕桑占有重要地位。据史书记载，从3 000多年前的周代开始，朝廷的统治者对祭祀蚕神活动就很重视，设先蚕坛，杀牛祭祀蚕神嫘祖，仪式十分隆重。在民间，蚕神的崇拜是蚕乡风俗中最重要的活动。蚕农供奉的神有马头娘、嫘祖、蚕花五圣、三姑、寓氏公主、青衣神等。伴随蚕神崇拜，蚕乡还有各种祭祀活动。

无论是在西方还是东方的宗教中，蜜蜂都被看做神物而奉若神明，备受尊崇。在古埃及人眼中，蜜蜂是太阳神眼泪的化身，是太阳神将它们洒布到地球上。用蜂蜜酿成的蜂蜜酒被克里特人、埃及人和希腊人奉为长生之酒。雕刻在坟墓上的蜜蜂将宣告死者复活。基督教世界也为蜜蜂创造的奇迹而赞叹：蜜蜂是灵魂的化身，它提炼花朵的精华。中世纪的基督徒还认为蜜蜂的螯针是伸张正义的象征。

在古埃及人看来，圣甲虫（即蜣螂）是一种神圣的动物，称之为凯布利，意为早晨的太阳神。圣甲虫推动和埋藏粪球就像太阳的升起和下山，代表着生命的轮回和再生。圣甲虫成为配饰、印章或护身符的常见造型，不仅是避邪的护身吉祥之物，也是象征生命不朽及正义之物。当法老死去时，他的心脏就会被切出来，换上一块刻有圣甲虫的石头，以求永生。

4. 昆虫与音乐

昆虫不仅能发出美妙的声音，而且也使无数音乐创作者得到创作灵感。国内外已有不少跟昆虫有关的乐曲。

在我国，梁山伯与祝英台的爱情悲剧故事已流传近2 000年。该故事描述了梁、祝二人的真挚爱情，对封建礼教进行了愤怒的控诉与鞭笞，反映了人民反封建的思想感情及对这一爱情悲剧的深切同情。诸多的戏曲剧种都曾搬演过这一经典的爱情名剧，如越剧、粤剧、川剧和京剧，并以不同的版本出现在舞台上。1959年由何占豪、陈钢创作的小提琴协奏曲《梁祝》（又名《双蝴蝶》）问世，被国际音乐界公认为“一部迷人、新奇、具有独创性的作品”。作者吸收了我国民间戏剧的素材，将中西方音乐创作手法进行了巧妙的结合，使之既有交响性，又有民族特色。《梁祝》的结构为奏鸣曲式，由引子、呈示部、展开部、再现部组成。作品从故事中择取“草桥结拜”、“英台抗婚”和“坟前化蝶”三个主要情节，分别作为乐曲呈示部、展开部及再现部的内容。全曲音乐优美、动人，置身其中，时而欢喜、时而忧伤、时而悲愤、时而憧憬，让聆听者与故事中的主人公同命运共呼吸。

《野蜂飞舞》（The Flight of the Bumblebee）是一首常用于

小提琴或其他器乐独奏的小曲，原是由管弦乐演奏的插曲，出现在俄罗斯作曲家里姆斯基·科萨科夫（Nikolai Rimsky-Korsakov）于1900年完成的歌剧《萨旦王的故事》第二幕第一场中。音乐描写的是王子格维冬变成了一只野蜂，不停地飞舞，追叮织布工和厨娘那两个坏人。由于此曲的非凡表现力和所具有的简洁明快的节奏，也常作为音乐会的独立曲目。

英国独立摇滚乐队 Belle & Sebastian（2004年"Mercury Music Prize"获得者）的主唱兼大提琴手 Isobel Campbell 的首张个人专辑"关于爱情（Amorino)"中，有一歌曲名为《可怜的蝴蝶》(Poor butterfly)，是一首纯器乐演奏的歌曲，充满了温情和淡淡的忧伤，结尾处大提琴的颤音仿佛是蝴蝶受伤后拍打着翅膀。

5. 昆虫与视觉艺术

(1) 昆虫与绘画　许多昆虫由于色彩艳丽深受人们的喜爱。在历代绘画作品中，有很多以昆虫为题材。北京故宫博物院珍藏着不少祖国历代名画。其中有一幅宋画，名为《睦春蝶戏》图。画面清晰生动，十多只彩蝶，色彩鲜艳，风姿秀丽。据说这幅画为南宋画家李安忠所作，画上的各种蝴蝶的大小比例、形态特征以及色彩斑纹等，大都酷似实物，栩栩如生。近代著名画家齐白石先生所画昆虫极多，常见的有蝴蝶、蜜蜂、蜻蜓、蟋蟀、螳螂、细腰蜂、纺织娘、蚕、蝈蝈、飞蛾等，《群蝶》、《豆角蟋蟀》、《藤萝蜜蜂》、《蜻蜓》、《贝叶蝉》等都是其重要的作品。

艺术家们还可以利用昆虫或其产品来创作艺术作品。蝶翅画就是以各种蝴蝶翅膀为原料，采取国画、油画及雕刻等艺术表现的长处，利用蝴蝶自然天生的花纹而贴拼出山水、风景、人物、花卉、飞禽、走兽等图案。蝶翅画的术价值很高，有一幅仿照名画《百骏图》制作的蝶翅画，价值高达16 700美元。蜡染是我国民间文化的瑰宝，是以蜜蜂产品创造工艺美术的典型事例，其工艺充分利用了蜂蜡防染性能好、熔点低的特点。蜡染制品包括很多日常生活用品及褂壁画等。

(2) 饰物等工艺品中的昆虫 昆虫的形象也出现在饰物等各类工艺品中。在历史长达7 000年的浙江河姆渡新石器时代遗址中，人们发现了玉制、石制和土制的蝶形器。在商周时代，青铜器上的蝉纹与实物十分相像，有的则加以变形，形成蝉形的几何图纹。这些蝉纹起装饰作用，并没有实用价值。该时期的蝉形玉器也很多，作为饰物佩带，甚至作为帝王的殉葬物。后来汉代宫中以玉蝉作为冠饰，成为高官显贵的标志。另外，在我国古代工艺美术领域，如陶瓷、雕塑、漆器、剪纸等艺术中也广泛存在昆虫题材。几千年来，各式各样的昆虫装饰品一直备受人们的青睐。

(3) 昆虫钱币 古往今来，有许多艺术性很高的硬币，其中可以见到许多形态各异的昆虫图案，如蜜蜂、蝴蝶、甲虫、蚱蜢、蚂蚁、蝉、螳螂等。昆虫可以作为神的象征而被推崇铸币，如蜜蜂代表了在以弗所神庙中的阿尔忒弥斯女神。据统计，公元前 7 世纪的古希腊就有 300 多种铸造精良的昆虫钱币。古罗马在公元前 44 年已有 200 多种。然而，自凯撒大帝到公元 16 世纪，“昆虫硬币”几乎绝迹，而当今世界上仅有 100 多种。

(4) 昆虫像章 在各种各样的纪念章、徽章、奖章中，也常出现昆虫图案。例如，为了纪念北京昆虫学会成立 40 周年，为与会代表特制了精美的昆虫纪念币和纪念章，上有螳螂图案。美国犹他州的州徽上有蜜蜂和蜂房的图案。蝴蝶纪念章常象征死亡与复活，多为祭奠国王或名人的死亡。德国的蝗虫纪念章是为纪念几次大规模的蝗灾特制的。国外的一些大银行常用蚂蚁徽章作为行徽，以示厉行节约。

(5) 昆虫邮票 昆虫在邮票中频频作为主体，方寸之内浓缩了世界各地与昆虫有关的文学、艺术、民间故事、工艺美术和科技成就。这类昆虫邮票往往为广大集邮爱好者竞相收藏。在邮票上一展风采的昆虫种类很多。200 多个国家和地区发行了昆虫邮票，涵盖了19 个目的1 500多种昆虫，其中绝大部分为蝶类和蛾类，包含了蝶类 17 科，蛾类 15 科，共计 800 余种，约占昆虫邮票总数的 70%～80%。针对已列入保护名单的 240 种蝴蝶，所发行的邮票已达1 000多枚。40 多个国家发行过 50 多枚君主斑蝶的邮票。金凤蝶 *Papilio machaon* Linnaeus 是一种生活在北半球寒冷地区的昆虫，有 50 多个国家发行过 60 多枚有关它的邮票。至少有 110 个国家已发行过蜜蜂邮票，共计 250 多套。

6. 昆虫与其他

（1）以虫为地名　与昆虫相关的地名有 100 多个。云南大理的“蝴蝶泉”是我国著名的旅游景点之一。蝴蝶泉边有一棵歪斜的古树，树下是碧绿的泉水。每年春末夏初，五彩缤纷的蝴蝶飞满古树枝头，其中以粉蝶、蛱蝶和凤蝶为多。它们相互追逐，在飘落成行垂挂于树枝上，似飞舞的彩带。在台北的“千蝶谷”，种植有 4 万～5 万株蜜源植物，常常吸引 40 多种、成千上万只蝴蝶前来访花吸蜜。尼加拉瓜的东部沿海地区为低湿平原，因地处热带，气温高，雨量充沛，植被丰富、杂草丛生，给蚊虫繁殖生存创造了优越条件，致使该地区蚊虫十分猖獗。所以，整个东海岸地区被称为马斯奎托斯（mosquito）海岸，意为蚊虫海岸。

（2）与昆虫有关的民间节日　我国有2 000余个民间传统节日，其中与昆虫有关的有 44 个，且多有寓意。例如，广西山区仫佬族人一年一度的“吃虫节”（农历六月初二）是他们传统的节日，户户设宴庆祝，其菜肴包括油炸蝗虫，腌酸蚂蚱，甜炒蝶蛹等，以期盼防虫灾、获丰收。

（3）昆虫与婚礼　在众多的昆虫种类中，有一些种类被喻为向往美好和吉祥的象征，其中蜜蜂和蚕是典型的代表。蜜蜂可酿蜜、产蜂蜡，蚕能吐丝织茧。人们常将蜜蜂视为甜蜜和勤劳的化身，将蚕喻为无私的奉献者，并将它们视为婚礼中的吉祥虫。蝴蝶的绚丽多彩和婀娜多姿常给喜庆之日增添了美好的遐想和欢乐的气氛，是将神话、宗教、民族与欢庆融为一体的集中体现。例如，人们在婚礼上放飞蝴蝶，以表示对新婚夫妇的美好祝愿。

主要参考文献

北京农业大学主编．普通昆虫学（上、下册）．北京：中国农业出版社，1996

彩万志，庞雄飞，花保桢等编著．普通昆虫学．北京：中国农业大学出版社，2001

长有德，贺达汉．西北荒漠草原针毛收获蚁的筑巢行为．昆虫知识，2002，39（4）：281～285

长有德，康乐．昆虫求偶鸣曲的行为特征与功能及其生态学意义．动物学研究，2002，23（5）：419～425

陈道海，袁肇友，杜金球等．迷卡斗蟋鸣声的声学特征及其生物学意义．昆虫学报，2005，48（1）：82～89

戴自荣，陈振耀主编．白蚁防治教程．广州：中山大学出版社，2002

董慧，杨定．红火蚁入侵的种群生物学与行为遗传学．植物保护，2005，31（4）：18～23

冯迪，张惠芹．法医昆虫学在侦破凶杀案件中的应用．大众科学（科学研究与实践），2007，18：114～115

冯丽芳，李捷，来小龙．“虫”旁汉字中非昆虫动物的文化信息．山西农业大学学报（社会科学版），2007，6（1）：76～79

付新华，王俊刚，Ohba N，等．萤火虫（鞘翅目：萤科）两性交流中的闪光信号．生态学报，2005，25（6）：1 439～1 444

嵇保中．昆虫诗话．南京林业大学学报（人文社会科学版），2003，3（1）：49～53

贾春枫，刘志琦．奇特的虫瘿．昆虫知识，2004，41（6）：603～606

焦晓国，宣维健，王红托等．鳞翅目蛾类雄性昆虫的信息素．昆虫知识，2004，41（5）：398～403

靳然，侯毅，李生才．飞虫走蝶入诗来——诗与昆虫．山西农业大学

学报（社会科学版），2007，6（1）：54～57

雷朝亮，荣秀兰主编．普通昆虫学．北京：中国农业出版社，2003

李学燕，梁醒财．发光甲虫与生物荧光．昆虫知识，2006，43（5）：736～741

钦俊德，王琛柱．论昆虫与植物的相互作用和进化的关系．昆虫学报，2001，44（3）：360～365

尚玉昌．蚂蚁的社会生活．生物学通报，2006，41（4）：5～7

桑明．资源昆虫的开发与利用．经济动物学报，2003，7（3）：54～58

隋艳晖，徐洪富，孙淑君等．昆虫发声行为的研究现状．山东农业大学学报（自然科学版），2003，34（3）：443～446

万方浩，郭建英，王德辉．中国外来入侵生物的危害与管理对策．生物多样性，2002，10（1）：119～125

王江峰，陈玉川，竞花兰等．法医昆虫学的发展及应用．中国法医学杂志，2004，S1：19～20

王孟卿，彩万志．昆虫肢体再生的研究进展．昆虫知识，2004，41（2）：127～131

王世贵，叶恭银，胡萃．昆虫对转 Bt 杀虫蛋白基因植物的抗性及其对策．生物技术，2000，10（5）：27～31

魏铁铮，姚一建．蚁巢伞生态学研究现状及展望．吉林农业大学学报，2003，25（3）：282～287

许才定，孔育国．我国蚕丝业与丝绸业的发展．国外丝绸，2006，1：29～35，46

徐汝梅，叶万辉编著．生物入侵——理论与实践．北京：科学出版社，2003

虞国跃编著．赏玩虫．北京：中国林业出版社，2003

尤民生，刘雨芳，侯有明．农田生物多样性与害虫综合治理．生态学报，2004，24（1）：117～122

曾令尧，张树义，江雷．蛾类防御蝙蝠的机制及其对仿生学的启示．中国基础科学，2006，1：26～30

翟保平．昆虫雷达让我们看到了什么？昆虫知识，2005，42（2）：217～226

张欣茹，姜泽毅，张欣欣等．沙漠甲虫 *Stenocara* 与空气取水．科技导报，2006，24（2）：18～21

张润杰，何新凤．昆虫生态地理学与入侵危险性害虫控制．生态科学，

1997，16（1）：83～87

郑忠厚，李明忠．天蚕丝素及其性质．国外丝绸，2007，1：24～26

中国农业百科全书编辑委员会．中国农业百科全书·昆虫卷．北京：中国农业出版社，1990

Agrawal A，Pati A K. Larval case renovation-a unique behaviour in bag-worm moth，*Eumeta crameri* Westwood. Current Science，2003，85（12）：1 674～1 679

Alcock J. Animal Behaviour：An Evolutionary Approach. Sunderland：Sinauer Associates，2005

Alcock J，Bailey W J. Acoustical communication and the mating system of the Australian whistling moth Hecatesta *exultans*（Noctuidae：Agaristinae）. Journal of Zoology，1995，237：337～352

Brackenbury J. Fast locomotion in caterpillars. J. Insect Physiol. 1999，45：525～533

Broadley R A，Stringer I A N. Prey Attraction by Larvae of the New Zealand Glowworm，*Arachnocampa luminosa*（Diptera：Mycetophilidae）. Invertebrate Biology，2001，120（2）：170～177

Brown S G，Boettner G H，Yack J E. Clicking caterpillars：acoustic aposematism in *Antheraea polyphemus* and other Bombycoidea. J. Exp. Biol. 2007，210：993～1 005

Bush J W M，Hu D. Walking on water：biolocomotion at the interface. Annual Review of Fluid Mechanics，2006，38：339～369

Conner W E. Un Chant Dappel Amoureux′：Acoustic communication in moths. Journal of Experimental Biology，1999，202：1 711～1 723

del Campo M L，Smedley S R，Eisner T. Reproductive benefits derived from defensive plant alkaloid possession in an arctiid moth（*Utetheisa ornatrix*）. PNAS，2005，102（38）：13 508～13 512

Douglas J M，Cronin T W，Chiou T H，*et al*. Light habitats and the role of polarized iridescence in the sensory ecology of neotropical nymphalid butterflies（Lepidoptera：Nymphalidae）. Journal of Experimental Biology，2007，210：788～799

Eisner T，Eisner M. Defensive use of a fecal thatch by a beetle larva（*Hemisphaerota cyanea*）. PNAS，2000，97：2 632～2 636

Eisner T，Smedley S R，Young D K，*et al*. Chemical basis of courtship in a beetle (*Neopyrochroa flabellata*): Cantharidin as "nuptial gift". PNAS, 1996, 93: 6 499～6 503

Engel M S, Grimaldi D A. New light shed on the oldest insect. Nature, 2004, 427: 627～630

Franks N R, Richardson T. Teaching in tandem-running ants. Nature, 2006, 439: 153～153

Gao X F, Jiang L. Biophysics: Water-repellent legs of water striders. Nature, 2004, 432: 36～36

Gehring W J, Wehner R. Heat shock protein synthesis and thermotolerance in *Cataglyphis*, an ant from the Sahara desert. PNAS, 1995, 92: 2 994～2 998

Gwynne D T. Sexual Conflict over Nuptial Gifts in Insects. Annu. Rev. Entomol. 2008, 53: 83～101

Hu D L, Chan B, Bush J W M. The hydrodynamics of water. strider locomotion. Nature, 2003, 424: 663～666

Hu D L, Bush J W M. Meniscus-climbing insects. Nature, 2005, 437: 733～736

Jones J C, Oldroyd B P. Nest thermoregulation in social insects. Adv. Insect Physiol. 2006, 33: 153～191

Kölliker M, Vancassel M. Maternal attendance and the maintenance of family groups in common earwigs (*Forficula auricularia*): a field experiment. Ecological Entomology, 2007, 32 (1): 24～27

LeBas N R, Hockham L R. An invasion of cheats: the evolution of worthless nuptial gifts. Current Biology, 2005, 15: 64～67

Liu S S, De Barro P J, Xu J, *et al*. Asymmetric mating interactions drive widespread invasion and displacement in a whitefly. Science, 2007, 318: 1 769～1 772

Losey J E, Vaughan M. The economic value of ecological services provided by insects. BioScience, 2006, 56: 311～323

Meinwald J, Jones T H, Eisner T, *et al*. New Methylcyclopentanoid Terpenes from the Larval Defensive Secretion of a Chrysomelid Beetle (*Plagiodera versicolora*). PNAS, 1977, 74: 2 189～2 193

Patek S N, Baio J E, Fisher B L, *et al*. Multifunctionality and mechanical origins: Ballistic jaw propulsion in trap-jaw ants. PNAS, 2006, 103:

12 787～12 792

Sweeney A, Jiggins C D, Johnson S. Polarised light as a butterfly mating signal. Nature, 2003, 423: 31～32

Thornhill R. Alternative female choice tactics in the scorpionfly *Hylobittacus apicalis* (Mecoptera) and its implications. Amer. Zoologist, 1984, 24: 367～383

Wehner R, Marsh A C, Wehner S. Desert ants on a thermal tightrope. Nature, 1992, 357: 586～587

昆虫与环境学习网站 http://www1. scau. edu. cn/jpkc1/insect/index. htm

普克动物世界：走近昆虫 http://www. pupk. com/zt/zt10. asp

世界自然保护联盟 www. iucn. org

野生动物网/国家重点保护动物图谱 http://www. cnwildlife. com/bhdw/index. asp

蚁网 http://sciencer. net/ant/index. htm

中国科普博览/昆虫博物馆 http://www. kepu. net. cn/gb/lives/insect

中国农业数字博物馆/昆虫分馆 http://ipminfo. cau. edu. cn/hexapod/index. asp

中华蜜蜂网 http://www. china-bees. cn

Bagworms http://www. ext. vt. edu/departments/entomology/factsheets/bagworm. html

Biology-Bee Behavior http://maarec. cas. psu. edu/bkCD/HBBiology/colony_org. html

Bug of the month http://crawford. tardigrade. net/bugs/BugofMonth24. html

CITES www. cites. org

Dung Beetles Important to Pasture Ecosystems http://www. wordinfo. info/words/index/info/view_unit/3575

General Entomology http://www. cals. ncsu. edu/course/ent425/library/tutorials/index. html

General Entomology www. facstaff. bucknell. edu/mwise/Entomology 2006

Honey Ant *Myrmecocystus mendax* www. sasionline. org/antsfiles/pages/mendax/mendax. html

Insect Biology http：//courses. washington. edu/insects/454Students/

Insect Ecology http：//entomology. montana. edu/ento510/Natality-Mating. ppt

Insect Identification：a Basic Guide http：//ltreadwell. ifas. ufl. edu/insects/index. htm

Insect Photography http：//myrmecos. net/formicinae/OecSma19. html

Insectzoo http：//insectzoo. msstate. edu/Students/index. html

Introductory Ecology http：//biology. ucsd. edu/classes/old. web. classes/bieb102. FA05/

Japanese Ant Image Database http：//ant. edb. miyakyo-u. ac. jp/

Leafcutting Bees http：//www. bumblebee. org/OTHERbees. htm

Mud Daubers http：//ohioline. osu. edu/hyg-fact/2000/2078. html

Natural Enemies and Biological Controll http：//edis. ifas. ufl. edu/IN120

Natural Photonics at The University of Exeter http：//newton. ex. ac. uk/research/emag/butterflies/index. html

Nature′s Iridescence http：//www. optics. rochester. edu/workgroups/cml/me111/sp98-projects/boris/index. html

Pictures of Insects http：//karenswhimsy. com/pictures-of-insects. shtm

Principles of Insect Pest Management http：//insects. tamu. edu/students/undergrad/ento401/

Scientific Laws www. life. uiuc. edu/ib/429. avsuarez/lectures/03 _ BehaviorMethods. ppt

Silverfish http：//www. mta. ca/dmf/silverfish. htm

Social caterpillars http：//facultyweb. cortland. edu/fitzgerald/

Social Insects http：//lasi. group. shef. ac. uk/aps323/

Tent Caterpillar http：//appvoices. org/images/voice _ uploads/tent-caterp. jpg

The Ant Kingdom http：//ant. edb. miyakyo-u. ac. jp/BE/Kingdom/1213/1213e. html

The Soul of the White Ant http：//www. soilandhealth. org/03sov/0302hsted/030213marais/

The University of Florida Book of Insect Records http：//ufbir. ifas. ufl. edu/index. htm

Urban Entomology http：//www. entomology. ucr. edu/ebeling/ebeling 4. html

Venomous Arthropods www. uwadmnweb. uwyo. edu/vetsci/Courses/PATB _ 4360/Ven _ Arthro. ppt

图书在版编目（CIP）数据

趣味昆虫/但建国，陈菊培编著．—北京：中国农业出版社，2008.6

ISBN 978-7-109-12680-0

Ⅰ．趣…　Ⅱ．①但…②陈…　Ⅲ．昆虫－普及读物　Ⅳ．Q96-49

中国版本图书馆 CIP 数据核字（2008）第 076218 号

中国农业出版社出版

（北京市朝阳区农展馆北路 2 号）

（邮政编码 100125）

责任编辑　卫　洁　李红枫

中国农业出版社印刷厂印刷　　新华书店北京发行所发行

2008 年 6 月第 1 版　　2008 年 6 月北京第 1 次印刷

开本：850mm×1168mm　1/32　　印张：8.125

字数：203 千字

定价：15.00 元